普通高等教育“十一五”国家级规划教材
高等学校工程管理专业规划教材

建筑系统工程学

（第二版）

哈尔滨工业大学　王要武　主编

中国建筑工业出版社

图书在版编目（CIP）数据

建筑系统工程学/王要武主编. —2版. —北京：中国建筑工业出版社，2008（2022.3重印）
普通高等教育"十一五"国家级规划教材. 高等学校工程管理专业规划教材
ISBN 978-7-112-09841-5

Ⅰ. 建… Ⅱ. 王… Ⅲ. 建筑工程：系统工程-高等学校-教材 Ⅳ. TU-0

中国版本图书馆CIP数据核字（2008）第037197号

普通高等教育"十一五"国家级规划教材
高等学校工程管理专业规划教材
建筑系统工程学
（第二版）
哈尔滨工业大学 王要武 主编
*
中国建筑工业出版社出版、发行(北京西郊百万庄)
各地新华书店、建筑书店经销
北京红光制版公司制版
北京建筑工业印刷厂印刷
*
开本：787×1092毫米 1/16 印张：13¾ 字数：335千字
2008年4月第二版 2022年3月第八次印刷
定价：**22.00**元
ISBN 978-7-112-09841-5
（16545）

本书系统地介绍了建筑系统工程的有关理论与方法。全书共分为九章，分别为：系统与系统工程、系统分析、结构模型、网络模型、模拟技术、系统动态学、系统综合评价、BP神经网络、系统工程应用案例。全书注重系统工程理论、方法与建筑业管理的结合，注重吸纳典型的建筑系统工程应用成果，注重通过案例分析，深入浅出地表述相关的理论与方法。

本书既可作为高等学校工程管理专业及相关专业的教材，亦可供土木工程、建设管理等行业和部门广大管理人员、工程技术人员学习参考。

* * *

责任编辑：牛　松　朱首明
责任设计：董建平
责任校对：安　东　关　健

第二版前言

系统工程是在20世纪中期兴起的一门交叉学科，以大系统为研究对象，综合运用自然科学和社会科学的有关思想、理论、方法、策略和手段等，为达到最优设计、最优控制和最优管理的目标，最充分发挥人力、物力的潜能，使局部和整体之间的关系协调配合，实现系统的综合最优的科学。

建筑业管理是一项复杂的系统工程。作为高等学校工程管理专业的学生，需要树立从系统总体出发来观察处理问题的观念，需要具备系统工程的有关知识，才能肩负起提高建筑业管理水平，发展振兴建筑业的历史重任。

作者于1994年编写的高等学校试用教材《建筑系统工程学》（中国建筑工业出版社出版），在十余年的教学中收到了很好的反响。但在科学技术飞速发展的今天，各种理论、新方法不断出现，而系统工程作为交叉学科又是以系统科学、控制论、信息论、运筹学和管理科学等学科为理论基础的，这就要求在教学中能扩展并涵盖相关领域新增内容，并结合建筑业的相关问题来分析。为此，有必要对本书第一版的内容进行充实和修订。

结合本书第一版出版十余年来的使用情况以及作者对建筑系统工程的应用体会，在第一版的基础上，作者对书稿进行了较大幅度的改动。重新撰写了第八章和第九章，将原第八章决策支持系统与专家系统更换为BP神经网络，将原第九章的应用案例更换为三峡工程风险模拟分析；重点修改了第一章系统与系统工程、第五章模拟技术、第六章系统动态学和第七章系统综合评价；其他各章也做了一定程度的修改，使之更符合教学与实践的需要。

全书由哈尔滨工业大学王要武教授组织编写和统稿。第一章由王要武、薛小龙编写，第二章由李晓东编写，第三章由王要武、薛小龙编写，第四章、第五章由王要武、孙成双编写，第六章由王要武编写，第七章由王要武、翟凤勇编写，第八章由翟凤勇编写，第九章由孙成双、王要武编写。

本书的出版得到了中国建筑工业出版社的大力支持和帮助，特别是沈元勤总编和牛松编辑，为本书的出版倾注了大量的心血。在此作者表示衷心感谢。

感谢本书第一版的合作主编关柯教授、主审赵铁生教授和编者巴根那，他们的工作为本书奠定了良好的基础。

感谢所有关心和支持本书编写和出版的人们。

王要武

2008年2月于哈尔滨

第一版前言

系统工程是在20世纪中期才开始兴起的学科。它是把自然科学和社会科学中的某些思想、理论、方法等，按照系统总体协调的需要，有机联系而成的一门边缘学科。

建筑业管理是一项复杂的系统工程。作为高等学校建筑管理工程专业的学生，需要树立从系统总体出发来观察处理问题的观念，需要具备系统工程的有关知识，才能肩负起提高建筑业管理水平，发展振兴建筑业的历史重任。本书就是为这一目的而编写的。

本书共分九章。第一章主要讲述系统和系统工程的概念、系统工程方法论，以及系统工程与建筑业发展的关系等；第二章介绍了系统分析的概念、步骤和内容，并结合一个简单案例进行了具体说明；第三至六章，讲述了系统工程中常用的几种模型，如结构模型、网络模型、模拟模型、系统动态学模型等，这些模型是系统工程研究解决问题的重要手段和工具；第七章对系统综合评价的概念、原则、指标体系等作了介绍，并详细讲述了系统综合评价的方法，特别是层次分析法；第八章对系统工程最新的热门研究课题决策支持系统和专家系统作了简要的介绍；第九章给出了一个系统工程应用的具体案例。

本书由天津大学赵铁生教授主审，哈尔滨建筑工程学院王要武副教授、关柯教授主编。具体编写分工为：第一章由王要武、关柯、巴根那编写，第二章由李晓东编写，第三至六章由王要武编写，第七章由王要武、巴根那编写，第八章由李晓东、王要武编写，第九章由关柯、王要武编写。

本书既可作为高等学校建筑管理工程专业的教材，亦可供建筑业广大管理人员、工程技术人员自学和参考。

鉴于系统工程涉及的知识面非常广泛，又限于我们的水平，书中如有不妥之处，恳请广大读者批评指正。

编者

1994年于哈尔滨

目　录

第一章　系统与系统工程

第一节　系　统　概　要

一、系统的概念

在科学、技术、政治、经济、军事、交通、教育等各个社会生活领域，“系统”是应用最广泛的术语之一，系统无处不在。人们在日常生活工作中，经常把这样或那样的对象称为系统（Systems）。例如，一个生物体内能共同完成一种或几种生理功能的器官的总体，被称为某种生理系统，如人体中的呼吸系统、消化系统等。一个由弹头、弹体、发动机、制导、外弹道测量和发射等部件组成的进攻性武器，被叫做战略导弹系统。一个综合性的房地产开发公司，是由经营、财务、设计、施工、销售等许多管理部门和环节组成的生产经营管理系统。如果仅从外表形态来看，上述几个系统毫无共同之处，然而，若撇开这些系统生物的、技术和经济的具体物质运动形态，而从整体和部分之间的相互关系来考察，不难发现它们都具有如下共同点：它们都是由若干个部分或要素以一定结构相互联系而成的有机整体；这些相互联系的整体可以分解为若干基本要素（部分、环节）；这一整体具有不同于各组成部分的新的功能。由此，我们可以给系统下这样的定义：

系统是由相互作用和相互依赖的若干要素（部分、环节）组成的，具有特定功能的有机整体。

当我们阅读有关系统问题的著作时，不难发现关于系统的不同定义。这种状况对于一门发展的学科、一门应用十分广泛的学科是正常的，这有助于系统概念的准确与完善。

一般系统论的奠基人贝塔朗菲（L. V. Bertalanffy）把系统定义为：相互作用诸要素（Element）的综合体。

韦伯斯托（Webster）大辞典这样解释“系统”一词：有组织的或被组织化的整体；结合着的整体所形成的各种概念和原理的综合；由有规则的相互作用、相互依存的形式组成的诸要素的集合等等。

牛津（Oxford）英语字典将系统定义为：一组相连接、相聚集或相依赖的事物，构成一个复杂的统一体；由一些组成部分根据某些方案或计划有序排列而成的整体。

在日本的JIS工业标准中，系统被定义为：许多组成要素保持有机的秩序，向同一目的行动的东西。

美国学者阿柯夫（Ackoff，R. L.）教授认为：系统是由两个或两个以上相互联系的任何种类的要素所构成的集合。因此，系统不是一个不可分解的要素，而是一个可以分成许多部分的整体。

关于系统的定义，还可以列举许多，但从上述的几个定义中，足可以窥见一斑。

二、系统的特征

综观上述有关系统的概念，可以看出系统一般都具有以下特征：

1. 整体性

系统是由两个或两个以上的可以相互区别的要素按照作为系统整体所应具有的综合整体性而构成。系统具有集合性，它是为达到系统基本功能要求所必须具有的组成要素的集合。构成系统的各要素虽然具有不同的性能，但它们是根据逻辑统一性的要求而构成的整体。系统不是各个要素的简单集合，否则它就不会具有作为整体的特定功能。因此，即使每个要素并不都很完善，但它们也可以综合、统一成为具有良好功能的系统。反之，即使每个要素是良好的，但作为整体却不具有良好的功能，也就不能称之为完善的系统。系统是一个复杂的整体，为了便于管理和控制，往往把系统整体分解成一个多层次结构，使系统具有阶层性，即系统要素及其相互关系在功能分布和执行中的位置和从属关系。为了保证系统的的整体性，还必须充分注意系统的各个层次和各个组成部分的协调与连接，并按照系统整体目标，提高系统的有序性，尽量避免系统的“内耗”，提高系统整体运行的效果。

例如，一个工程项目管理系统，包括有机械设备、建筑材料、作业人员等实体要素以及与项目组织管理有关的概念要素，其组织管理体制也具有明显的层次结构。合理地调度作业人员，科学地组织机械设备和材料的投入，可以使工程项目取得工期短、成本低、质量好的最佳效果。

2. 相关性

系统内各要素之间是有机联系、相互作用的，存在着某种相互依赖，相互制约的特定关系，系统的整体功能即是通过这些关系来实现的。

例如，一个工程项目的组织体制与分工协作方式反映着该项目管理诸要素间的相关性，进而也体现着系统的整体功能。同样的项目、同样的环境条件，采用不同的经营管理方式，可能会产生非常悬殊的结局。

3. 目的性

作为一个整体的实际系统总要完成一定的任务，或要达到一个或多个目的，这种任务或目的决定着系统的基本作用和功能。建造系统而没有明确的目的，这种系统就不应存在。当以最高水平完成了特定的任务或实现了预期的目的时，便可以说实现了系统优化。

例如，一个建筑企业管理系统的基本目标就是合理地配置企业的人员、物资、资金和设备等资源，以便有效地向业主提供所需的建筑产品，并提高企业的经济效益。企业的组织结构和管理模式，正是基于这样的总目标而设置的。

4. 环境适应性

任何一个系统都存在于一定的物质环境之中，因此，它必然要与外界环境产生物质的、能量的和信息的交换，外界环境的变化必然会引起系统内部各要素之间的变化。系统必须适应外部环境的变化。

三、系统的分类

在自然界和人类社会中普遍存在着各种不同性质的系统。为了对系统的性质加以研究，就必须对系统存在的各种形态加以探讨。系统形态的分类主要有：

1. 自然系统、人造系统和复合系统

自然系统是指组成部分是自然物（矿物、植物、动物）所自然形成的系统。如生态系统、海洋系统、矿藏系统等。

人造系统是由人工造成的各种要素所构成的系统。它包括人类对天然物质加工，造成各种机器或产品所构成的工程技术系统，也包括由一定的制度、组织、程序、手续所组成的管理系统，还包括根据人对自然和社会的科学认识所建立的科学体系和技术体系。

实际上，大多数系统是由自然系统与人造系统相结合而成的复合系统。如许多系统，都是人们运用科学力量，认识、改造了自然系统所形成的。近年来，系统工程愈来愈注意从与自然系统的关系中来研究人造系统。

2. 实体系统和概念系统

凡是以矿物、生物、机械、能量和人等实体为构成要素所组成的系统都是实体系统。凡是由概念、原理、原则、方法、制度、程序等观念性的非物质实体构成的系统称为概念系统，如科学技术系统、管理系统、教育系统等。

在实际生活中，实体系统和概念系统在多数情况下是结合的，实体系统是概念系统的基础，而概念系统往往为实体系统提供指导和服务。

3. 动态系统和静态系统

动态系统是指描述系统特征的状态变量是随时间而变化的系统。而静态系统是指表达系统特征的状态变量与时间因素无关的系统。静态系统是动态系统的一种极限状态，即处于稳态的系统。

4. 开环系统和闭环系统

经常与周围环境发生各种物质、能量、信息或人员交换的系统是开环系统。在某种特定条件下，能够自行运转，不受外界影响的系统是闭环系统。

5. 控制系统和行为系统

控制是为了达到某个目的给对象系统所加的必要动作，具有这种功能和手段的系统叫做控制系统。

行为系统是以完成目的行为构成要素而形成的系统。所谓行为就是为了达到某一确定的目的而执行某特定功能的一种作用，这种作用能对外部环境产生某些效用。

四、系统的基本问题

从系统的基本属性出发，可以把系统视为由特定输入产生期望输出的转换机构。环境对系统的作用（包括意想不到的“干扰”）是输入，系统的整体构成及相关关系组成了转换过程，形成的输出既反映了系统目的的实现程度，也反映了系统对环境的影响。如图 1-1 所示。

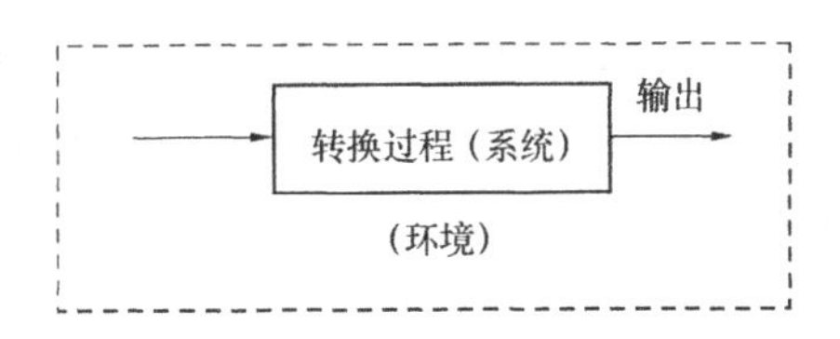

图 1-1　系统-转换机构

引入符号 I、O、T 分别表示系统的输入、输出和转换过程，则系统作为转换机构的作用可以用下式描述：

$$T(I)=O \text{ 或 } T:I \rightarrow O$$

由此，可将与系统有关的问题归入下列五类：

（1）系统分析：弄清 T、I 和 O 的内容；

（2）系统运行：给定 T 和 I，求 O；

（3）系统转向：给定 T 和 O，求 I；

（4）系统综合或识别：给定 I 和 O，确定一个适当的 T；

(5) 系统优化：取 I、O 或 T，确定一个最优的评价标准。

第二节 系 统 工 程 引 论

一、系统工程的含义

系统工程是一门新兴的学科，尚处于发展阶段，还不够成熟，至今尚没有统一的定义。现列举国内外学者对系统工程所作的解释，为我们认识“系统工程”提供线索与参考。

(1) 1967 年日本工业标准 JIS 规定：“系统工程是为了更好地达到系统目标，而对系统的构成要素、组织结构、信息流动和控制机构等进行分析与设计的技术”。

(2) 1967 年美国学者切斯纳指出：“系统工程认为，虽然每个系统都是由许多不同的特殊功能部分所组成，而这些功能部分之间又存在着相互关系，但是每一个系统都是完整的整体，每一个系统都要求有一个或一定数量的目标。系统工程则是按照各个目标进行权衡，全面求得最优解的方法，并使各组成部分能够最大限度地互相适应”。

(3) 1971 年日本学者寺野寿郎指出：“系统工程是为了合理地开发、设计和运用系统采用的思想、秩序、组织和方法的总称”。

(4) 1977 年日本学者三浦武雄指出：“系统工程与其他工程学不同之点在于它是跨越许多学科的科学，而且是填补这些学科边界空白的一种边缘学科。因为系统工程的目的是研制系统，而系统不仅涉及到工程学的领域，还涉及到社会、经济和政治等领域，为了适当解决这些领域的问题，除了需要某些纵向技术以外，还要有一种技术从横的方向把它们组织起来，这种横向技术就是系统工程。也就是研制系统所需的思想、技术、方法理论等体系化的总称。”

(5) 1978 年我国学者钱学森指出：“系统工程是组织管理系统的规划、研究、设计、制造、试验和使用的科学方法，是一种对所有系统都具有普遍意义的科学方法”。

由于国际学术界往往把系统分析（广义的）作为系统工程的同义词来理解，这里也列举几个国家的大百科全书中对系统分析的解释作为参考。

(1)《美国大百科全书》描述说：系统分析是研究相互影响的因素的组成和运用情况。这些因素及其相互的影响完全可能是抽象的，如使用数学方法；也可能是具体的，如运输系统、工业生产系统等。系统分析的显著特点是完整地而不是零星地处理问题，这就要求人们考虑各种主要的变化因素及其相互的影响，运用这种方法常可以更好地、全面地解决问题。因此，系统分析的概念是用科学和数学方法对系统进行研究和运用。

(2) 美国《麦氏科学技术大百科全书》这样解释：系统分析是运用数学手段研究系统的一种方法。系统分析的概念是，对研究对象（系统）建立一种数学模型，按照这种模型进行数学分析，然后将分析的结果运用于原来的系统。

(3) 日本《世界大百科年鉴》指出：“系统分析是人们为了从系统的概念上认识社会现象，解决诸如环境、城市等复杂问题而提出的从确定目标到设计手段的一整套方法。”系统分析还可以作为系统工程的同义词来理解。系统分析的用途是：通过明确一切和问题有关的要素同实现目标之间的关系，提供完整的资料，以便决策者选择最合理的解决方案。

由于复杂的大系统受到复杂的社会、经济和技术因素的影响，因此，分析过程中就必然夹杂决策者个人的价值观和对变化不定的未来的主观臆断或理性判断。这样，从方法论上看，系统分析不仅需要计算，还需要依据直观和经验进行判断。从这种意义来说，系统分析的方法既近似科学性，又有某种艺术性。

二、系统工程的学科特点

综上所述，系统工程是以研究大系统为对象的一门边缘科学。它是把自然科学和社会科学中的有关思想、理论、方法、策略和手段等，根据系统总体协调的需要，有机地联系起来；通过各种组织管理技术，把人们的生产、科研和经济活动有效地组织起来；并应用数学方法和电子计算机等工具，对系统的构成要素、组织结构、信息交换和反馈控制等功能进行分析、设计、制造和服务，从而达到最优设计、最优控制和最优管理的目标，最充分地发挥人力、物力的潜能，使局部和整体之间的关系协调配合，实现系统的综合最优化。

也有人将对系统的分析、综合、模拟、最优化等，称为狭义的系统工程，而将为了合理地进行系统的研制、设计、运用等项工作所采用的思想、程序、组织、方法等内容称为广义的系统工程。

系统工程在自然科学与社会科学之间架设了一座桥梁。现代数学方法和计算机技术，通过系统工程，为社会科学研究增加了极为有用的定量方法、模型方法、模拟实验方法和优化方法。系统工程为从事自然科学的工程技术人员和从事社会科学的工作人员的相互合作，开辟了广阔的道路。

系统工程是一门特殊的工程学。一般的工程学，诸如建筑工程、机械工程、电子工程等都有其特定的工程物质为对象，而系统工程的对象，则不限定于某种特定的工程物质对象，不仅如此，它还可以包括自然系统、社会经济、经营管理系统等非物质系统。由于系统工程处理的对象主要是信息，在国外有些学者认为它是一门“软科学”。

系统工程作为一门工程技术，要改造客观世界并取得实际成果，就离不开具体的环境和条件，避不开客观事物的复杂性，必然要同时运用多种学科的成果，综合运用各种学科的多种技术。这一特征决定了系统工程是一门跨学科的科学技术体系，是一门边缘学科。

系统工程尽管还处在不断发展和完善之中，但作为一门独立学科，它也具有自己独特的思想方法、理论基础、程序体系和方法论。系统工程思考方法通常叫作系统方法，它是在对系统的概念、系统的基本构成及其各种形态作了深入研究的基础上，把对象作为整体系统来考虑、掌握、分析、设计、制造和使用的一种基本思想的方法。系统工程的工作程序体系，虽然在实际运用时，会因对象不同、用者各异而导致具体程序步骤的差别，但其一般原则却具有普遍意义。

三、系统工程的基本观点

在应用系统工程方法处理问题时，以下一些基本观点是值得强调的：

1. 全局性（整体性）观点

作为系统整体，它除具有构成系统的每一部分的属性之外，还具有形成系统之后的整体特性，因而，系统工程认为“整体大于部分简单之和”，强调必须整体、全面地思考和分析问题，一切从全局（整体）出发，而不是只从某一局部（子系统）出发。

2. 关联性观点

由于系统的各个部分是相互作用相互依赖的，因此系统工程强调必须很好描述系统各个部分的结构关系，使系统诸要素均处于良好的协调工作状态。

3. 最优性（满意性）观点

处理任何事情都期望在多种方案中选优求好，这是人类生活中的一个重要通则，系统工程也不例外。由于系统工程的对象一般都是比较庞大复杂的系统，这就使得它的选优求好，必须借助于一整套专门的分析方法，如运筹学、最优控制理论等才能实现。即便如此，由于最优标准不一、信息收集不全和事物发展变化等因素，这种用专门方法求出的最优解只是理论上的，一旦遇到具体问题，它只能是一个近似解。因此，近年来人们开始推崇"满意性"观点，认为不一定花费大量的代价去追求真正的"最优"，而只需找寻一个大家满意的系统方案就可以了。这种找寻"满意"系统方案的方法虽然不十分严格、精确，但却不失为一种灵活、适用的工具。

4. 实践性观点

系统工程作为一门工程技术，是用来改造客观世界的，是面向实践的。如果离开了具体项目和工程，系统工程也就成了无源之水、无本之木。

5. 综合性观点

系统问题一般都涉及面较广，不光有技术因素，还有经济因素、社会因素、环境因素等，因此，光靠一两门学科的知识是不够的，需要综合应用诸如数学、经济学、运筹学、控制论、心理学、社会学和法学等多方面学科的知识。由于少数几个人很难门门精通，所以系统工程研究又非常强调组织各方面人员协调工作的方式。

四、系统工程的理论基础

系统工程是在系统科学、控制论、信息论、运筹学和管理科学等学科的基础上发展起来的。了解这些基础理论，有助于我们对系统工程学的探讨和研究。这里简要介绍控制论、信息论和运筹学的理论及其方法。

1. 控制论

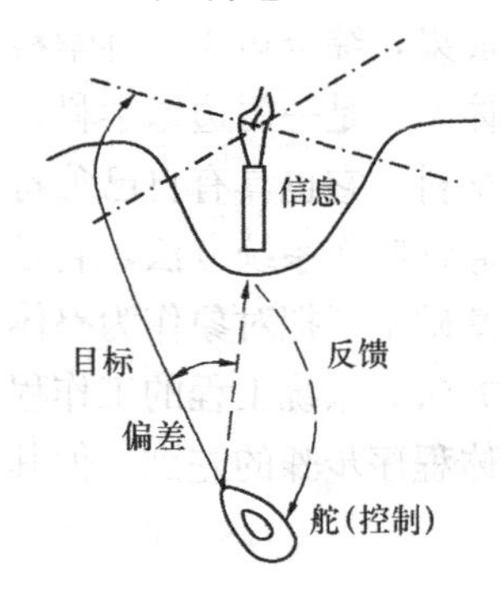

图 1-2 反馈的概念

控制论是研究生物系统和非生物系统内部通信、控制和调整的一门科学。无论是人造的机械，还是自然界的动物，在瞄准某个目标时都要时刻修正自己的运作使之越来越接近目标地前进。例如，轮船向海港驶入时，驾驶员需要借助灯塔的灯光（信息）掌舵（进行控制）。在这种情况下，即使目标有所改变或掌舵的方法暂时有错误，最后也能准确无误地达到目标，如图 1-2 所示。这构成了控制论的一个特别重要的概念——反馈理论，也就是把偏离目标的信息，反馈给控制装置来决定下一阶段的动作。

控制论主要是应用数学方法解决系统的合理设计问题，使得系统能满足各项目标的要求，到达最优化。

目前在系统工程中应用的工程控制论，主要包括下列内容：

（1）线性和非线性系统理论。线性系统理论是自动控制理论中最常用的也是应用最久的一种理论，它将大量的工程实际问题抽象为线性系统，用常系数线性微分方程近似地加以描述，并采用拉普拉斯变换方法来进行研究。可是严格说来，任何线性系统都具有不同程度的非线性的特性，线性系统只是在这些非线性成分可以忽略不计时才可以应用。线性模型虽然便于数学处理，但往往不能比较精确地描述系统的运动状态，甚至不能解释许多实践中经常遇到的问题，因而产生了研究非线性系统的理论。

（2）概率控制过程和统计方法的应用。系统一般具有多种输入和输出，而这种输入与输出往往是多变量的随机因素，不可能精确算出或预测某一时刻的系统性能。另外，系统的环境条件也在随时发生变化，需要及时适应其变化调整系统的功能。因此，概率控制过程和统计方法就成为处理这种系统的主要理论与数学工具。

（3）最优控制理论。这是控制论的核心。由于技术工具的进步和电子计算机的发展，人们不再满足于设计一个可工作的控制系统，而是力求设计出高质量的最优化系统。例如达到理想状态的时间最短、消耗的功率最小、实现的精度最高、衡量动态误差的某一积分估计最小等，这就是最优控制所要解决的问题。

（4）自适应、自学习和自组织系统的理论。针对特定条件设计的系统，当客观环境发生变化时，必然引起系统功能下降，甚至不能工作。这时就希望系统仍能按照外界条件的变化自动调整其自身的结构或参数，以保持系统原有的功能。这种系统叫做自适应的控制系统。自学习系统是自适应系统的一个发展和延伸，它是指那种具有按照自己运行过程中的“经验”来改进控制算法能力的系统。自组织系统是仿真人的神经网络或感觉器官，实现人工智能的一种途径。它具有记忆过去的经验和识别环境变化的能力，为了更好地适应环境，能够按照一定的规律改变自己的结构或工作程序。

（5）模糊理论。它是在模糊数学基础上产生的一种新型的数理理论，常常用于解决一些不确定性的问题。其主要目标是探索和更加接近人类大脑功能的处理事物的模糊方法。

（6）系统识别理论。在研究控制系统时，首先要识别清楚系统的情况，并在对控制对象和外部环境进行调查研究之后，才能提出切实可行的方案。系统识别理论就是为了弄清楚系统的内在联系和有关参数的一种有效方法。

（7）大系统理论。这是现代控制论最近发展的一个新的重要领域。它主要是以规模庞大、结构复杂的各种工程或非工程的大系统问题为研究对象，着重解决其最优化问题。也就是按照整个系统的最优化指标和整个系统与各子系统之间的关系以及各子系统之间的关系，最优地分配各子系统的指标，并以此控制各子系统，使整个系统达到最优化。

2. 信息论

信息论是一门研究信息传输和信息处理一般规律的科学。任何一个系统，如果没有信息传递和信息处理功能，也就不可能起到应有的作用。因此，在研究系统工程时，研究信息论是不可缺少的一个环节。从目前看，信息论可分为以下三个方面：一是以编码为中心的信息理论，这种理论主要是研究信息模型、信息度量、信息容量、信源统计特性、信息编码、信道编码等以申农信息论为中心的问题。二是以信号为主要对象的信息理论，这种理论包括信号和噪声的统计分析、信号的最优过滤、预测、检测和估值等理论。三是以计算机为中心的基本信息理论，这种理论包括语言、文字、图像的模式识别，自动机器的翻译和学习理论等。

在一个系统中，信息的流通与处理大致可分为如下步骤：

（1）信息的获取。它是将系统所需的信息测定出来，并使之变成数据，经传输线路或不经传输线路送给处理装置进行必要的处理。获取信息的方式有随机的和询问的两种。根据信息的性质和系统的总体要求，由获取端任意获取信息的方式叫做随机获取；根据处理的要求对系统发出询问而在获取端获得信息的方式叫做询问获取。

（2）信息的传递。这是保证获得的信息在系统中流通的重要手段。为此，必须在系统中设有自己的通信系统，即由各种类型的信道组成的信道网。

（3）信息的处理。这是信息系统的关键环节。它将从信息获取设备传送过来的初始信息，用一定的设备或手段，按既定的目标和步骤进行加工。信息处理的目的是：把信息的原始形式变换成便于观察、分析、传输或进一步处理的形式，通过筛选分类、去粗取精、提取主要的和有用的信息，滤掉次要的和无用的信息；通过编辑整理提高信息质量；分析计算，或为执行机构提供控制信号，或为操作控制人员提供一定数量、质量和类型的信息；将一些不能再现的或因系统参数不可控制致使变化范围很大的信息加以集中并存贮起来，作为事后分析的资料。

（4）处理结果的输出。在系统中，根据需要对获取的信息进行各种方式的加工处理以后，就要以必要的方式将处理的结果输送出去。针对信息性质和应用目的的不同，可以选用不同的输出技术和手段。

3. 运筹学

运筹学是用来帮助解决生产和经济规划中某些实际问题并使之发挥最大效率的一门科学。它是系统工程学的起源和主要基础。具有代表性的运筹学方法大体有以下几种：

（1）线性规划。经营管理工作中，往往碰到如何恰当地运转由人员、设备、材料、资金、时间等因素构成的体系，以便最有效地实现工作任务的问题。这一类统筹规划问题用数学语言表达出来，就是在一组约束条件下寻求一个目标函数极值的问题。如果约束条件表示为线性等式及线性不等式，目标函数表现为线性函数时，就叫线性规划问题。线性规划就是求解这类问题的数学方法。

（2）非线性规划。如果在所要考虑的数学规划问题中，约束条件或目标函数不全是线性的，就叫做非线性规划问题。非线性规划就是求解这类问题的数学方法。

（3）动态规划。这是一种在动态条件下，为使多重决定或多级问题的解实现最优化而采取的　种数学方法。动态规划的中心思想是最优性原理，依据这个原理导出一个函数方程，然后从整个过程的终点出发，由后向前一步一步地推到过程的始点，便可逐步找到最优解。

（4）对策论。也称博弈论，是用来研究对抗性的竞争局势、探索最优对抗策略的一种数学方法。对策论方法包括三个基本要素：一是局中人，即参与竞争的各方：二是策略，即参加竞争者按照自己认识的规律选择的行动方案；三是各方具有的相互矛盾的利益，即胜者所得与败者所失的矛盾。不同的要素集合，构成了不同的博弈问题。

（5）网络理论。也称网络分析，是系统工程学中常用的一种理论方法，常用于计划评审技术（PERT）和关键线路法（CPM）等。

（6）存贮论。在经营策略中，为了保证系统的有效运转，往往需要对文件、器材、设备、资金以及其他物质保障条件保持必要的贮备。存贮论就是研究在什么时间、以什么数量、从什么供应渠道来补充这些储备，使得保持库存和补充采购总费用最少的一种数学方法。

（7）决策论。经营管理中的问题，经常要面对几种不同的自然状态（或称客观条件），又有可能采取几种不同的方案。条件迫使人们针对各种不同的自然状态，按照某种衡量准则，在各种不同的方案中选定一个最优方案加以实施，这就提出了决策问题。决策论就是研究解决这类问题的数学方法。

（8）排队论。排队论是我们在日常生活和工作中常见的一种现象，凡服务系统都要解决排队问题。排队论即是用来研究服务系统的工作过程、解决排队系统最优化问题的一种数学理论和方法。

第三节　系统工程方法论

系统工程思考问题和处理问题的方法，一般称做系统工程方法论，它是在深入研究系统的概念、基本构成及其各种形态的基础上，把分析对象作为整体系统来考虑、掌握、分析、设计、制造和使用时的基本思想方法。

一、霍尔系统工程三维结构

从事系统工程实践的大都是自然科学工作者和工程技术人员，他们常把处理工程技术问题时遵循的步骤和程序移植过来，处理系统工程所要解决的组织管理、规划和决策等类问题，并在实践中收到了一定的成效。20 世纪 60 年代，许多学者根据实践经验，总结系统工程方法，内容和步骤划分不尽相同，但基本思路一致。其中，影响最大而且比较完善的是美国学者 A. D. Halll 于 1969 年提出的系统工程三维结构，如图 1-3 所示。它概括地表示出系统工程的阶段、步骤以及涉及的知识范围。

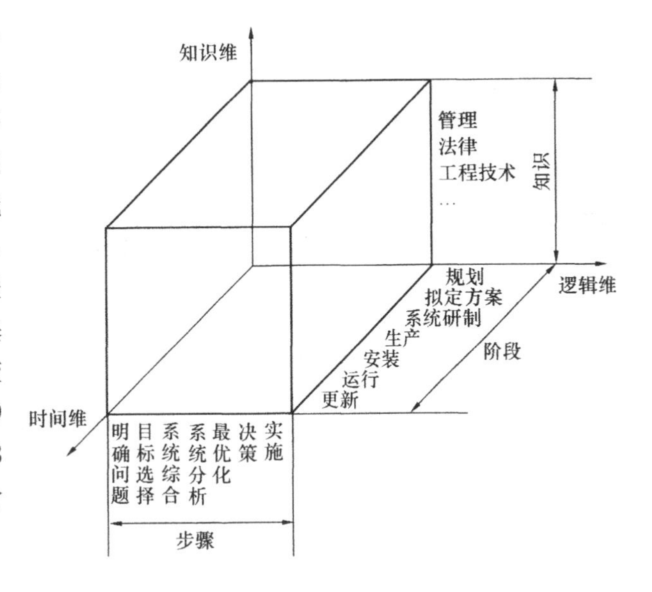

图 1-3　霍尔三维结构

1. 时间维

表示系统工程活动从规划到更新，按时间排列的工作顺序，共分为七个阶段：

（1）规划。谋求系统工程活动的规划和战略。

（2）拟订方案。提出具体的计划方案。

（3）系统研制。实现系统的计划方案，并作出生产计划。

（4）生产。生产出系统的零部件及整个系统，并提出安装计划。

（5）安装。将整个系统安装完毕，并完成系统的运行计划。

（6）运行。系统按预定的目标服务。

（7）更新。以新系统取代旧系统，或将原系统改进，使之更有效地工作。

2. 逻辑维

指在每一阶段工作中所应遵循的思维程序，共分七个步骤：

（1）明确问题。弄清本阶段需要解决什么问题，并尽量全面地收集有关资料和数据，来说明问题的历史、现代和未来趋势，为制定目标提供可靠依据。

（2）目标选择。将需求具体化，提出所要解决的问题达到的目标，并制定达到目标的标准，也称系统指标设计。

（3）系统综合。主要是按照问题的性质及总的功能（目标）要求形成一组可供选择的系统方案。方案包括所选系统的结构及相应参数，应允许自由地提出设想。

（4）系统分析。通过比较，精简方案，并对可能入选的方案的性能、特点及与整个系统的关系加以进一步说明。为了有利于方案的分析比较，往往需要形成一定的模型，把这些方案同系统的评价目标联系起来。

（5）最优化。对系统分析的结果进行比较评价，从而精选出最优可行方案。

（6）决策。由领导根据全面要求，最后决定一个或少数几个方案试行。

（7）实施。根据最后选定方案，具体加以实施。并提供实际信息反馈到以上步骤，不断修改与完善，将方案最后确定下来，以保证顺利进入下一阶段。

3. 知识维

指为完成上述各阶段各步骤所需的各种专业知识和技术素养。一般包括社会科学和自然科学两个方面的知识，如工程、商业、法律、管理、哲学、艺术、心理等方面的知识。

从时间维来看，霍尔系统工程方法论主要以研究硬科学为主。从逻辑维来看，它强调明确目标，核心内容是最优化，认为现实系统都可以归结为工程问题，应用定量分析方法，求得最优解答。

把上述七个逻辑步骤和七个时间阶段归纳在一起，便形成所谓的 Hall 系统工程活动矩阵，如表 1-1 所示。

Hall 系统工程活动矩阵　　**表 1-1**

时间维（粗略结构的阶段）		逻辑维（粗细结构的步骤）						
		1 明确问题	2 目标选择	3 系统综合	4 系统分析	5 最优化	6 决策	7 实施
1	规划	a_{11}	a_{12}				a_{16}	a_{17}
2	拟定方案	a_{12}						
3	系统研制							a_{37}
4	生产				a_{44}			
5	安装			a_{53}				
6	运行	a_{61}						
7	更新	a_{71}	a_{72}				a_{76}	

表 1-1 矩阵中的元素 a_{ij} 表示系统工程的一组具体活动。例如，a_{11} 表示在规划阶段要执行弄清问题这一步骤。

二、切克兰德方法论

系统工程方法论是在系统工程的实践中形成和发展起来的。人们应用它处理实际问题，推动了系统工程学科的发展，也促进了方法论本身的完善与创新。20 世纪 40～60 年代期间，系统工程主要用来寻求各种“战术”问题的最优策略，组织管理大型工程项目等。经过一段时间的发展，系统工程开始用于研究社会经济的发展战略问题，涉及的社会因素相当复杂。为适应这种发展，从 20 世纪 70 年代中期开始，有些学者对霍尔方法论提出修正。英国兰卡斯特大学的切克兰德系统地提出了他对霍尔方法论的修正意见和“软科学”系统工程方法论。切克兰德把霍尔方法论称之为“硬科学”的系统工程方法论，认为完全按照解决工程技术问题来解决社会问题或“软科学”问题，会遇到很多困难。切克兰德的“软科学”系统工程方法论的主要内容如下：

（1）问题现状说明。说明现状，以求改善现状。

（2）弄清关联因素。初步弄清与改善现状有关的各种因素及其相互关联。

（3）概念模型。用结构模型或数学模型描述系统现状。

（4）改善概念模型。根据数学模型的理论和方法改进上述概念模型。

（5）比较。将概念模型和现状进行比较，找出符合决策部门意图的而且可行的变革。

（6）实施。实施能带来上述变革的措施。

切克兰德方法论的出发点是，社会经济领域中的问题往往很难像工程技术问题那样事先将“需求”给定清楚，因而也难以按若干个衡量指标设计出符合此“需求”的最优系统。该方法论的核心不是“最优化”，而是“比较”或者说“学习”。从模型和现状的比较中，学习改善现状的途径。“比较”这个环节含有组织讨论、听取各种集体中人们意见的含义，从而不拘泥于描述定量求解的过程，反映了人的因素和社会经济系统的特点。切克兰德方法论是霍尔方法论的扩展。当现实问题的确能够工程化，弄清其需求时，“概念模型”就相当于霍尔方法论中的“系统分析”步骤，而“改善概念模型”就相当于“最优化”步骤，“实施”的不是某种变革而是设计好的最优系统。

三、物理—事理—人理系统方法

1. 物理—事理—人理系统方法简介

物理—事理—人理系统方法（简称 WSR）是中国系统工程学会前理事长、中国科学院系统科学研究所研究员顾基发和华裔学者朱志昌博士在 1995 年提出的。他们总结了国内很多系统工程的研究与实践，分析其成功与失败的原因，从众多的案例中悟出了“关系协调”的重要性，从方法论角度提出了物理—事理—人理系统方法。他们认为系统工程研究者在处理复杂系统问题时，不仅要明物理，懂自然科学，明白世界到底是什么样的，还应通事理，通晓各种科学的方法，各种可硬可软的解决问题的方法，选择科学合理的方法处理事务，更应晓人理，掌握人际交往的艺术，充分认识系统内部各部门的价值取向，协调考虑系统各方的利益。只有把这三方面结合起来，利用人的理性思维的逻辑性和形象思维的综合性与创造性，去组织实践活动，才可能产生最大的效益与效率。

物理是象征本体论的客观存在，包括物质及其组织结构；物理是阐述自然客观现象和客观存在的定律、规则；物理是指物质运动和技术作用的一般规律，是一种客观存在，不以人的意志为转移；物理是指管理过程和管理对象中可以并应该由自然科学、工程技术描述和处理的层面。系统工程研究者和实践者需要具备自然科学知识，如果不明物理，不懂得客观物质世界，不了解系统的功能、结构，就难以对研究对象进行科学的分析，所提出的建议可能会违背客观实际，违背自然规律，其实施后果不堪设想。所以系统工程工作者要熟悉研究对象，了解系统的自然属性，向自然科学工作者学习，了解研究对象所涉及的专业知识。

事理是人们办成办好事情应遵循的道理、规律；事理是指方法，帮助人们基于客观存在有效处理事务的方法；事理是指管理者介入和执行管理事务的方式和规律，包括如何感知、看待、认识、思考、描述和组织管理对象和管理过程。系统工程研究者和实践者要掌握管理科学和系统科学的知识，研究如何开展工作，把握各种处理研究对象的方法，选择最适合的方法去处理研究对象。要提升系统工程工作者有关事理方面的能力，要领会不同系统工程方法的精华，尤其是掌握自然辩证法和处理复杂系统的基本观点。

人理是关注、协调系统中所有团体相互之间的主观关系，包括顾客、权力当局、组织者、专家、潜在业主、使用者、操作者、受益和受损者；人理是基于心理学、社会学、组织行为学，结合文化、传统、价值、观念等，把人组织在一起有效地开展工作的方法；人理主要研究管理过程中管理主体之间如何能相互沟通、学习、调整、谈判等技巧。所以系统工程工作者要掌握人文知识、行为科学方面的知识，要通晓问题处理过程中人们之间的相互关系及其变化过程，理顺、协调这种关系，按照人们可接受的事理去实现项目的预定目标。

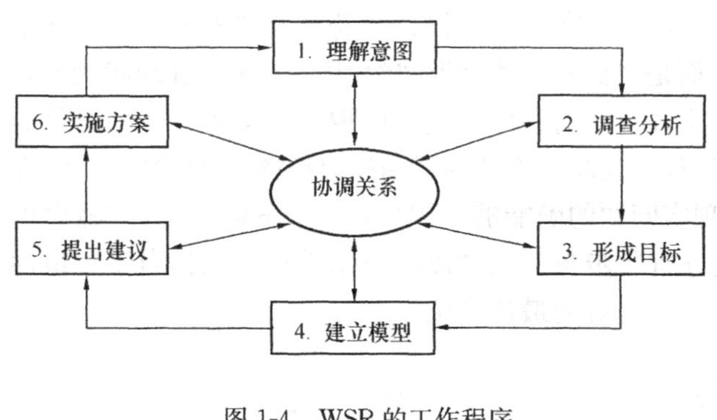

图 1-4　WSR 的工作程序

2. WSR 系统方法的工作程序

WSR 系统方法有一套工作程序，用以指导人们开展系统工程的实践，如图 1-4 所示。在这一工作程序中，“协调关系”处于核心地位，在进行其他 6 个步骤的工作时，都面临关系协调问题，尤其是对所提出的建议应进行充分的协调，否则所提建议会难以实施或实施效果不佳。

（1）理解意图。这与霍尔系统工程方法论逻辑维中的明确问题意义相近。在进行任何工作之前，都需要明确所要解决的问题，理解决策者的意图。明确问题、理解意图至关重要，它是解决问题的起点和基础。决策者对要解决的问题或系统的愿望可能是清晰的，也可能是相当模糊的，这就需要沟通，需要协调。因为决策者们各自站在不同的角度，对问题、愿望等有不同的理解，需要分析者理解他们的意图，同时也需要理解相关人员的意图。只有理解了决策者们的意图，才能有效地开展系统工程工作。

（2）调查分析。调查是系统工程活动的重要组成部分，调查分析的深入程度直接影响后续过程的开展。调查分析是一个物理分析过程，任何结论只有在深入、仔细地调查分析之后才可能得出。开展调查分析，要协调好与被调查者的关系，争取被调查者（专家、广大群众）的积极配合，且对调查得到的资料、信息要进行必要的处理。

（3）形成目标。作为一个复杂的问题，一开始时对于问题能解决到什么程度，决策者和系统工程工作者往往都不是很清楚。在领会和理解决策者的意图以及进行深入的调查分析、取得相关信息后，进行系统目标的确定，形成目标。这些目标可能与当初决策者的意图不完全一致，同时在以后进行大量分析和进一步考虑后，可能还会有所改变。所以需要协调，使形成的目标得到共识。

（4）建立模型。这里的模型是比较广义的，除数学模型外，还可以是物理模型、概念模型、运作程序、运行规则等。建立的模型应与相关领域的人员讨论、协商，在协商的基础上形成。在这一阶段，可能开展的工作是设计、选择相应的方法、模型、步骤和规则来对目标进行分析处理，这个过程主要是运用物理和事理。

（5）提出建议。运用模型，分析、比较、计算各种条件、环境、方案之后，可以得到解决问题的初步建议。要使所提出的建议可行，使相关主体尽可能满意，协调工作相对其他阶段来说更加重要，所以系统工程工作者在模型分析的基础上，要协调、综合决策者和相关利益者对所提建议的看法，最后还要让决策者从更高层次去综合和权衡，以决定是否采用。这里建议一词是模糊的，有时还包含实施的内容，这主要看项目的性质和目标设定的程度。

（6）实施方案。将上述建议付诸实施，在实施过程中也需要与相关主体进行沟通，以取得满意的效果。

（7）协调关系。协调关系是整个系统工程活动的核心，在整个活动中发挥作用。在处理问题时，由于不同的人拥有的知识不同、立场不同、利益不同、价值观不同、认知不同，对同一个问题、同一个目标、同一个方案往往会有不同的看法和感受，因此往往需要协调。当然协调相关主体的关系在整个项目过程中都是十分重要的，但在提出建议阶段，显得更重要。相关主体在协调关系层面都应有平等的权利，在表达各自的意见方面也有平等的发言权，包括做什么、怎么做、谁去做、什么标准、什么程序、为何目的等议题。从理解意图到提出建议，每一个阶段，一般会出现一些新的关注点和议题，可能开展的工作就是相关主体的认知、利益协调。协调关系属于人理的范围。

四、系统工程方法论的特点

系统工程方法论的基本特点可归纳如下：

1. 研究方法上的整体性

系统工程方法论把研究对象看作一个系统整体，同时也把研究过程看作一个整体。人们把系统作为若干个小系统有机结合而成的整体来设计，对每个子系统的技术要求都首先从实现整个系统技术协调的观点来考虑，对研制过程中子系统与子系统之间的矛盾或子系统与系统整体之间的矛盾都要从整体协调的需要来选择解决方案。同时，把系统作为它所从属的更大系统的组成部分来进行研究，对它的所有技术要求，都尽可能从实现这个更大系统技术协调的观点来考虑。

系统工程基于系统整体化的概念建立起一系列衡量系统效果的综合性指标，如效能/成本比、造价/维护费用比和时间价值等，并根据整个系统的总目标，来分析判断组织技术措施的价值。

近年来的许多统计资料表明，一个大系统在长期的运行过程中，其运行和维护费用高得惊人，因而在设计一个系统时，要考虑系统的生命周期成本以保证它的整体经济性。

系统工程还要考虑把大系统的研制过程作为一个整体，即分析整个过程是由哪些工作环节所组成的，而后进一步分析各个工作环节之间的信息，以及信息的传递路线、反馈关系等，从而编制出系统研制全过程的模型，把全部过程严密地联结成一个整体，全面地考虑和改善整个工作过程，以便能实现综合最优化。

2. 技术应用上的综合化

系统工程致力于综合运用各种学科和技术领域内所获得的成就。这种研究能使各种技术相互配合而达到整体系统的最优化。一般大规模的复杂系统几乎都是一个技术综合体，要求从系统的总目标出发，将各种有关的技术协调配合、综合运用。

综合应用各项技术的另一个方面是创造新型的技术综合体。这种新型技术综合体的出现，有时并不一定是某一基础理论的突破，而是综合运用各项技术的成果。例如，一个电子计算机控制和管理的生产系统是当代先进技术的综合体，但这里并没有什么重大基础理论的突破，而只是综合应用了自动控制技术、电子计算机技术和管理科学的成果所获得的成就。

当前出现的一个新的发展趋势是，一个大规模的复杂系统往往不是一个单纯的技术系统，而是涉及到许多社会的、经济的因素，构成了一个复杂的社会——技术系统或社会——经济系统，促使自然科学、技术科学和社会科学日益紧密地结合在一起。

为使各项技术的综合应用取得最佳效果，就要求系统工作者要具备一定的经验才能和创新知识，注重系统环境的分析，加深对各项技术的理解程度和提高运用能力，研究设备的完善情况与组织管理的效能，从而对系统的各组成部分及相互之间的关系，加以清晰、深刻、精确的揭示。

3. 管理科学化

一个复杂的大规模工程往往有两个并行的过程，一个是工程技术过程，一个是对工程技术的控制过程。后者包括规划、组织、控制和决策等，统称为管理。科学技术只有通过管理才能变成生产力，管理工作对于促进科学技术的发展、提高工作效率和经济效益以及合理利用资源等方面具有十分重要的意义。只有科学的管理，才能充分发挥技术的效能。因此，管理的科学化成为系统工程极为重要的一个研究方面。

第四节 系统开发途径

一、系统生命周期的概念

一个系统总有一个确定的开始和终了时间，这个从开始到终了的时间就是系统的生命周期。一般认为，系统生命周期应从提出建立或改造一个系统时开始，而到系统脱离了运行并为新系统替代时为止。系统的生命周期如图 1-5 所示。

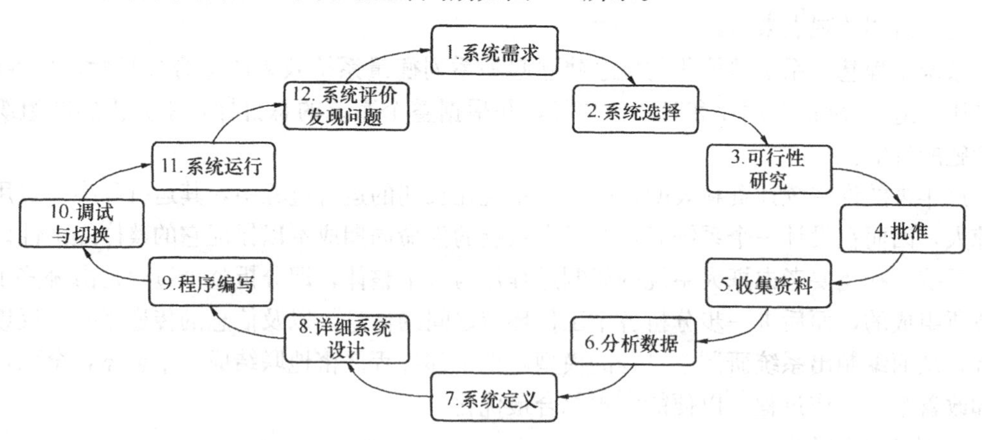

图 1-5 系统生命周期图

（1）系统需求：在发现问题的基础上，提出系统开发的设想，确定系统目标。

（2）系统选择：提出实现目标的初步方案。

（3）可行性研究：对初步方案进行技术经济分析，并提出系统的设计计划。

（4）批准：根据可行性研究的论证意见，准予进行系统的实际设计。

（5）收集数据：收集进行系统设计所需的各种信息资料。在此要着力解决好数据来源及收集方法问题。

(6) 分析数据：通过数据的筛选、汇总、统计，摸清数据所反映的系统的本质属性。

(7) 系统定义：在上述工作的基础上，更具体地描述系统方案，提出更为详细的系统设计计划。

(8) 详细系统设计：按照系统设计计划的要求，勾画设计出整个系统。

(9) 程序编写：编制系统设计说明书和系统使用手册，用以指导系统的运行。

(10) 调试与切换：调整新设计的系统，使其进入正常工作状态，并逐步取代旧系统。

(11) 系统运行：新系统全部取代旧系统，进入实际工作领域。此期间应尽量使新系统得到高效率的运用并得到有效的维护。

(12) 系统评价、发现问题。评价系统的运行效果，找出系统的不定和不尽完美之处，当外界条件发生变化时考虑系统的适应能力。

用系统生命周期的概念来概括系统存在的全过程，就可以从整体上描述出系统的轮廓，以便于对系统的研究和思考。

二、系统开发的阶段

为了考察和研究的需要，一般采取从整体到局部、从粗到细的思考方法，这样既能抓住问题的实质，又能高效率地解决问题。为此，系统生命周期要分成几个可独立进行研究的部分或解决问题的阶段，以便把问题引向深入和具体化，从而缩小问题的考察范围，逐步构成和剔除方案。在这个逐级细化的过程中，首先要定义系统的各组成部分及其相互关系，而后降低考察等级，交替考察与研究功能和结构。在一个确定的等级上，考察系统各组成要素起到什么作用（功能），再深入到下一个系统等级，考虑这些要素应当具有什么结构，才能达到期望的作用。根据这种研究方法，系统的生命周期可划分为发展期（包括预备研究、总体研究、详细研究三个阶段）、实现期（包括系统建造、系统实施两个阶段）和运行期（包括系统运行、系统更新改造或报废两个阶段）。也可把系统的阶段作这样的概括：预备研究实质是系统分析阶段（在某种情况下也作为系统的可行性研究阶段）；总体研究和详细研究就是系统设计阶段；系统建造和系统实施可作为一个系统实

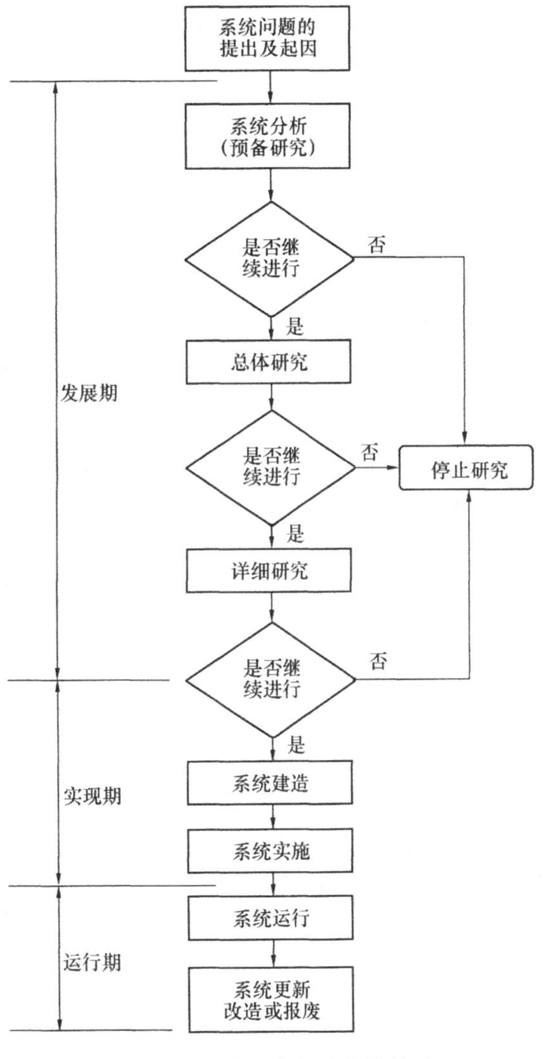

图 1-6　系统生命各阶段的关系

施阶段，以及系统运行阶段等。系统生命周期各阶段的相互关系如图 1-6 所示。

三、系统设计

以上划分的系统开发的阶段中，系统分析将在第二章中详述；系统实施和系统运行视系统不同而有较大差异，本书不加以讨论；而系统设计对大多数系统来说，其内容与特点有共同之处，故在此作一简要介绍。

1. 系统设计的内容

系统设计指的是根据要求的目标，在特定的环境条件下，运用一定的原理和方法来确定一个合乎需要的系统的技术。系统设计的内容包括：

（1）功能设计。可分为两步。一是方案的探索与选择。在广泛调查研究的基础上，制定设计计划，对可能方案进行分析比较，初步确定合适的设计方案；二是方案的现实可行性。对初步确定的方案进行可行性研究，如检查所具备的材料、资金、资源、设备、人力、时间等条件。这两步要反复进行，直到最后肯定方案。

（2）程序设计。也可分为两步。一是外部规模或规格设计，对整体、子系统等各部分功能、性能和连接条件提出具体设计指标，给出问题的界限；二是建造设计，建造模型、选择系统结构和参数。按切实可行的设计方案编写建造系统的程序、标准和工艺条件，进行设计计算。

2. 系统的外部设计和内部设计

通常，人们把系统本身叫做内部系统，把包围的环境和社会叫做外部系统。一方面，外部系统对内部系统有干扰，这些干扰包括社会对系统的要求（功能、经费、工期、大小等）和制约条件（环境、资金、材料、信息、法律等）。另一方面，内部系统对外部系统也有干扰，即由于系统的完成而引起社会的变化，包括受到系统的利益或危害以及对其他系统的影响，还有其他的波及效果等。为了协调好内部系统和外部系统的关系，就需进行外部设计和内部设计。系统外部设计和内部设计的项目、内容与手段如表 1-2 所列。

系统的外部设计和内部设计　　表 1-2

类　别	项　　目	内　　容	手　　段
外部设计	问题的定义	要求、环境调查、数据收集 已有系统的调查 新的想法	
	目标的选择和计划的制订	考虑有现实性的系统，研究其实用价值加以选择 提出问题，制订整体计划	销售、网络理论
内部设计	试设计	根据调查、研究和新的想法，进行几种设计 分为功能设计和结构设计的子系统	系统理论 模拟法 分割法
	系统分析	对提出的系统进行求解评价、比较、开发、研究	系统理论、模拟法、分割法、可靠性工程学、最优化
	决策	选择最优设计方案 评价标准（功能、成本、可靠性、时间、维修的难易）	决策理论 价值工程学
	详细设计	决定详细部分，主要工作是开发	

3. 系统的分割与合成

无论怎样大的或怎样复杂的系统，如果分割成适当数量的子系统，就可以变成用过去的经验知识能够处理的系统的大小和复杂程度。这些子系统的特征和性能就可以变成和已有单项设备同样程度的标准化。这在系统设计上是十分重要的，但如何分割却是个难题。如机械式等分，必然导致在统一建造系统阶段要付出艰苦的劳动。所以，分割的第一个必要条件就是便于以后系统的合成。

系统分割一般采用平面分割和立体分割两种方式，如图 1-7 所示。

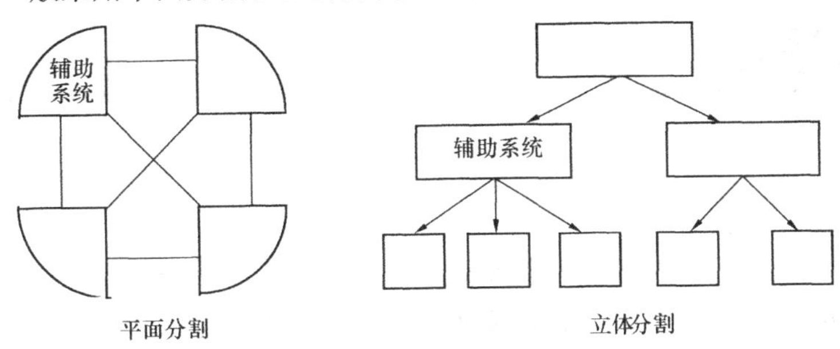

图 1-7　系统分割方式

系统分割的程度随系统规模等因素的不同而不同，但从原则上看，虽然对大规模的系统进行了详细的分割并进行了周密的考察，但未必能得到正确的认识。因为系统分割得越细，辅助系统就越多，这些辅助系统的相互关系就越难以理解。尤其是在设计和合成系统时，要素众多是一个致命弱点。如采用计算机，模拟分析在某种程度上是可能的。即使这样，模型的模糊性也与要素数目成比例增加，取得的结果也难以判断。通常认为，到合成为止能考虑并同时处理的辅助系统的数目不超过 10 个。所以，在分割系统时最好抓住要点进行粗分割，避免合成发生困难。

第五节　系统工程的发展过程

社会生产的需要，是科学技术发展的动力。系统工程作为一门科学技术虽形成于 20 世纪 50 年代的西方，但系统工程的思想和方法运用则可以追溯到古代。尤其是我们中华民族的祖先，在大量的社会实践活动中，在了解自然、改造环境的过程中，出现了许多充分体现系统思路的工程技术管理的事例。

一、系统工程的典型事例

1. 都江堰工程

地处我国四川省境内的都江堰工程（图 1-8）举世闻名。它是公元前 250 年由秦国蜀郡太守李冰父子带领当地人民修建的一项防洪灌溉工程。工程分为三个部分：分水工程，主要指将泯江分流为内江和外江的鱼嘴工程；引水工程，指有名的宝瓶口工程，它将玉垒山劈开，引水进入灌溉渠道；分洪排砂工程，处于分流后的内江与外江之间，由飞砂堰和人字体工程组成。这三个部分巧妙地结合成为一个工程整体，使工程兼有防洪、灌溉、漂木、行舟等多种功能。该工程不仅在施工时期有一套管理办法，还建立了持续不断的岁修养护制度，使工程经久不衰，至今仍能充分发挥它的效益。都江堰水利工程体现了非常完善的整体观念、优化方法和开放的、发展的系统思路，即使从现在的观点来看，仍不愧是世界上一项宏伟的系统工程建设。

图 1-8 都江堰工程

2. 宋皇宫修复工程

据《梦溪笔谈》记载，宋真宗祥符年间（公元 1008～1016 年），皇城开封失了一场大火，宫殿被全部烧毁，大臣丁渭受命限期重建。面对工地“患取土远”，又远离水道，运输材料困难、重建期限紧迫等诸多困难，丁渭经过统盘筹划，提出了一套完整的施工方案：首先把皇宫前的大街挖成沟渠，用挖出的土烧砖，从而就地解决了部分建筑材料问题；其次再将这条沟渠同开封附近的汴水接通，形成航道，使用当时最经济有效的水运方式运输建筑器材，从而节省了大量的人力、物力和时间；最后，在皇宫修复后撤水，再把碎砖废土等工程废弃物填入沟中，“复为街衢”。这样就使烧砖、运输建筑材料与处理废物等三项繁重的工作任务都最佳地得到解决，“一举而三役济，计省费以亿万。”

3. 泰勒科学管理法的诞生

泰勒被西方誉为“科学管理之父”。他把工人的劳动过程分成了三个方面进行分析。一是工序分析，即解决工序划分和组成的合理性问题；二是动作分析，目的是解决完成各工序的合理动作问题；三是时间分析，用以解决除操作时间以外的其余时间的合理利用问题。这三项分析，既有定性分析，又有定量分析。通过这些分析，使劳动组织达到完整、合理、科学，从而产生了科学管理法。

4. 阿波罗登月计划

20 世纪 60 年代初，美国开始了宏大的阿波罗载人登月计划。此项计划的实施前后达 11 年，涉及 60 万人，投资 300 亿美元，参加研制的机构有 120 多个，承包企业 2 万多家，研制的零部件约 1000 万件，涉及上万种科学技术。在这样一个规模巨大、为一个目标而进行的复杂社会劳动中，每一部分之间的配合和协调都成为决定整个工程成败的关键。如果没有一套科学的组织管理方法，则必然要造成大量返工、窝工，人力物力积压浪费，各部分互不衔接、缺东少西、丢三落四，甚至互相阻塞，整个系统开不动。而美国宇航局（NASA）采用了系统工程的分级综合计划管理，先分解后协调，作到了有条不紊，秩序井然，从而保证了计划的顺利实现。图 1-9 给出

图 1-9 阿波罗-11 飞船登月

了阿波罗-11飞船登月的图片。

上面这些例证都从不同侧面反映了系统工程的基本思路：无论什么问题，不管是空间的分布还是时间的过程，都要看成为一个整体，一个系统，都要找出这个整体的合理组成部分以及它们之间的合理关系，并通过建立这些组成部分及其联系来达到整体功能要求；都要按照一个合理的步骤或程序，采用定性分析和定量分析相结合的方式，协调选优，解决问题。

二、系统工程近代的发展

1911年，美国工程师泰勒在《科学管理原理》一书中，首次提出了具有现代含义的系统概念。此后，法国的法约尔对管理职能提出了计划、组织、指挥、协调、控制五个要素。这是近代系统工程的萌芽。

20世纪40年代初期，在美国等国的电信工业部门中，为完成巨大规模的复杂工程和科学研究任务，开始运用系统观点和方法处理问题。贝尔电话公司在发展微波通信网络时，首先提出了一套系统工程方法，按照时间和顺序把工作分成为规划、研究、发展、发展中研究和通信工程五个阶段。此后，美国通信器材公司（RCA）也在彩色电视研制工作中运用系统方法获得成功。

第二次世界大战前后，由于军事上的需要，运筹学得到了广泛的应用与发展，为系统工程提供了重要的理论基础。美国从事高级系统分析方法研究的兰德公司，总结了第二次世界大战中产生的大量的高级数学方法，并在经营战略和各种系统开发中加以应用，取得了大量成果，奠定了系统工程的初步实践基础。

1946年，电子计算机在美国问世，为系统工程提供了强有力的运算工具和信息处理手段，成为实施系统工程的重要物质基础。1948年，美国麻省理工学院电气专家申农提出信息论，教授维纳等人创立了控制论，逐步加深了人们对系统的重要属性——信息和反馈的认识。

1957年，美国学者顾杰和马可尔写出了第一部系统工程专著，为这一学科命名并在理论上作了总结。

1958年，PERT网络技术（计划评审技术）创立，计算机被用于计划工作，促进了整个系统研制的进展，得到了广泛的应用。

20世纪60年代以后，系统工程开始进入到以计算机为主要工具，以现代控制理论为基础的多变量最优控制阶段，从军事领域发展到民用部门来解决复杂的系统协调问题。

1965年，美国学者查德提出了“模糊集合”的概念，奠定了模糊理论的基础，它使得计算机模仿人的智能的能力不断发展，实现了对模糊系统问题的高效率处理，解决了许多精确数学无法解决的问题。与此同时，在PERT的基础上又发展了随机协调技术CERT。

20世纪70年代前后，系统科学进入迅猛发展的重要时期。在这一时期，系统工程的理论与方法日趋成熟，其应用领域也不断扩大，系统工程的应用已远远超出了传统“工程”的概念，从大型工程的应用进入到解决各种复杂的社会——技术系统和社会——经济系统的最优规划，最优控制和最优管理阶段。此外，系统工程方法还广泛应用于研究社会经济规划、能源发展战略和能源规划、水资源的合理开发与利用、科学技术预测与发展战略、交通运输的规划、布局和合理调度等方面，并且都取得了显著的效果。其重大进展主要体现在以下三个方面：一是以自然科学和数学的最新成果为依托，出现了一系列基础科学层次的系统理论，为系统工程提供了知识准备；二是为解决环境、能源、人口、粮食、社会等世界性危机展开了一系列重大交叉课题的研究，使系统研究和人类社会各方面紧密联系起来；三是在贝塔朗菲、哈肯、钱学森等一批学者的努力下，系统科学体系的建立有了重大进展，系统科学开始从分立状态向整合方向发展。

20世纪70年代以后，随着行为科学、思维科学渗入系统工程，政策科学得到了发展，系统工程的理论和方法成为政策研究的主要工具。1984年，国外一些思想比较活跃的科学家在三位诺贝尔奖得主——物理学家盖尔曼、安德逊，经济学家阿诺等人的支持下，和一批不同学科领域的研究学者来到美国著名的桑塔菲研究所（Santa Fe Institute，SFI）进行复杂性研究，试图由此通过学科交叉和学科间的融合来寻求解决复杂性问题的途径。20世纪90年代，非线性系统理论的迅速发展，使针对复杂系统的研究无论从理论还是从实践上都取得了长足的发展。

当今世界正进入一个信息化的时代，大量信息存在于系统之中，需要通过对信息的处理，实现最佳选择。当代电子计算机和通信卫星的应用，以及系统科学、运筹学、现代控制理论、信息论等理论方法的综合发展，推动了系统工程的飞跃发展，使系统工程研究范围扩展到自然的、技术的和社会的复杂大系统。

第六节　建筑系统工程展望

一、建筑业发展与系统工程

建筑业是从事固定资产生产和再生产的一个物质生产部门，按照国际上一般行业划分的标准，建筑业的范围包括：各种生产和非生产房屋及构筑物的营造；新建或改建企业的设备安装工程；房屋拆除与修理作业；与建设对象有关的工程地质勘探及设计。随着城市的急速发展，有些国家把房地产经营也包括在建筑业之内，有的则作为一个独立的行业，但住宅是建筑业的主要产品，在各国基本上是一致的。

建筑业是衡量一个国家和地区工业化水平的重要标志之一。在美国，建筑业与钢铁、汽车行业并列为经济的三大支柱产业。我国目前正处于工业化、城镇化加速发展的历史时期，国民经济的持续高速增长，带来了巨大的建设需求，建筑市场兴旺发达，建设速度前所未有。建筑业做为国民经济的支柱产业，为促进经济发展和改善民生做出了巨大贡献。主要表现在：

（1）建筑业总产值在整个国内生产总值中占有相当的比例，已成为国民经济中的重要产业部门。近年来，我国建筑业总产值占国内生产总值的比重一直保持在7%左右。根据我国未来固定资产投资的状况，对未来建筑行业需求总量做出的预测是：到2010年，建筑业总产值（营业额）将超过90000亿元，年均增长7%，建筑业增加值将达到15000亿元以上，年均增长8%，占国内生产总值的比例仍然将保持在7%左右。

（2）建筑业为国家建成了数量巨大的工业、交通、农林水利、文教卫生、科技及国防建设项目，为国民经济的发展提供了重要的物质技术基础。2001年以来，我国宏观经济步入新一轮景气周期，与建筑业密切相关的全社会固定资产投资总额增速持续在15%以上的高位运行，2003至2006年全社会固定资产投资增速更是达到24%以上。

（3）建筑业是关联性和带动性较强的产业，建筑业不但消化和吸收了国民经济各部门大量的物质产品，而且还对其他相关产业起到了推动作用。据推测，建筑业每增加 1 元产值，可以带动建材、机械等相关行业增加的 1.85 元产值。

（4）建筑业生产领域广阔，容纳了大量的就业人员。2006 年中国建筑市场容量约为 4 万亿元，将近世界市场的 10%。目前中国有将近 13 万家工程建设企业，民营企业数量超过 50%，从业人数更是众多，有超过 4500 万人从事工程建设。

（5）建筑业在国际市场承包工程，为国家赚取了大量外汇。目前我国具有国际工程承包经营资格的企业已超过 1600 家，2005 年完成国际工程承包业务 218 亿美元，2006 年超过 270 亿美元，发展势头强劲。

建筑系统工程是整个系统工程学科的一个分支，或者说，它是系统工程的理论和方法在建筑业中的应用。建筑业本身是一个大系统，发展振兴建筑业、千头万绪，需要解决的问题很多，这就需要借助系统工程的思想和方法，从整体、全局的观念出发，妥善处理各方面的关系，实现整个系统的优化。

二、建筑系统工程的应用

建筑系统工程的应用，可以从以下几个方面展开：

1. 宏观管理系统工程

运用系统分析的方法研究建筑业的发展战略、经济政策、管理体制、行业管理等问题，为建筑业可持续发展提供宏观指导。

2. 区域规划系统工程

运用系统原理研究区域城镇布局和发展规划、区域资源最优配置、区域投资规划、城市规划、城市设计、城市管理等问题。

3. 城市基础设施系统工程

研究城市公共交通（公共汽车、电车、地铁、长途汽车、出租汽车）、能源（供电、供热、供汽、供燃气）、水（给水、排水）、通信（邮政、电信、广播、电视、信息服务）、公用设施（文化、体育、公共活动、异常灾害、防治、医疗）、生活服务（住宅、饮食、旅店）等系统的规划、设计、建设、管理等问题。

4. 环境生态系统工程

运用系统分析的方法，研究城市布局、园林绿化、城市美学、城市生态、环境评价等方面的问题。

5. 企业系统工程

研究建筑市场预测、新产品开发、组织变革、组织均衡生产、生产管理系统、计划管理系统、全面质量管理、成本核算系统、财务分析等问题。

6. 工程项目管理系统工程

研究工程项目的可行性论证、总体设计、工程进度管理、工程质量管理、工程成本管理、安全管理、风险管理、供应链管理等问题。

思　考　题

1. 举例分析系统的概念和特征。
2. 系统的形态分类主要有哪几种？

3. 系统的基本问题主要有哪些？
4. 系统工程的含义是什么？其学科特点有哪些？
5. 系统工程有哪些基本观点？
6. 简要描述系统工程的主要技术基础。
7. 了解系统工程方法论的内容与特点。
8. 了解系统工程的发展过程。
9. 探索建筑系统工程的应用领域。

第二章 系 统 分 析

第一节 系统分析概述

一、系统分析的意义

由图 1-5 可见，系统分析是应用系统工程方法分析和解决问题的初始阶段，是系统设计和系统决策的重要基础。

系统工程的研究对象是组织化复杂的大系统。这类大系统通常都是开环系统，它们与所处的环境即更大的系统发生着物质、能量和信息等的交换关系，从而构成了环境约束。系统同环境的任何不适应即违反环境约束的状态或行为都将对系统的存在产生不利影响，这是系统的外部条件要求。从系统内部看，系统通常由许多层次的分系统组成。系统与分系统之间有着复杂的关系，如纵向的上下关系，横向的平行关系，以及纵横交叉的相互关系等。任何分系统的不适应或不健全，都将对系统整体的功能和目标产生不利的影响。系统内各分系统的上下左右之间往往会出现各种矛盾因素和不确定因素，这些因素能否及时了解、掌握和正确处理，将影响到系统整体功能和目标的达成。系统本身的功能和目标是否合理也有研究分析之必要，不明确、不恰当的系统目标和功能，往往会给系统的生存带来严重后果。系统的运行和管理，也要求有确定的指导方针。上述情况表明，不管是系统的外部或内部，不论是设计新系统或是改进现有系统，系统分析都是非常重要的。

二、系统分析的概念与特征

系统分析不同于一般的技术经济分析，它必须从系统的总体最优出发，采用各种分析工具和方法，对系统进行定性和定量的分析。它不仅分析技术经济方面的有关问题，而且还分析包括政策、组织体制、信息、物流等各个方面的问题。系统分析没有特定的技术方法，而是针对不同的分析对象和问题随机选用的。

系统分析是这样一个有目的有步骤的探索和分析过程：为了给决策者提供直接判断和决定最优系统方案所需的信息和资料，系统分析人员使用科学的分析工具和方法，对系统的目的、功能、环境、费用、效益等进行充分的调查研究，并收集、分析和处理有关的资料和数据，据此建立若干替代方案和必要的模型，进行仿真试验；把试验、分析、计算的各种结果同早先制订的计划进行比较和评价，最后整理成完整、正确与可行的综合资料，作为决策者选择最优方案的主要依据。

系统分析具有如下特征：

1. 以整体为目标

系统中的各分系统，都各自具有其特定的功能和目标。只有相互分工协作，才能达到系统的整体目标。如果只研究改善某些局部问题，而忽略了其他分系统，则可能使系统的总体效益受到不利影响。所以从事任何系统分析，都必须考虑以发挥系统整体的最大效益为目标，不可局限于个别小系统，以防止顾此失彼。

2. 以特定问题为对象

系统分析是一种处理问题的方法，有很强的针对性，其目的在于求得解决特定问题的最优方案。许多问题含有不确定因素，而系统分析即需在不确定的情况下，研究解决问题的各种方案所可能产生的结果。不同的系统分析所解决的问题不同，即使对相同的系统，所要求解决的问题不同，也需要进行不同的分析，以拟订不同的求解策略。所以系统分析必须以能求得解决特定问题的最优方案为重点。

3. 运用定量方法

解决问题不能单凭想象、臆断、经验或直觉，在许多复杂的情况下，必须有精确可靠的数字资料作为决策的依据。在资料的整理上，还必须运用各种科学的计量方法。

4. 凭借价值判断

进行系统分析时，对某些事物必须作某种程度的预测，故而其所提供的资料，有许多是不确定的变数，不可能完全合乎事实。因此，从事决策时，仍需凭借决策者的价值判断，以裁定由系统分析提供的各种不同策略所可能产生的效益的优劣，以便选择最优方案。

三、系统分析的要素

美国兰德公司的代表人物希奇曾对系统分析的方法论作过如下描述：①期望达到的目标；②达到目标所需的各种设备或技术；③各种方案所需的资源和费用；④建立数学模型，表明目标、技术设备、环境资源间相互的数学或逻辑关系；⑤依费用和效果选优的判别标准。在此基础上，人们归纳总结出系统分析的五个基本要素。

1. 目的

系统的目的和要求既是建立系统的根据，也是系统分析的出发点。系统分析人员只有在正确全面地理解和掌握了系统的目的和要求之后，才能进一步分析它是否确切、完整和合理，尽而着手下一步的分析工作。

2. 替代方案

替代方案是指为达到同一目的的若干个可以相互替换的方案。它是选优的前提，没有足够数量的方案，也就没有优化。

3. 费用与效益

费用是用于实施方案的实际支出。一般费用可以用货币表示，但在决定对社会有广泛影响的大规模项目时，还要考虑到非货币支出的费用。

效益是指达到目的所取得的成果，一般可折合成货币形式来表达。在多数情况下，费用和效益的分析与比较是决定方案取舍的一个重要标志。

4. 模型

模型是实体系统的映像。通过模型可以预测出各种替代方案的性能、费用与效益，有利于方案的分析和比较。使用模型进行分析，是系统分析的基本方法。

5. 评价基准

评价基准是确定各种替代方案优先选用次序的标准，一般根据系统的具体情况而定。

以上五要素组成的系统分析结构图，如图 2-1 所示。

四、系统分析的原则

1. 外部条件与内部条件相结合

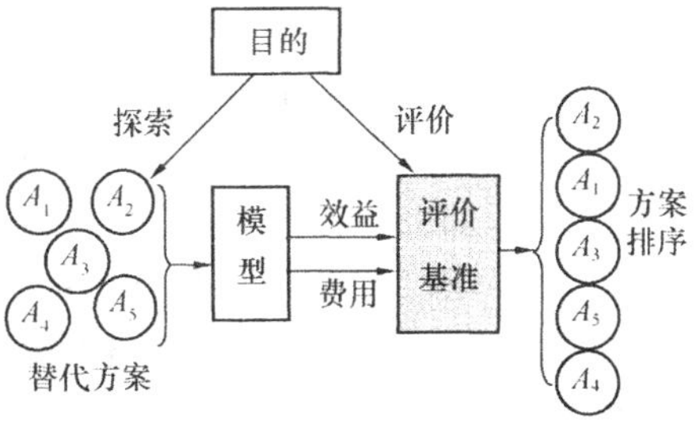

环境变化对系统有着很大的影响，在进行系统分析时，应将系统内部各种有关因素综合起来考虑，力求方案的最优化。例如，研究解决企业的生产经营问题，仅仅从企业内部的技术、生产、经济条件的可行性出发是远远不够的，必须与外部的环境、协作、运输等条件综合起来，才能奏效。

图 2-1 系统分析结构图

2. 当前利益与长远利益相结合

系统的最优选择，应当是当前利益与长远利益相结合的方案。对当前和长远都有利，是最理想的一种情况；若对当前不利但对长远有利，这样的方案从系统观点出发也是合理的；只顾当前而不考虑长远利益的方案，是不可取的。

3. 局部效益与整体效益相结合

一个系统由许多分系统组成。如果每个分系统的效益都是好的，则整个效益也会比较理想。但是，实际工作中很少出现这样的理想情况。局部有效益而全局无效益甚至有损失的方案，是不可取的。反之，局部效益低而全局效益高的方案是可取的。我们所追求的，是整体效益的最优化，局部效益要服从整体效益。

4. 定量分析与定性分析相结合

方案的优劣以定量分析为基础，但又不能忽视定性的因素。最优的方案应是定量与定性分析的结合。在系统分析时，应当遵循“定性—定量—定性”这样的循环，因为不了解系统各方面的性质，就无法建立起数学模型，而对数学模型分析的结果，又会进一步加深对系统性质的认识。定性分析与定量分析相互结合，交错进行，才能达到优化的目的。

五、系统分析的步骤

从事系统分析工作，也有其一定的进行程序，通常所应遵循的几项步骤是：

1. 界定问题

进行系统分析工作，首先要明确限定问题的性质及范围，进而再研究问题中所包含的重要因素、各因素之间的相互联系，以及对外界环境的相互关系。只有对研究中的问题有了明确的认识和了解后，研究工作才能切合实际。

2. 设立目标

所谓目标是指决策者所希望实现的理想。有了明确的目标，才易于着手系统分析。决策者可能只有一个单纯的目标，也可能希望同时实现多个目标。前者的系统分析问题比较简单，而后者则需考虑各项目标的协调，防止发生抵触或顾此失彼。

3. 收集资料

资料是系统分析的基础，研拟方案、建立模型，都必须有资料作为依据，而且各种方案的可行性比较，更需要有精确可靠的数据。因而在问题及目标确定之后，即需着手搜集有关的资料。通常多采用调查、实验、观察、记录，以及引用次级资料等方式，来取得所需要的研究资料。

4. 拟定方案

方案是指达成目标的策略。用以解决系统问题的方案通常是多种多样的，一般可采用以下几种方式提出方案。

组织解：即以变化组织结构作为系统方案；

人员解：即以提高人员素质、发挥人的主观能动性、发掘人才作为系统方案；

硬件解：即以建设新项目、引入新设备、进行设备更新改造作为系统方案；

软件解：指以开发软件作为系统方案；

手续解：指以改变系统运行手续作为系统方案；

格式解：指以修正报表的格式作为系统方案；

综合解：是以上六种解的两种以上的综合。大多数系统方案要求综合解，而有经验的系统分析人员一般也按此顺序来求得综合解。

5. 建立模型

通过建立模型，可以帮助确认系统构成因素的功能及地位，了解因素间的相互关系，以便运用定量方法确立各种因果关系。这是系统分析中比较重要、工作量比较大的一个步骤。根据不同目的可以作成各种不同的模型。

6. 分析替代方案的效果

利用已建立的各种模型，对替代方案可能产生的结果进行计算和测定、考察各种指标达到的程度。当分析模型比较复杂、计算工作量较大时，可借助于电子计算机求解。

7. 综合分析与评价

在上述工作的基础上，再考虑各种定性因素，对比系统目标达到的程度，用标准来衡量。评价结果应能最后选择一个或几个可行方案，供决策者参考。

8. 建议可行方案

按上述步骤选择的方案，如满意就建议为可行方案，如不满意，则进行反馈，重新按原步骤进行分析，直至获得满意的方案为止。建议的可行方案应包括如下内容：说明系统基本构成的系统概要、建立新系统的主要困难和障碍、系统的输入与输出、新系统的机器要求、新系统的费用估价、实现新系统的计划等。

系统分析的程序框图如图 2-2 所示。

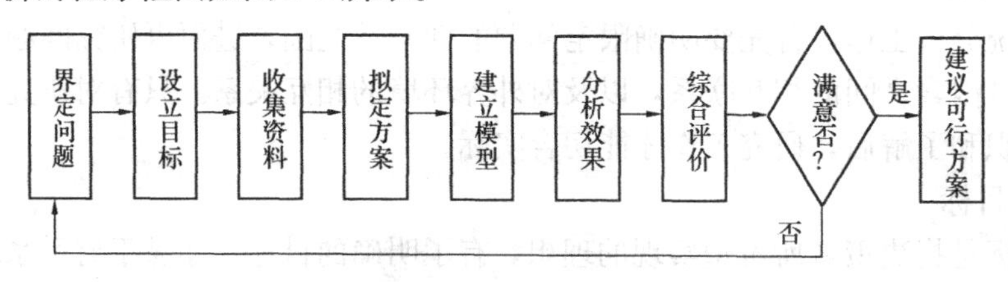

图 2-2 系统分析程序框图

第二节 系统分析的内容

一、系统环境分析

环境通常是指存在于系统以外的物质的、经济的、信息的和人际关系的相关因素的总称。了解问题的环境是接近问题的第一步，不论问题大小或如何复杂，解决问题方案的完善程度依赖于对整个问题环境了解的多少。对环境的不恰当了解，将导致解决问题方案的失败。从系统分析的角度看，研究环境因素的意义在于：环境发生了变化，将引出新的系统分析课题；确定系统的边界需要考虑环境因素；进行系统分析的资料，包括决策资料，要取自环境；系统的外部约束，如人力、资源、财源、时间等方面的限制，通常来自环境。因此，系统环境分析是系统分析的一项重要内容。

1. 环境分析的内容

系统的环境可分为政治（Politics）、经济（Economic）、社会（Society）、科技（Technology）等四个方面。这四个方面的影响是交互的，对系统的运行产生着重要的影响。对这四方面的情况进行认真的分析，即构成了系统环境分析的主要内容，即PEST分析。如图2-3所示。

(1) 政治环境。政治环境泛指一个国家的社会制度、执政党的性质、政府的方针、政策，以及国家制定的有关法律、法规等。不同的社会制度对系统的运行有着不同的限制和要求。即使在社会制度没有发生变化的同一个国家，政府在不同时期的基本路线、方针、政策也是在不断变化的。另外，随着社会法律体系的建立和完善，企业必须了解与其活动相关的法制系统及其运行状态。通过对政治环境的分析，可以明确系统所在的国家和政府目前禁止做什么，允许做什么以及鼓励做什么，以便使系统的运行符合社会利益并受到有关方面的保护和支持。

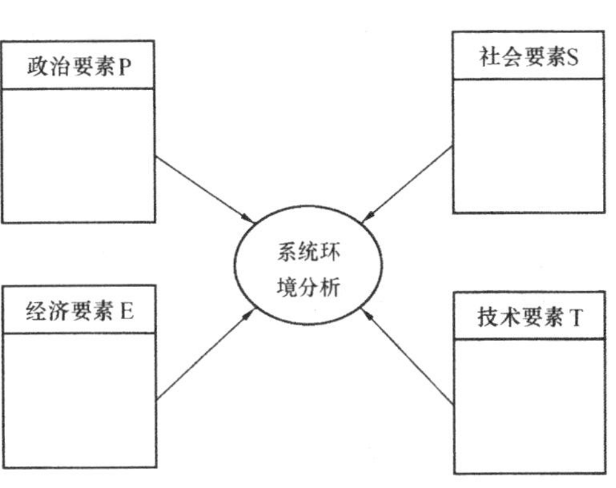

图2-3　系统环境分析内容

(2) 经济环境。对于经济系统或企业系统来说，经济环境是影响系统诸多因素中最关键、最基本的因素。经济环境主要指构成系统生存和发展的社会经济状况和国家的经济政策，包括社会经济结构、经济体制、宏观经济发展水平、宏观经济政策等要素。其中影响最大的是宏观经济的发展状况和政府所采取的宏观经济政策。衡量宏观经济发展的指标有国民收入、国民生产总值及其变化情况，以及通过这些指标能够反映的国民经济发展水平和发展速度。政府的宏观经济政策主要指国家经济发展战略、产业政策、国民收入分配政策、金融货币政策、财政政策、对外贸易政策等，这些政策往往从政府支出总额和投资结构、利率、汇率、税率、货币供应量等方面反映出来。

(3) 社会环境。社会环境包含的内容十分广泛，如人口数量、结构及地理分布、教育文化水平、信仰和价值观念、行为规范、生活方式、文化传统、风俗习惯等。社会环境中还包括一个重要的因素是系统所处地理位置的自然资源与生态环境，包括土地、森林、河流、海洋、生物、矿产、能源、水源等自然资源以及环境保护、生态平衡等方面的发展变化对系统的影响。

(4) 技术环境。技术环境是指与系统运行相关的科学技术要素的总和。它既包括导致社会巨大发展的、革命性的产业技术进步，也包括与系统运行直接相关的新技术、新工艺、新材料的发明情况、应用程度和发展趋势，还包括国家和社会的科技体制、科技政策和科技水平。

上述环境分析的内容不是包罗一切的，只是指出了系统分析中可能涉及的环境因素范围。

2. 环境分析的任务

系统环境分析的任务，可以概括为两个方面：

（1）确定系统与环境的边界。由于系统与环境因素密切交织，在确定系统的具体环境因素时，往往遇到一定的困难，这就提出了如何明确系统与环境的边界问题。一般来说，系统与环境的边界位于系统分析人员或经营管理者认为对系统不再有影响的地方，但这是不明确的，必须设法明确。而且，也绝不能用自然的、组织的以及诸如此类的边界简单地来代替系统边界。为了能够确定重点考察的范围，在很多情况下，先是凭经验得到的边界作为工作前提，而后在详细研究中再对这一边界进行修改。

（2）确定环境对系统的影响程度。系统环境因素范围很广，系统分析人员要根据问题的性质，因时、因地、因条件地加以分析，找出相关环境因素的总体，确定因素的影响范围和各因素间的相关程度，并在方案分析中予以考虑。对可以定量分析的环境因素，通常可以以约束条件的形式列入系统模型之中。对只能定性分析的因素可用估值法评分，尽量使之达到定量或半定量化，或用经验估计修正给定的系统目标值。某些环境因素则要在系统设计计算中给予考虑。在实际分析中，还可以根据系统问题的特殊性，从大量的环境因素中，确定出那些重要的、必须予以考虑的因素重点加以研究，而忽略掉一些次要的因素。

3. 环境分析的方法

系统环境分析的一种常用方法是 SWOT 分析法。该法是系统确认其运行过程中面临的优势、劣势、机会和威胁要素，并据此选择业务战略的方法。其理论基础是有效的战略应能最大程度地利用业务优势和环境机会，同时使业务弱点和环境威胁降至最低。图 2-4 给出了 SWOT 分析的基本框架。

	优势 (S)	劣势 (W)
	1 2 …	1 2 …
	机会 (O)	威胁 (T)
	1 2 …	1 2 …

图 2-4　SWOT 分析的基本框架

（1）优势（Strengths）。是系统相对于竞争对手而言所具有的资源、技术或其他优势，反映了系统能在市场上具有竞争力和特殊实力。雄厚的财力和广泛的资源、企业的市场和社会形象、企业在市场上的领导地位、与买方或供应方的长期稳定关系、产品的高质量和低成本、良好的雇员关系等，都可以形成企业优势。

（2）劣势（Weaknesses）。是严重影响系统运行效率的资源、技术和能力限制。企业的设施、财源、管理能力、营销技术等都可以成为造成企业劣势的因素。

（3）机会（Opportunities）。是系统业务环境中重大的有利形势，诸如环境发展的趋势、竞争局面或政府控制的变化、技术变化、买方及供应方关系的改善等因素都可视为机会，企业所处的环境中随时都存在着机会，但对不同的人和企业，它们的作用是不同的。

（4）威胁（Threats）。是环境中的重大不利因素，构成对系统业务发展的约束和障碍。例如：新竞争对手的加入、市场发展放缓、产业中买方或供应方地位加强、关键技术改变、政府法规变化等因素都可以成为对系统未来成功的威胁。

基于 SWOT 分析的结果，系统可以采取不同的业务发展战略，如图 2-5 所示。

二、系统目标分析

系统目标是系统分析与系统设计的出发点，通过制订目标，便可以把系统所应达到的各种要求落到实处。系统目标分析的目的，一是论证总目标的合理性、可行性和经济性，二是逐级逐项落实总目标，建立目标集（或称目标系统）。

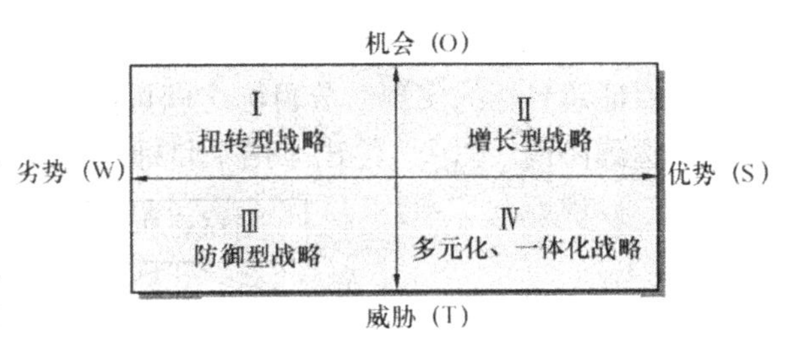

图 2-5 基于 SWOT 分析的系统战略

1. 目标分析的要求

目标分析要满足如下要求：

（1）积极稳妥地提出目标，使得所制定的目标，既具有一定的高度，又是经过努力可以实现的。

（2）要考虑目标多方面的效应。目标通常也具有两面性，既有积极的、可企求的一面，又有消极的、不可企求的一面。目标分析时，应当把目标所有可能的作用挖掘出来，让那些积极的、可企求的作用充分发挥，并注意避免那些消极的作用，不在不可企求的作用上浪费时间。

（3）应当把各种目标归纳成目标系统，从而使目标间的关系变得清楚，以便在寻求解决问题的方案时能够全面地考虑各项目标。

（4）要统筹考虑目标冲突，使目标系统整体上保持协调。

2. 系统总目标的提出

通常，为了解决某一系统性问题，首先要建立系统的总目标。总目标的提出一般有以下几种情况：由于社会发展需要而提出的必须予以解决的课题；由于经济建设的发展提出的新要求；由于欲改善系统自身状况而提出的课题等。

系统总目标提出的方式上，有时发生主观愿望较多，而客观根据较小的情况，这就要经过分析和论证，说明总目标建立的合理性，确定系统建立的社会价值。这样就可以消除盲目性，避免造成各种可能的损失与浪费。

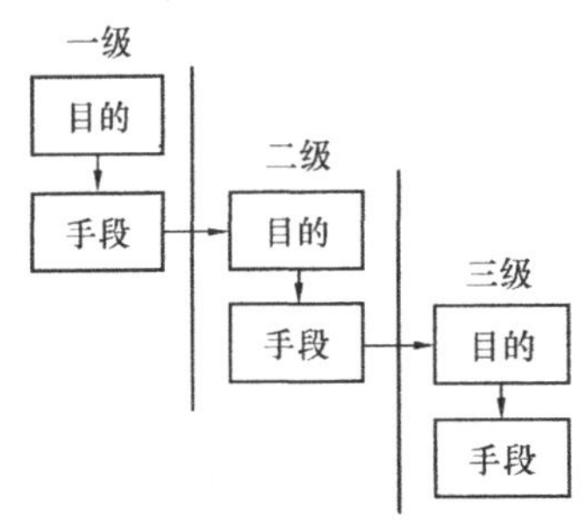

图 2-6 目的——手段系统图

3. 目标系统的建立

一般来说，系统的总目标都是高度概括的，因此，需要将其分解为各级分目标，形成目标系统。只有这样，才能将总目标表达为具体、直观的形式，真正落到实处。

分解总目标、建立目标系统，是系统开发的第一步，需要有很大的创造性和掌握丰富的科学技术和工程实践知识。一般可采用目的——手段系统图进行，如图 2-6 所示。

目的——手段系统图是把要达到的目的和所需要的手段，按照系统展开，一级手段等于二级目的，二级手段等于三级目的，依此类推，最终即可建立目标系统。采用目标——手段系统图建立目标系统，其最下层的目标应细化到具体的工作目标。

4. 目标系统的协调

在目标分解过程中，要注意使分解后的各级分目标与总目标保持一致，分目标的集合一定要保证总目标的实现。分目标之间可能一致，也可能不一致，甚至是矛盾的，但在整体上要达到协调。图 2-7 给出了两个目标之间协调的处理程序。

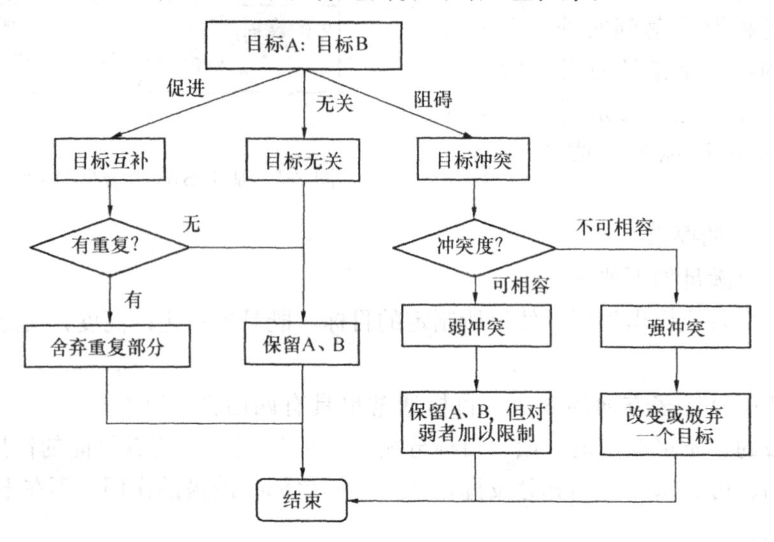

图 2-7 两个目标之间协调的处理程序

三、系统结构分析

任何系统都在一定的结构形式中存在，尤其是对人类生活具有重要意义的各种人造系统。对于复杂系统，如果没有一个协调整体及其组成部分、确定系统合理结构的方法，没有一个考虑整体优化和整体效果的方法，系统分析和系统设计都将无法进行。

1. 系统结构分析的目的

系统特征的形态化，构成了系统的具体结构形式。目的性是决定系统结构的出发点；集合性、相关性和阶层性是作为系统结构的主体骨架的内涵特性；整体性是系统内部综合协调的表征；环境适应性则是以系统本身为一方，而环境作为另一方的外部协调的表征。系统结构分析的目的就是要找出系统构成这几个表征方面的规律，即系统应具备的合理结构的规律。这就是保证系统在对应于系统总目标和环境因素约束集的条件下，系统组成要素集、这些要素之间的相互关系集以及要素集及相关关系集在阶层分布上的最优结合，并在给出最优效果的前提下，能够得到最优的系统输出的系统结构。

2. 系统结构分析的方法

为了达到系统给定的功能要求，即达到对应于系统总目标所应具有的系统作用，系统必须有相应的组成部分，即系统的要素集。系统要素集的确定，应在已定的目标树的基础上进行，同时，应借助价值分析技术，在满足给定目标要求下使所选出功能单元的构成成本最低。

系统要素集的确定只能说明已经根据目标系统的要求选定了各种所需的要素或功能单元，但它们能否达到目标要求，还要看它们的相关关系如何。二元关系是相关关系集中的最基本的关系，其他任何复杂的相关关系，在要素不发生定性变化的条件下，都可变化为二元关系。在二元关系分析中，首先要根据分目标的要求明确系统要素之间必须存在或不应存在这类关系，其次要分析二元关系的性质及其变化对系统分目标或总目标的影响。

当系统是以多阶层形式存在时，阶层性分析就成为系统结构分析的一个内容。划分阶层是事物组织管理的一种手段，也是事物存在的客观规律。为了实现给定的目标，系统或分系统必须具有某种相应的功能，这些功能是通过系统要素的一定组合或结合来实现的。由于系统目标的多样性和复杂性，任何单一或比较简单的功能都不能达到目的，需要组成功能团和功能团的联合。这样，功能团必须要形成某种阶层结构形式。系统阶层性分析主要是解决系统分层和各层规模的合理性问题。这种合理性主要从两个方面考虑：一是传递物资、信息和能量的效率、费用和质量；二是功能团（或功能单元）的合理结合与归属。

系统整体性分析是结构分析的核心，是解决系统整体最优化的基础。上述的系统要素集、关系集以及阶层关系的分析，在某种程度上都是研究问题的一个侧面，它的合理性和优化还不足以说明整体的性质。整体性分析则要综合这些分析结果，从整体最优上进行概括和协调。为了进行整体性分析，需要解决三个问题：一是建立评价指标体系，用以衡量和分析系统的整体结合效果；二是建立反映系统特点的集合性、相关性、阶层性的结合模型，把结合状态结构化和定量化；三是建立模型的优选程序。

第三节　系统分析的主要作业

根据前述系统分析的步骤，可以看出系统分析的主要作业包括如下三项内容：模型化、最优化、系统综合评价。

一、系统模型化

1. 模型的概念

系统工程是以系统为研究对象，而系统是十分复杂的，有的又是非常庞大的，因此，要对系统进行有效的研究，得出有说服力的结论，就有必要建立模型。

模型可以认为是实际系统的替代物，是实际系统的理想化的抽象或简化表示，一般具有如下三个特征：

（1）它是现实系统的抽象或模仿；

（2）它由那些与分析问题有关的因素构成；

（3）它表明了有关因素间的相互关系。

对模型的一般要求是：

（1）现实性。模型是描述现实世界的一个抽象，因此，它必须在一定程度上能够确切地反映和符合系统客观实际的情况。

（2）简捷性。模型要采取一些理想化的方法，去掉一些外在的影响并对一些过程作合理的简化，这样在现实性的基础上尽量使模型简单明了，可以降低构造模型与求解的代价。

（3）适应性。随着外界环境尤其是与模型有关的具体条件的变化，要求模型具有一定的适应能力。

（4）规范化。在模拟某些实际对象时，如果已经有此形式可以借鉴，应尽量采用标准形式，或对标准形式加以某些修改，使之适合于新系统。

建立模型是系统分析和设计的需要。因为系统工程研究的主要对象是人造系统，而当新系统尚未建立之前，它仅仅是一种构想，还未存在于客观世界，故只能借助模型来预测其未来的性能及参数，并通过多种方案的分析与评价，选出最优方案。建立模型也是经济与安全的需要。有些实体系统用实物进行试验，成本昂贵又不安全，故多用物理模型或数学模型代替实物进行试验。对一些经济、生态平衡、社会系统等，直接实践时间上是不允许的，这也需要通过系统模型来进行仿真，从而制订策略。实际系统因素多而复杂，不易理解和控制，实验也不易得出结论。但通过建立模型加以抽象和简化，便可以改变这种情况。

2. 系统模型的分类

模型一般可分为两类：形象模型和抽象模型。

（1）形象模型。形象模型是把现实物体的尺寸加以改变（放大或缩小），看起来和实际的东西基本相似的模型。它包括物理模型和图像模型。前者是以明确、具体的材料构成，如飞机模型、地球仪、作战沙盘等。后者则是客体的图象，如建筑透视图、照片等。

（2）抽象模型。抽象模型是用图表、图形、符号等描述客观事物的特征及内在联系所建立的模型，包括以下四类：

①图示模型。用图表、图形等对系统的描述，如施工图纸、地图、网络图、线性规划图解等。

②模拟模型。用便于控制的一组条件来代表真事物的特征，通过模仿性的试验来了解实体规律的模型，如机械系统的电路模拟、飞机风洞试验、计算机随机模拟等。

③数学模型。用字母、数字及其他数学符号建立起来的等式或不等式来描述客体的模型。

④概念模型。在缺乏资料时，根据构想的资料建立的模型，即通过经验、知识和直觉形成的模型。

上述几种不同形式的模型之间，有图2-8所示的利弊关系。

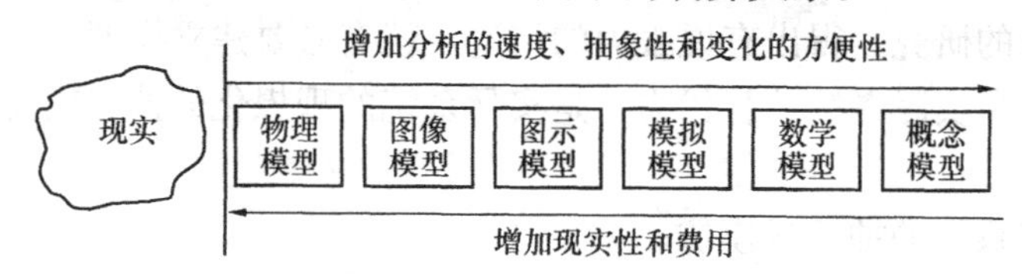

图2-8　系统模型的利弊比较

在系统工程中，我们感兴趣的是抽象模型，特别是数学模型。但有时也交替使用几种模型，以发挥各自的长处和克服各自的缺点。

3. 系统模型的构造

构造模型是系统工程中一个重要的环节。构造模型不正确，必然导致系统工程的失败。构造模型是一种艺术，是一种创造性的劳动，其大致步骤如下：

（1）明确构造模型的目的和要求。即弄清要为怎样的对象建立模型，需要怎样的模型，以使模型满足实际需要，不致产生太大偏差。

（2）对系统进行周密调查，去粗取精，去伪存真，找出主要因素，确定主要变量。

（3）弄清各种关系，确定系统的约束状态。

（4）确定模型的结构，提出有关的约定和事项。

（5）估计模型中的参数，用数学手段描述系统中的因果关系和约束状态。

（6）对模型进行实验研究。

（7）根据实验结果，对模型作必要的修改。

建立系统模型常用的分析方法有如下几种：

直接分析法：当问题比较简单或比较明显时，按问题的性质和范围直接作出模型。

模拟法：有些模型的结构性质虽已清楚，但对其的数量描述及求解却很困难。如果有另一种系统的结构性质与之相同，构造出的模型也类似，处理时却简单得多，这时用后一种模型来模拟前一种模型，进行试验和求解，即为模拟法。

数据分析法：有些系统结构性质不很清楚，但可以通过描述系统功能的数据分析，来搞清楚系统的结构模型。这些数据可以是已知的，也可以是能够按需要收集而来的。

试验分析法：当现有数据分析不能确定个别因素（变量）对系统工作的指标的影响时，有时有必要在系统上作局部试验，以搞清哪些是本质的变量及其对指标的影响。

想定法：有些系统结构并不很清楚，又没有很多的现存数据可以利用，也不允许在系统上作试验，这时可人为地（但是科学地）设想一些情况，再按前述方法来构造出一些模型，推出一些结果，然后根据这些结果加以讨论，分析其是否可行。如果不行再重新想定，或者在以后的过程中不断修改。

本书在下面几章，将详细介绍系统工程中常用的几种模型。

二、最优化分析

最优化分析是指通过系统分析和相应的优化技术，使系统具有最优功能的过程。即使系统的目标函数在约束条件许可的范围内达到最优的过程。在工程技术、生产管理、社会经济等系统中，存在着大量的系统最优化问题，不同的最优化问题又有着不同的优化技术。一般可概括为以下类型：

1. 资源分配型

在各种生产经营系统中，如何合理安排和分配有限的人力、物力、财力等资源，从各种可行的分配方案中，找出能使它们充分发挥潜力，达到目标函数为最大（如利润最大）或最小（如成本最小）目的的最优化问题。解决这类问题的优化技术主要有线性规划、动态规划等。

2. 存贮型

在保证生产过程顺利进行的前提下，如何合理确定各种所需资源的存贮数量，使资源采购费用、存贮费用和因缺乏资源影响生产所造成的损失费用等总和为最小的资源储备的优化问题。解决这类问题的优化技术主要有存贮论、动态规划等。

3. 输送型

在一定输送条件下，如何使输送量最大、输送费用最小、输送距离最短等输送优化问题。解决这类问题的优化技术主要有图论、网络理论、输送规划等。

4. 组合型

包括有生产、科研等任务的最优分派问题；设备调整或成组零件加工等先后顺序如何合理安排，使总的时间（或费用）最小的问题；如何制定巡回路线使总的距离（或费用）最短（最少）的回路问题等。解决这类问题的优化技术主要有图论、网络理论、动态规划等。

5. 等待型

由要求服务的“顾客”（如损坏的机器、电话呼唤、提货单、到达机场上空的飞机等）

和为顾客服务的“机构”（如修理工、电话交换台、仓库管理员、机场跑道等）所构成的等待系统中，如何最优地解决“顾客”和“机构”之间的一系列问题。解决这类问题的主要技术有排队论（等待理论）等。

6. 决策型

在系统设计和运行管理中，由于决定技术经济问题的因素愈来愈复杂而又不确定，解决生产技术问题的途径和措施又多样化，需要通过许多行之有效的决策技术，从各种有利有弊的替代的方案中，找出所需的最优方案。解决这类问题的技术主要有决策论等。

7. 综合型

系统总体最优化的问题往往是一个综合性的复杂问题。从空间上来说，它涉及社会、政治、经济、科学技术、经营管理等一系列有关问题；从时间上来说，从系统定义、规划阶段开始到系统设计、制造、运行以至系统废弃等各个阶段都会出现最优化问题。系统总体最优化并不是各个子系统优化的简单集合。如果说上述各类优化问题是解决一个系统在不同空间或不同时间的局部优化（或子系统优化）问题，则综合型的优化问题就是用相应的理论和技术（如大线性规划、模拟技术等），在对各个局部问题（或子系统）优化的基础上，来求解系统总体最优化的问题。

最优化分析的技术方法，读者可参考运筹学及有关的专门书籍，在此不再赘述。

三、系统综合评价

系统综合评价是系统分析中复杂而又重要的一个工作环节。它是利用模型和各种资料，对比各种可行方案，对各种方案用技术、经济的观点予以评价，权衡各方面的利弊得失，考虑成本效益间的关系，从系统的整体观点出发，综合分析问题，选择出适当而且可能实现的最优方案。本书第七章，将对此详加介绍。

第四节 系统分析简例

一、问题提出

在某个区域分布有许多大、中、小城镇，如图 2-9 所示。A 镇过去几年受到河水泛滥的影响；B 镇在旱年的夏季缺水；E 区的农田在干旱年月灌溉用水紧张；河流 F 段已受污染，水质变坏，鱼类在此不能继续生存。上述问题，迫切需要尽早予以解决。

二、界定问题

这是一个区域规划问题。如果孤立地考虑每个城镇的情况，非但不能解决问题，还有可能使问题复杂化。例如，为了解决 A 镇的防洪问题，可以考虑在 A 镇的上段建设防洪水库，有洪水时蓄水，无洪水时放水。而要增加 B 镇的供水量，也可考虑在 B 镇的上游建设水库。如果孤立地研究这些问题，可以说两个水库都是必需的。但若对两方面的问题同时考虑，则建一个水库，既可满足 B 镇的供水需要，又可满足 A 镇的防洪要求，这就比建设两个水库经济得多。

另一方面，考虑的区域越大，需要顾及到的影响因素就越多，问题的复杂性和难度也就越大。因此，在研究分析这一问题的范围时，应兼顾到两个方面，既可以包括所有有影响的因素，又使问题尽量缩小，以便在时间、预算和人力上都能解决。

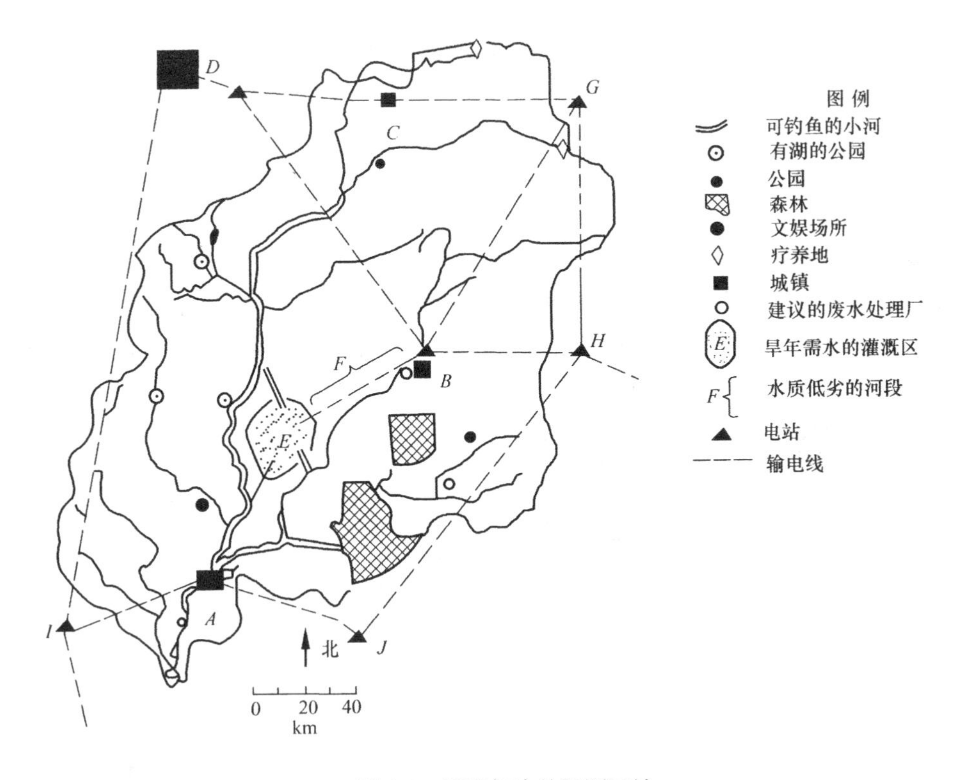

图 2-9　需要解决的问题区域

三、设定目标

本问题的主要目标是区域内最大的经济效益和社会效益。这个主要目标需要通过增加区域内的工农业总产值和国民收入、发展能够获得利润的公用设施、扶植经济的增长、保护并改善自然环境条件、减少洪水造成的水灾损失等措施方可实现。

为达上述目标的可能方案之一，是建造一个水力资源系统，以及与之有关的废水处理工厂，以免废水流入河流降低水质。如果还要供给农田灌溉用水，就需要大量抽水。因而需要的能源可能要超过现有的供应能力。这样，增加电能供应也就成了发展中所提出来的要求。

图 2-10 给出了本问题的目标系统。

为了衡量所得出的不同方案对上述目标的实现程度，必须确定一种判别的准则。一种可用的准则是资金的数目。水灾损失可以用资金来度量；供电是要收费的，所以电能也可以用资金来计算；但是污染的后果很难用资金来估计。通常在相应的准则不能建立时，可以把某个单项任务的效益作为准则，即作为必须保证的水平。因此，该目标在实际处理时就成为一个必须保证的约束条件。

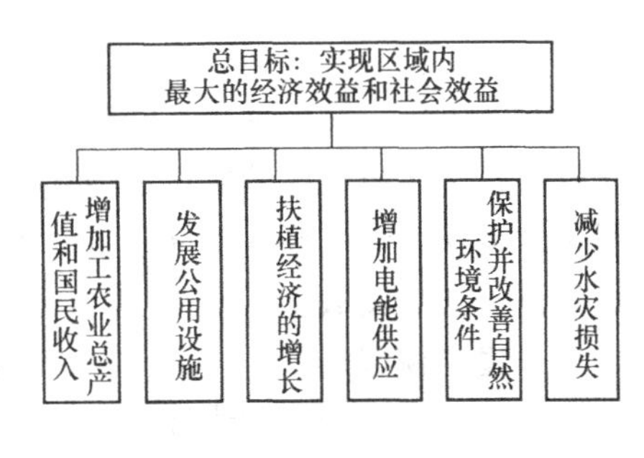

图 2-10　问题的目标系统

四、收集资料

作为一个区域规划——重点是水力资源规划的系统问题，需要收集的资料主要有如下几个方面：

水文地质资料：有关河水流量、洪峰、最高最低水位、河道、地质等方面的情况；

水需求情况：居民生活、工业生产、农田灌溉等的用水量；

能源供应：用电量、可供电量；

附近地区的环境条件：影响系统的一些条件；

有关城镇建设和区域发展的规划资料。

五、拟订方案

这一步骤主要关心的是识别尽可能多的满足系统目标的方案。这些方案，既应包括现有工艺技术条件下可以实现的方案，也应当包括在希望达到工艺技术条件下可以实现的方案。对于图 2-9 所示的区域，合理的方案可以是水库、发电厂、废水处理厂、防洪堤、灌溉渠等的综合利用方案，如图 2-11 所示。

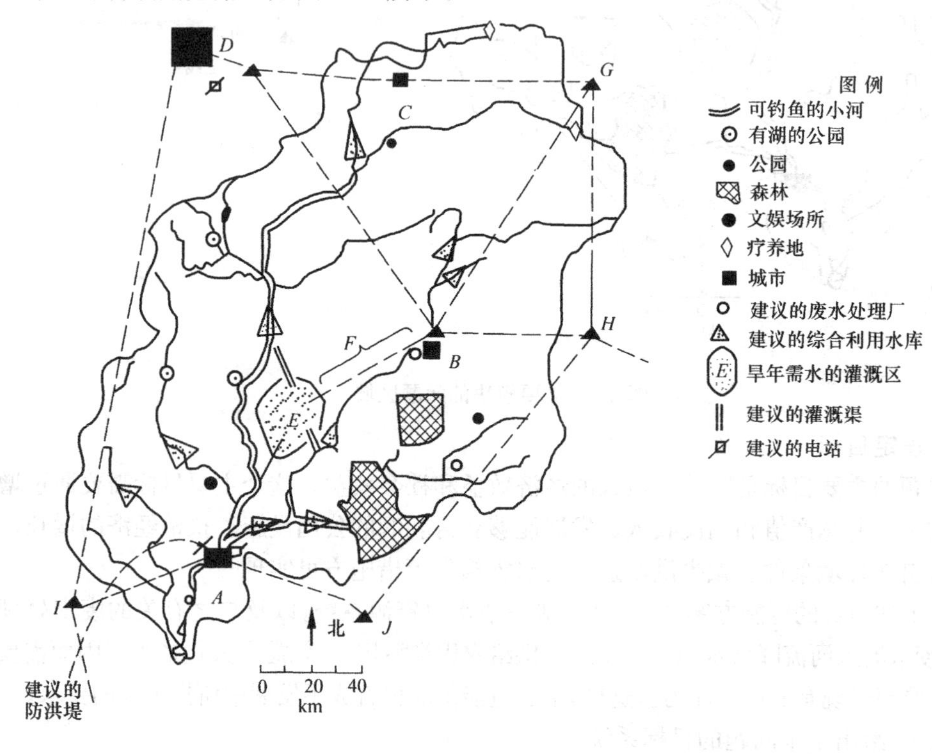

图 2-11 系统方案

方案提出后，应先进行初步筛选，以确定系统的各组成部分在技术、经济上是否可行。这种筛选可包括检验所选定地基的地质条件是否可以建造水坝，发电厂厂址处的河流水量是否足够发电，环境条件是否许可建设发电厂、废水处理厂等。如此筛选可以减少必须加以评价的方案数。

六、建立模型

本问题可抽象为一种线性规划模型。模型表述如下：

目标函数：

$$\begin{aligned}\max Z = & B(FD)+B(FH)+B(GG)+B(GS)-C(FD)-C(FH)-C(GS)\\ & -C(GG)-C(FS)-C(SK)\end{aligned}$$

式中 $B(FD)$——发电效益；

$B(FH)$——防洪效益；

$B(GG)$——灌溉效益；
$B(GS)$——供水效益；
$C(FD)$——除水库外的发电成本；
$C(FH)$——除水库外的防洪成本；
$C(GS)$——除水库外的供水成本；
$C(GG)$——除水库外的灌溉成本；
$C(FS)$——除水库外的废水处理成本；
$C(SK)$——水库成本。

有关约束条件为：

(1)在任何时期水库的蓄水要有连续性

流出量 $Q_0 \leqslant$ 流入量 $I+$ 蓄水量 S

(2)蓄水量不能超过水库的蓄水能力

$0 \leqslant S \leqslant$ 水库的最大容量 V

(3)通过水轮机流量的限制

通过水轮机的流量 $Q_1 \leqslant$ 水轮机的容量 Q_{max}

(4)水质

水的质量 $X_g \geqslant$ 可以接受的最低水质 X_{min}

(5)预算上的限制

系统建设的计划成本 $C_0 \leqslant$ 可筹措的建设资金 C_{max}

此外，还可能包括其他一些细节的约束条件。

七、方案选择

将各方案的基本数据代入上述模型，分析计算后可确定出相应的最优解及各项技术经济指标，再根据效益，费用等评价指标，对各方案进行综合评价，即可优选出最终的实施方案。

思 考 题

1. 系统分析在整个系统工程活动中起着什么作用?
2. 系统分析具有哪些特征?
3. 系统分析的要素有哪些? 其相互关系如何?
4. 系统分析应当遵循什么原则?
5. 了解系统分析的基本思路和步骤。
6. 系统分析包括哪几方面的内容?
7. 简述环境分析的意义和任务。
8. 系统总目标按怎样的方式展开成目标系统?
9. 如何保证目标系统的整体协调?
10. 简述系统结构分析的方法。
11. 系统分析包括哪几项主要作业?
12. 模型在系统分析中起着什么作用? 如何构造系统模型?
13. 什么是最优化分析? 其主要类型有哪些?
14. 简述系统综合评价的概念。
15. 结合所学理论及方法，自己选做一个系统分析的题目。

第三章　结　构　模　型

第一节　结构模型概述

一、图论基础

图论是运筹学的重要分支之一。近年来，它被广泛地应用于物理学、化学、控制论、信息论、科学管理、电子计算机等各个领域。在实际生活、生产和科学研究中，有很多问题可以用图论的理论和方法来解决，尤其在研究结构模型和网络模型时，更离不开图论的有关知识。

1. 图的有关概念

(1) 图。所谓图，是指节点与弧(包括具有方向的箭线和未标记方向的边)的集合，设 N 为节点的集合，E 为弧的集合，则图 G 可以表示为：$G=\{N, E\}$。

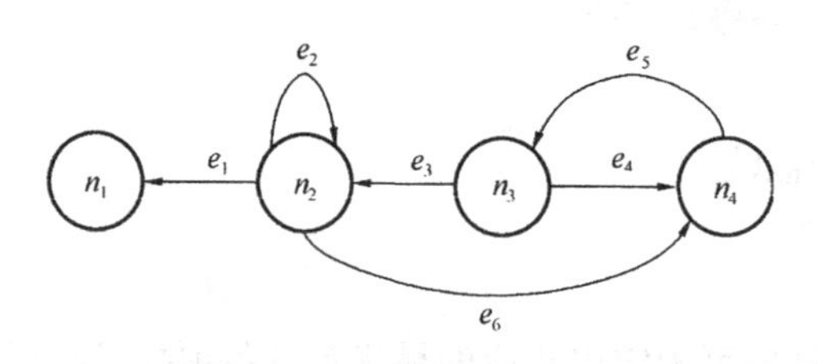

图 3-1　图的示例

例如，对图 3-1 所示的图，可表示为：

$G=\{N, E\}$

$N=\{n_i \mid i=1, 2, 3, 4\}$

$E=\{e_i \mid i=1, 2, \cdots, 6\}$

(2) 自环。首尾均在同一节点上的弧，称为自环，如图 3-1 中的 e_2。

(3) 关联与邻接。如某一节点为某一条弧的一个端点(无论是头部或尾部)，则该节点与该条弧称为相互关联。在图 3-1 中，弧 e_1 和节点 n_1 为相互关联。如两条弧都与同一个节点关联，则称这两条弧为相互关联。在图 3-1 中，弧 e_1 和 e_3 为相互关联，因为它们都和节点 n_2 关联。如有一条弧将两个节点连接起来，则称这两个节点为邻接。在图 3-1 中，节点 n_2 和节点 n_3 是邻接的，因为弧 e_3 连接着这两个节点。

(4) 链、路、圈与回路。对于任一节点序列 n_1，n_2，…，n_k，n_{k+1}，若弧 e_i 的两个端点是 n_i，n_{i+1}，则弧 e_1，e_2，…，e_k，构成一条链。节点 n_1 称为链的始点，n_{k+1} 称为链的终点。链也可以说成是从其始点延伸至其终点，链的长度等于这条链中弧的数目。在图 3-1 中，弧 e_1、e_2、e_3、e_4、e_5 构成从节点 n_1 至节点 n_3 的一条链，其长度为 5。全部由同向弧组成的链称为路。路的长度、始点、终点与链的定义相同。例如，在图 3-1 中，弧 e_2、e_6、e_5 构成从节点 n_2 至节点 n_3 的一条路，其长度为 3。如一条链的始点和终点为同一节点，则称该条链为圈。如一条路的始点和终点为同一节点，则称该条路为回路。圈或回路的长度即为相应的链或路的长度。例如，在图 3-1 中，弧 e_3、e_4、e_6 构成一个长度为 3 的圈，弧 e_3、e_6、e_5 构成一个长度为 3 的回路。在链、路、圈或回路中，如果不存在和两条以上(不包括两条)的弧相关联的节点时，则称其为简单链、简单路、简单圈或简单回路。例如，在图 3-1 中，链 e_1、e_3 是简单链，而链 e_1、e_2、e_3 则不是；圈 e_3、e_6、e_4 是简单圈，

但圈 e_3、e_2、e_6、e_4则不是。

2. 连通图与树

(1) 连通图。一个图中，若任何两节点间至少存在一条链，则称这个图是连通图。图 3-1 就是一个连通图。否则，称为不连通图。例如，图 3-2 是不连通图，因为其中不存在连接节点 1、4 的链。

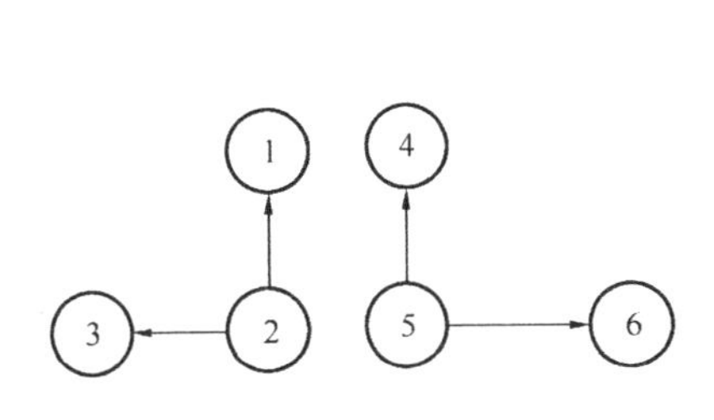

图 3-2　不连通图示例

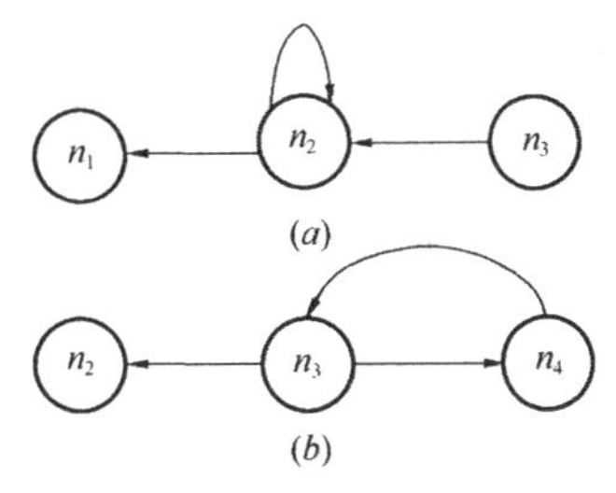

图 3-3　生成子图的示例

(a)按节点生成的子图；(b)按弧生成的子图

(2) 子图。令 N'为图 $G=\{N, E\}$中节点集合 N 的任一子集。有一个图，其节点集合为 N'，弧集合由 E 中两个端点都在 N'内的所有各条弧组成，这样的图称为 N'生成的子图。例如，图 3-1 的节点$\{1, 2, 3\}$生成的子图如图 3-3(a)所示。令 E'为图 $G=\{N, E\}$中弧集合 E 的任一子集。有一个图，其弧集合为 E'，节点集合由与 E'中的弧相关联的所有节点组成，这样的图称为由 E'生成的子图。例如，图 3-1 中，由弧 e_3、e_4、e_5生成的子图如图 3-3(b)所示。

(3) 树。无圈的连通图即为树。例如，在图 3-3 中，下列每一个弧的集合都构成一颗树，$\{e_1, e_3, e_6\}$、$\{e_1, e_3, e_4\}$、$\{e_1, e_6, e_4\}$ 。

(4) 有向图与无向图。规定了弧的方向的图叫有向图，否则叫无向图。

二、结构模型的概念

系统是由很多单元组成的，各单元之间存在着一定的关系。要研究一个系统，首先就要了解这种关系，也就是先要了解系统的结构。系统的结构模型着重揭示系统的几何或拓扑学的定性结构，而不纠缠在模型的代数描述或数量、统计的性质上。它是一种客观模型，用于表明系统各单元的相互关系。通过这种模型，可以使复杂的系统分解成条理分明的多级递阶结构。

结构模型一般表达为有向连接图。设有一系统，其元素用节点 i 表示，元素之间的关系用箭线→表示，则可构成为有向连接图。例如，图 3-4(a)是一个混合器，料液从上面流入，流量为 F_1，从下面流出，流量为 F_2，液面高度为 H，容器内气体的密度为 D，压力为 P。H 的大小受到 F_1与 F_2的影响，而 H 又反过来影响 F_2。H 和 D 都会影响 P。为了表述这种影响关系，我们可以画出图 3-4(b)所示的有向图。该图中，每一个节点代表一个物理量(因素)，每一根箭线表示相衔接的两个物理量之间的影响关系。显然，从 F_1 到 H 的箭线表示 F_1对 H 有影响；F_2与 H 之间两个方向相反的箭线，表明二者互有作用。

不仅工程系统，一些带有社会因素的系统也可以采用有向连接图加以表达。例如，图 3-5 所示的有向连接图中，节点 1 表示生产分工程度，节点 2 表示技术进步，节点 3 表示流通效率。则该图所表述的系统问题就是：流通效率与生产分工程度之间、生产分工程度与技术进步之间，具有相互促进的作用。流通效率不会直接影响技术进步，却能通过生产分工程度间接地产生影响；反之，技术进步对流通效率具有直接的作用。

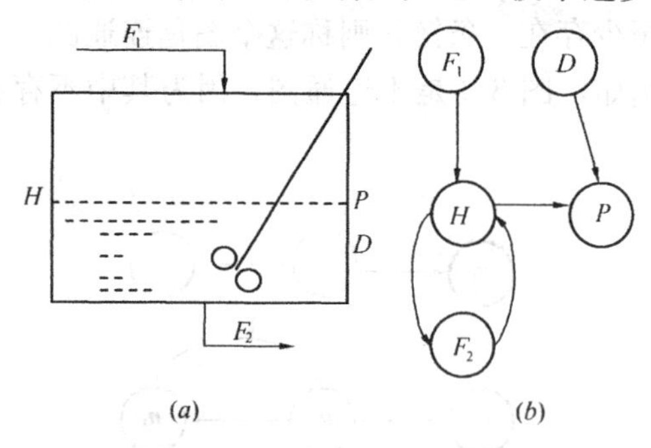

图 3-4 一个工程系统的结构模型表示

(a)混合器；(b)结构模型表达

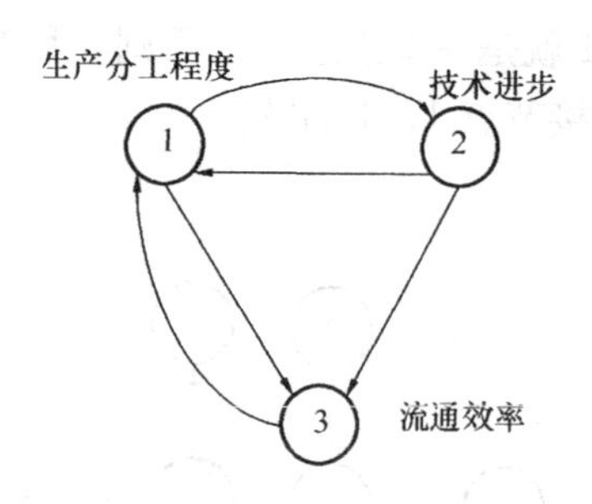

图 3-5 某社会系统有向连接图

三、结构模型的矩阵表示

除了用有向连接图表示系统结构之外，我们还可以使用与有向连接图对应的矩阵，其中最直接的一种叫邻接矩阵。

1. 邻接矩阵的定义

用来表示有向连接图中各元素之间连接状态的矩阵叫作邻接矩阵。设系统 P 有 n 个单元$[P_1, P_2, \cdots, P_n]$，则邻接矩阵 A 的元素可用式(3-1)予以定义。

$$A=[a_{ij}]_{n\times n} \qquad a_{ij}=\begin{cases}0 & P_i\overline{R}P_j \\ 1 & P_iRP_j\end{cases} \tag{3-1}$$

式中 R 表示从 P_i 可以直接到达 P_j，$\overline{R}$ 表示从 P_i 不能直接到达 P_j。

例如，某系统含有 7 个元素，其有向连接图如图 3-6 所示，则其邻接矩阵可以表述为式(3-2)。

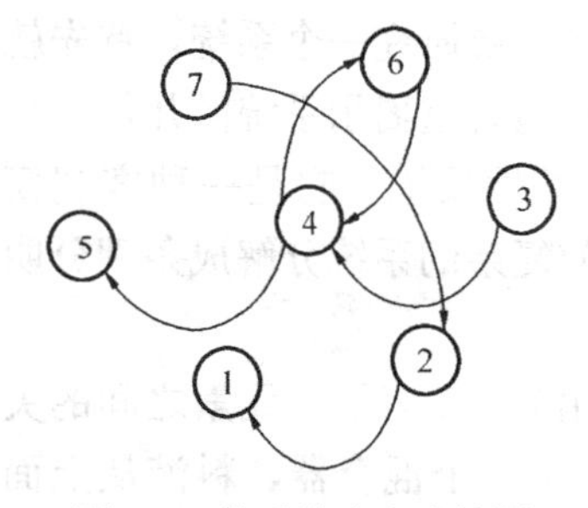

图 3-6 某系统有向连接图

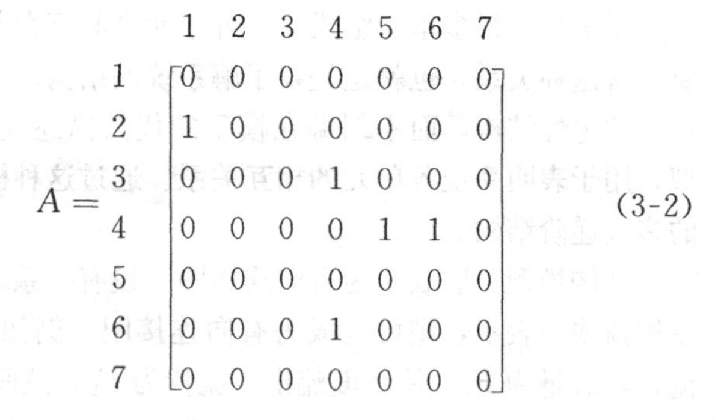

$$A=\begin{array}{c} \\ 1\\2\\3\\4\\5\\6\\7\end{array}\begin{array}{c}\begin{array}{ccccccc}1&2&3&4&5&6&7\end{array}\\ \begin{bmatrix}0&0&0&0&0&0&0\\1&0&0&0&0&0&0\\0&0&0&1&0&0&0\\0&0&0&0&1&1&0\\0&0&0&0&0&0&0\\0&0&0&1&0&0&0\\0&0&0&0&0&0&0\end{bmatrix}\end{array} \tag{3-2}$$

2. 邻接矩阵的性质

(1) 邻接矩阵是和系统结构模型图一一对应的。有了其中之一，另一个也就唯一确定了。

(2) 若邻接矩阵的第 i 列元素全部为 0，则 P_i 一定是系统的原点(输入)；而若第 j 行的元素全部为 0，则 P_j 一定是系统的汇点(输出)。如式(3-2)中，第 3、7 列的元素全部为 0，则节点 3 和节点 7 是系统的原点；第 1、5 行的元素全部为 0，表明节点 1 和节点 5 是系统的汇点。

(3) 如果从 P_i 出发，经过 K 段支路到 P_j，我们就说 P_i 与 P_j 间有“长度”为 K 的通路存在。按照布尔代数运算规则计算 A，得出的 $n\times n$ 阶方阵的各个元素，便是各单元间有无长度为 K 通路存在的标识，0 表示没有这样通路，1 表示存在该通路。

布尔代数的运算规则是：0+0=0，0+1=1，1+1=1，1×0=0，1×1=1。

例如，由式(3-2)有：

$$A^2=\begin{bmatrix}0&0&0&0&0&0&0\\1&0&0&0&0&0&0\\0&0&0&1&0&0&0\\0&0&0&0&1&1&0\\0&0&0&0&0&0&0\\0&0&0&1&0&0&0\\0&1&0&0&0&0&0\end{bmatrix}\cdot\begin{bmatrix}0&0&0&0&0&0&0\\1&0&0&0&0&0&0\\0&0&0&1&0&0&0\\0&0&0&0&1&1&0\\0&0&0&0&0&0&0\\0&0&0&1&0&0&0\\0&1&0&0&0&0&0\end{bmatrix}$$

$$=\begin{bmatrix}0&0&0&0&0&0&0\\0&0&0&0&0&0&0\\0&0&0&0&1&1&0\\0&0&0&0&0&0&0\\0&0&0&0&0&0&0\\0&0&0&0&1&1&0\\1&0&0&0&0&0&0\end{bmatrix}$$

此结果表明，节点 3 到节点 5、6，节点 6 到节点 5、6、节点 7 到节点 1 具有长度为 2 的通路，这在图 3-6 中可以明显看出。

(4) 如果结构模型中没有回路，则必然存在一个 $U(U\leqslant n)$，使 $A^k=0(k\geqslant U)$。

(5) 如果我们需要知道从某一单元 P_i 出发可能到达哪一些单元，则可通过对邻接矩阵 A 经过一定计算之后求得的可达矩阵来加以描述。可达矩阵的计算方法如下：

令 $A_1=A+I, A_2=(A+I)^2, \cdots, A_i=(A+I)^i$　I 为单位矩阵

若 $A_1\neq A_2, A_2\neq A_3, \cdots, A_{r-1}\neq A_r$　$A_r=A_{r+1}$

则称 $M=A_r$ 为可达矩阵。

A_i 的阶数 i 表示节点间最多经过 i 步可以到达的情况。

例如，对式(3-2)执行上述运算可得：

$$A_1=A+I=\begin{array}{c}\\1\\2\\3\\4\\5\\6\\7\end{array}\begin{array}{c}\begin{array}{ccccccc}1&2&3&4&5&6&7\end{array}\\\begin{bmatrix}1&0&0&0&0&0&0\\1&1&0&0&0&0&0\\0&0&1&1&0&0&0\\0&0&0&1&1&1&0\\0&0&0&0&1&0&0\\0&0&0&1&0&1&0\\0&1&0&0&0&0&1\end{bmatrix}\end{array}\qquad(3\text{-}3)$$

$$
A_2=(A+I)^2=\begin{array}{c} \\ 1\\2\\3\\4\\5\\6\\7\end{array}\begin{array}{c}\begin{matrix}1&2&3&4&5&6&7\end{matrix}\\ \begin{bmatrix}1&0&0&0&0&0&0\\1&1&0&0&0&0&0\\0&0&1&1&1&1&0\\0&0&0&1&1&1&0\\0&0&0&0&1&0&0\\0&0&0&1&1&1&0\\1&1&0&0&0&0&1\end{bmatrix}\end{array} \tag{3-4}
$$

再求 A_3 知：$A_3=A_2$，故：式(3-5)即为可达矩阵。

$$
M=A_2=\begin{array}{c} \\ 1\\2\\3\\4\\5\\6\\7\end{array}\begin{array}{c}\begin{matrix}1&2&3&4&5&6&7\end{matrix}\\ \begin{bmatrix}1&0&0&0&0&0&0\\1&1&0&0&0&0&0\\0&0&1&1&1&1&0\\0&0&0&1&1&1&0\\0&0&0&0&1&0&0\\0&0&0&1&1&1&0\\1&1&0&0&0&0&1\end{bmatrix}\end{array} \tag{3-5}
$$

第二节 结构模型解析法(ISM)

一、ISM 的适用范围与工作过程

1. 适用范围

近年来，结构模型解析法(Interpretative Structural Modeling-ISM)在制定复杂的企业计划和决定政策方针方面、在区域环境规划方面、在城市规划设计等社会系统方面被逐渐应用起来。根据应用经验，ISM 特别适合下列场合：

(1) 由于系统的某些问题不明确，而这些问题要求系统分析和决策的有关人员必须要有共同认识时；

(2) 由于系统分析的有关人员对系统各元素之间关系的认识意见不一致，有必要把不一致的意见进行分析整理时；

(3) 为了对有关问题进行决策，或协助有关人员之间相互沟通时；

(4) 对建立多目标的、各种元素关系错综复杂的社会系统进行分析时。

2. 工作过程

结构模型解析法的工作过程如图 3-7 所示。

由图 3-7 可知，建立结构模型，首先是提出问题，接着确定组成系统的元素组合，并把每个元素进行编号，列出明细表；根据元素明细表，由有关分析人员进行讨论，设想出一个构思模型，把构思模型具体化，即找出各元素之间两两的对应关系，以建立相邻矩阵；通过一定运算之后，可以得到一个矩阵模型，即可达矩阵；再将可达矩阵进行分解和检出，得到结构矩阵，然后根据结构矩阵，绘出系统的多级递阶结构图；最后可以将结构模型进行反馈，与原构思模型进行对照，加以适当修正，最终得到令人满意的

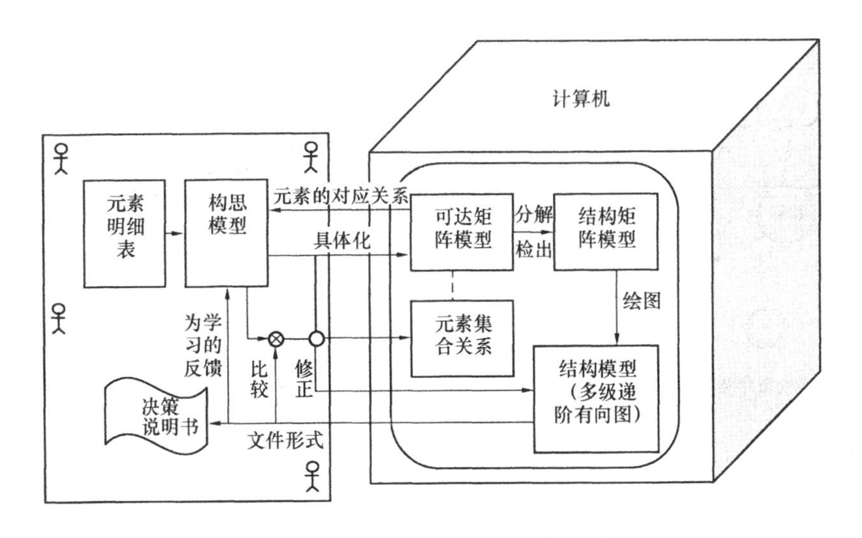

图 3-7　ISM 的工作流程

结构模型。

二、系统结构模型的构思

1. 结构模型图的绘制

由于系统问题的不同，绘制结构模型图的步骤也不尽相同。一般绘制步骤如下：

(1) 组成模型分析小组，小组成员一般应是系统分析人员和熟悉该问题的专业人员。

(2) 确认系统目标或存在的问题。

(3) 让小组成员自由地提出与系统目标或存在问题有关的因素(包括原因、理由和个人看法等)，即使这些因素判断不准也无关紧要。

(4) 用简明而确切的语言规定出系统目标(或存在问题)和各有关因素的名称，并加以编号。

(5) 确定系统目标(或存在问题)与各因素间、以及各因素相互间的因果关系，并用箭线连接起来。箭头的指向原则是：对原因——结果型关系，从原因指向结果；对目的——手段型关系，从手段指向目的。但是，当遇到为了达到 A 目的而必须采取 B 手段的情况时，则应把箭头从 A 指向 B。

(6) 统观全局，讨论确认是否存在这种因果关系。如有遗漏项目，还可以进行补充修改。

2. 结构模型图的形式

按图形结构划分，结构模型图可分为中央集中型、单向汇集型、关系表示型三种，如图 3-8 所示。

(1) 中央集中型。这种图形是把重要项目或应解决问题尽量放在中央位置，从和它们关系密切的因素开始，把有关的各种因素从里到外排列在其周围。

(2) 单向汇集型。这种图形是把重要项目或解决的问题放在右侧或左侧，将各因素按主要的因果关系顺序，尽量从左侧(或右侧)向右侧(或左侧)排列。

(3) 关系表示型。这种图形用来简明地表示各种项目之间、因果之间、因素之间的关系，其图形在排列上较为灵活，是最常采用的一种形式。

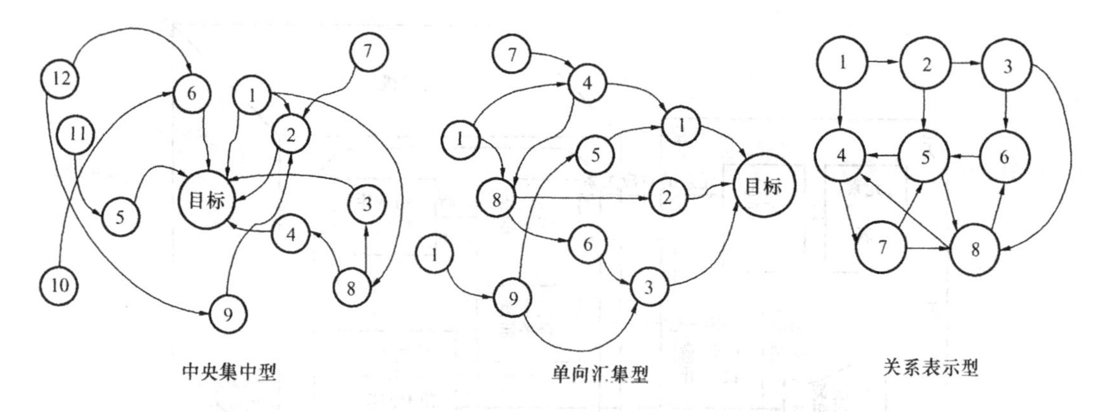

图 3-8 结构模型图的几种形式

三、可达矩阵的分解

可达矩阵的分解是求解结构模型的重要一环，包括区域分解和级间分解两项内容。

1. 区域分解

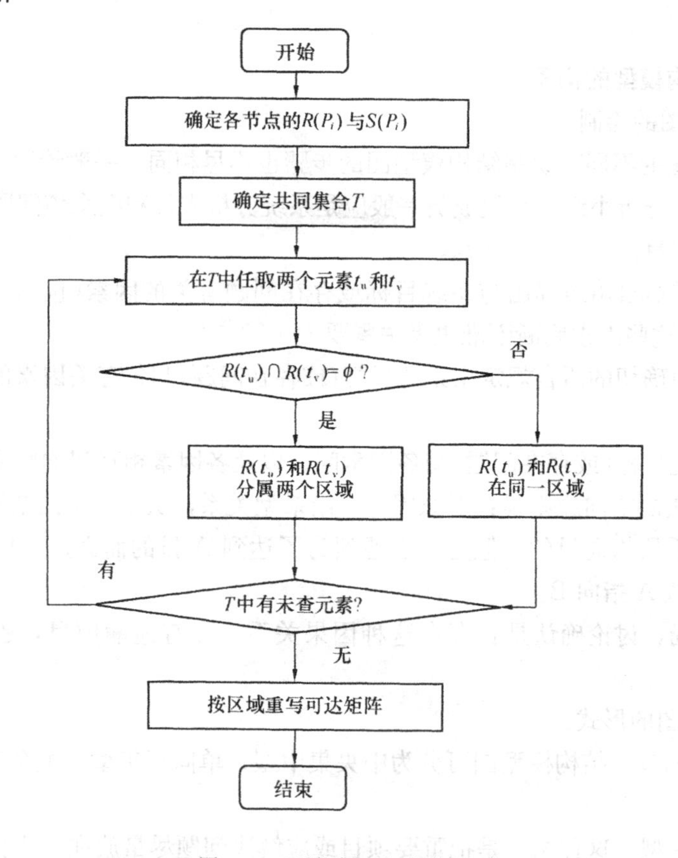

图 3-9 区域分解的计算流程

区域分解是把系统元素分解成几个区域，不同区域间的元素相互之间是没有关系的。图 3-9 给出了区域分解的计算流程。具体说明如下：

为进行区域分解，需先将元素组成可达性集合 R 和先行集合 S，其定义为：

$$R(P_i)=\{P_j\in P \mid m_{ij}=1\}$$

$$S(P_i)=\{P_j\in P\,|\,m_{ji}=1\}$$

同时定义共同集合 T 如下：

$$T=\{P_j\in P\,|\,R(P_i)\cap S(P_i)=S(P_i)\}$$

若对共同集合 T 中的任意两个元素 t_u 和 t_v，如果 $R(t_u)\cap R(t_v)\neq\varphi$($\varphi$ 为不包含任何元素的空集合)，则元素 t_u 和 t_v 属于同一区域；反之，则元素 t_u 和 t_v 属于不同区域。经过这样运算后的集合 P 就叫做区域分解，可以写成为：

$$\Pi_1(P)=N_1,\ N_2,\cdots,\ N_m(m\text{ 为区域数})$$

如对上述式(3-5)的可达矩阵进行分解时，由表 3-1 可知：$T=\{P_3,\ P_7\}$

因为 $R(P_3)\cap R(P_7)=\varphi$，所以 P_3，P_7 分属两个不同的区域，依此就可将可达矩阵分解为：$\Pi_1(P)=N_1,\ N_2,\ =\{P_3,\ P_4,\ P_5,\ P_6\},\ \{P_1,\ P_2,\ P_7\}$ 两个区域。

区　域　分　解　　　　**表 3-1**

i	$R(P_i)$	$S(P_i)$	$R(P_i)\cap S(P_i)$
1	P_1	P_1,P_2,P_7	P_1
2	P_1,P_2	P_2,P_7	P_2
3	P_3,P_4,P_5,P_6	P_3	P_3
4	P_4,P_5,P_6	P_5,P_4,P_6	P_4,P_6
5	P_5	P_3,P_4,P_5,P_6	P_5
6	P_4,P_5,P_6	P_3,P_4,P_6	P_4,P_6
7	P_1,P_2,P_7	P_7	P_7

根据区域分解的结果，可将可达矩阵写成分块对角化的形式如下：

$$M=\begin{array}{c}\\3\\4\\5\\6\\1\\2\\7\end{array}\begin{array}{c}\begin{array}{ccccccc}3&4&5&6&1&2&7\end{array}\\\left[\begin{array}{cccc:ccc}1&1&1&1&&&\\0&1&1&1&&O&\\0&0&1&0&&&\\0&1&1&1&&&\\\hdashline&&&&1&0&0\\&O&&&1&1&0\\&&&&1&1&1\end{array}\right]\end{array}\tag{3-6}$$

2. 级间分解

级间分解在每一区域内进行，分解方法如下：

设 $L_0=\varphi$，$j=1$，$N_0=N$，按以下步骤反复进行。

(1) 按式(3-7)计算 L_j、N_j：

$$\begin{aligned}L_j&=\{P_i\in N_{j-1}\,|\,R_{j-1}(P_i)\cap S_{j-1}(P_i)=R_{j-1}(P_i)\}\\N_j&=\{N_{j-1}-L_j\}\end{aligned}\tag{3-7}$$

式中

$$R_{j-1}(P_i)=\{P_j\in N_{j-1}\,|\,m_{ij}=1\}$$
$$S_{j-1}(P_i)=\{P_j\in N_{j-1}\,|\,m_{ji}=1\}$$

(2) 当 $N_j=\varphi$ 时则分解完毕。反之，则令 $j=j+1$，返回步骤(1)重新进行计算。最后可把分解结果写成为：

$\Pi_2(N)=L_1, L_2, \cdots, L_l$ （l 表示级数）

图 3-10 给出了区域分解的计算流程。

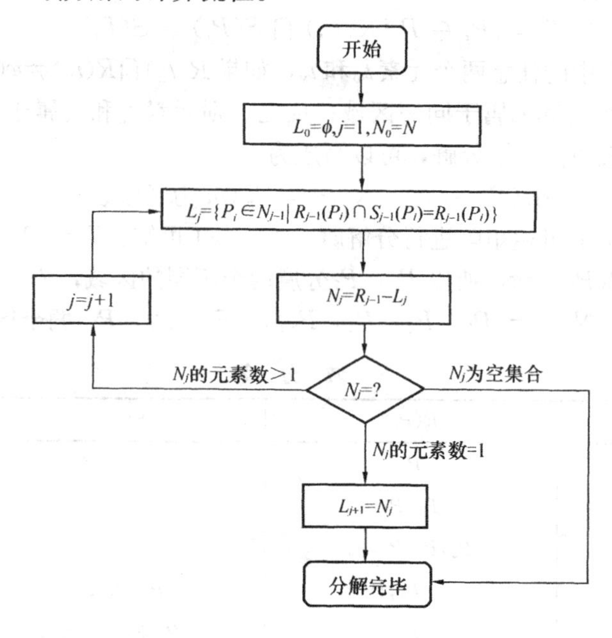

图 3-10 级间分解的计算流程

对图 3-6 经过区域分解的可达矩阵 M，把第一区域 N_1 进行分级，由表 3-1 中，取 $i=3$，4，5，6 部分，得表 3-2 如下：

由表 3-2 可知：

$$L_1=\{P_i\in N_0\ |R_0(P_i)\cap S_0(P_i)=R_0(P_i)\}=\{P_5\}$$

第 一 级 分 解 **表 3-2**

i	$R_6(P_i)$	$S_0(P_i)$	$R_0(P_i)\cap S_0(P_i)$
3	P_3,P_4,P_5,P_6	P_3	P_3
4	P_4,P_5,P_6	P_3,P_4,P_6	P_4,P_6
5	P_5	P_3,P_4,P_5,P_6	P_5
6	P_4,P_5,P_6	P_3,P_4,P_6	P_4,P_6

$N_1=\{N_0-L_1\}=\{(P_3,P_4,P_5,P_6)-P_5\}=\{P_3,P_4,P_6\}\neq\varphi$，所以继续依照上述步骤进行分级分解，可得表 3-3、表 3-4 如下：

第 二 级 分 解 **表 3-3**

i	$R_i(P_i)$	$S_i(P_i)$	$R_1(P_i)\cap S_i(P_i)$
3	P_3,P_4,P_6	P_3	P_3
④	P_4,P_6	P_3,P_4,P_6	P_4,P_6
⑥	P_4,P_6	P_3,P_4,P_6	P_4,P_6

第 三 级 分 解 **表 3-4**

i	$R_i(P_i)$	$S_i(P_i)$	$R_1(P_i)\cap S_i(P_i)$
3	P_3	P_3	P_3

从表 3-2 可知第一级为 P_5；

从表 3-3 可知第二级为 P_4，P_6；

从表 3-4 可知第三级为 P_3；

同样，第二区域进行分级可得第一级为 P_1，第二级为 P_2，第三级为 P_7。

用公式表示上述分级，即有：

$$\Pi_2(N_1)=L_1^1,L_2^1,L_3^1=\{P_5\},\{P_4,P_6\},\{P_3\}$$

$$\Pi_2(N_2)=L_1^2,L_2^2,L_3^2=\{P_1\},\{P_2\},\{P_7\}$$

通过级间分解，将可达性矩阵按级别变位，可得：

$$M=\begin{array}{c} \\ 5\\4\\6\\3\\1\\2\\7\end{array}\begin{array}{c}\begin{array}{ccccccc}5&4&6&3&1&2&7\end{array}\\ \left[\begin{array}{cccc|ccc}1&0&0&0&&&\\1&1&1&0&&O&\\1&1&1&0&&&\\1&1&1&1&&&\\\hline &&&&1&0&0\\&O&&&1&1&0\\&&&&1&1&1\end{array}\right]\end{array} \tag{3-8}$$

从式(3-8)可以看出，$\{P_4$，$P_6\}$相应的行和列的矩阵元素完全一样，因此可以把两者当作一个系统元素看待，从而可以削减相应的行和列，得到新的可达矩阵 M'。M'叫做缩减矩阵。如上例，将 P_6除去得缩减矩阵 M'如下：

$$M'=\begin{array}{c} \\ 5\\4\\3\\1\\2\\7\end{array}\begin{array}{c}\begin{array}{cccccc}5&4&3&1&2&7\end{array}\\ \left[\begin{array}{ccc|ccc}1&0&0&&&\\1&1&0&&O&\\1&1&1&&&\\\hline &&&1&0&0\\&O&&1&1&0\\&&&1&1&1\end{array}\right]\end{array} \tag{3-9}$$

在系统结构并不十分复杂的情况下，级间分解也可采用简易方法进行，即直接从可达矩阵中，找出矩阵元素全部为 1 的某一列，将该列及其相应的行抽出，作为第一级；然后得到缩减了的新矩阵，再在新矩阵中重复上述运算，抽出的元素作为下一级。如此直至分解完毕为止。如上例采用简化方法，其分解过程如图 3-11 所示。

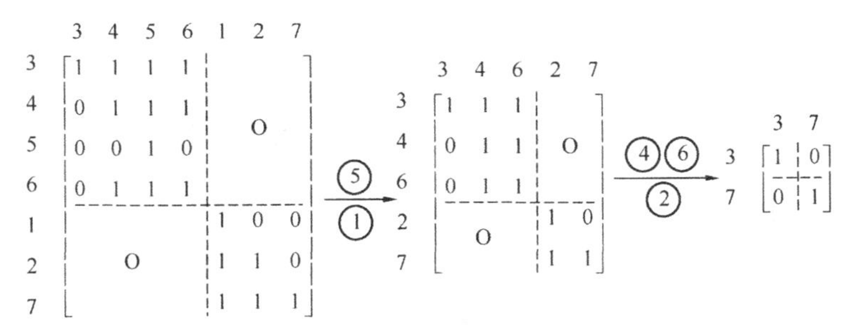

图 3-11　可达矩阵分解的简化方法

四、求解结构模型

求解结构模型，是指建立结构矩阵的过程。所谓结构矩阵，就是反映系统多级递阶结构的矩阵，据此可以绘制出系统的多级递阶结构图。

结构矩阵可以通过缩减后的可达性矩阵 M'，经过一系列的计算求得。这里介绍一种简易的计算方法。

首先从缩减矩阵 M' 中减去单位矩阵 I，得到一新的矩阵 M'' 的分析，找出结构矩阵 J。

现仍以上例说明如下：

$$
M'' = \begin{array}{c} \\ 5 \\ 4 \\ 3 \\ 1 \\ 2 \\ 7 \end{array}
\begin{array}{c} \begin{array}{cccccc} 5 & 4 & 3 & 1 & 2 & 7 \end{array} \\
\left[\begin{array}{ccc:ccc} 0 & 0 & 0 & & & \\ 1 & 1 & 0 & & O & \\ 1 & 1 & 0 & & & \\ \hdashline & & & 0 & 0 & 0 \\ & O & & 1 & 0 & 0 \\ & & & 1 & 1 & 0 \end{array}\right] \end{array}
\tag{3-10}
$$

从矩阵 M'' 中，先找出系统元素的第一级和第二级之间的关系。由于 $m''_{45}=1$，说明节点 P_4，P_5 间有 $P_4 \to P_5$ 的关系；然后除去 P_5 的行和列，再找出第二级元素之间的关系。由于 $m''_{34}=1$，说明节点 P_3，P_4 间有 $P_3 \to P_4$ 的关系。

同样，在 N_2 区域中：由于 $m''_{21}=1$，则有 $P_2 \to P_1$ 的关系。由于 $m''_{72}=1$，则有 $P_7 \to P_2$ 的关系。

最后，将 $m''_{45}=1$、$m''_{34}=1$、$m''_{21}=1$、$m''_{72}=1$ 作为结构矩阵元素，从而可得结构矩阵 J 如下：

$$
J = \begin{array}{c} \\ 5 \\ 4 \\ 3 \\ 1 \\ 2 \\ 7 \end{array}
\begin{array}{c} \begin{array}{cccccc} 5 & 4 & 3 & 1 & 2 & 7 \end{array} \\
\left[\begin{array}{ccc:ccc} 0 & 0 & 0 & & & \\ 1 & 0 & 0 & & O & \\ 0 & 1 & 0 & & & \\ \hdashline & & & 0 & 0 & 0 \\ & O & & 1 & 0 & 0 \\ & & & 0 & 1 & 0 \end{array}\right] \end{array}
\tag{3-11}
$$

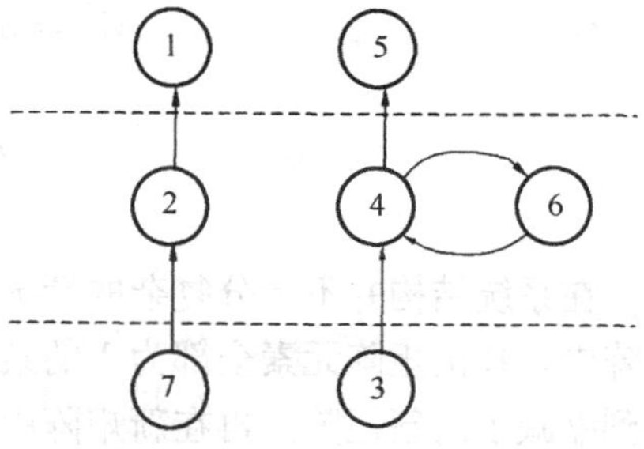

根据结构矩阵 J，可绘出系统的多级递阶结构图，如图 3-12 所示。

图 3-12 系统多级递阶结构图

第三节 结构模型应用举例

一、问题的提出

某地区欲兴建一个大型的水利水电工程建设项目，该项目涉及社会、经济、技术、资源、生态环境等多方面因素的影响，制约关系十分复杂。为了弄清这些影响因素及其复杂关系，项目组织者决定采用系统工程的方法来开展工作。他们邀请了若干专家组成了系统分析小组，并在专家的推荐下，选择结构模型解析法作为研究问题的基本方法。

二、模型的构造

专家小组在认真研究有关规划设计资料的基础上，经过充分讨论，找出了 13 项影响因素，并明确了这些影响因素之间的相互关系，如图 3-13 所示。

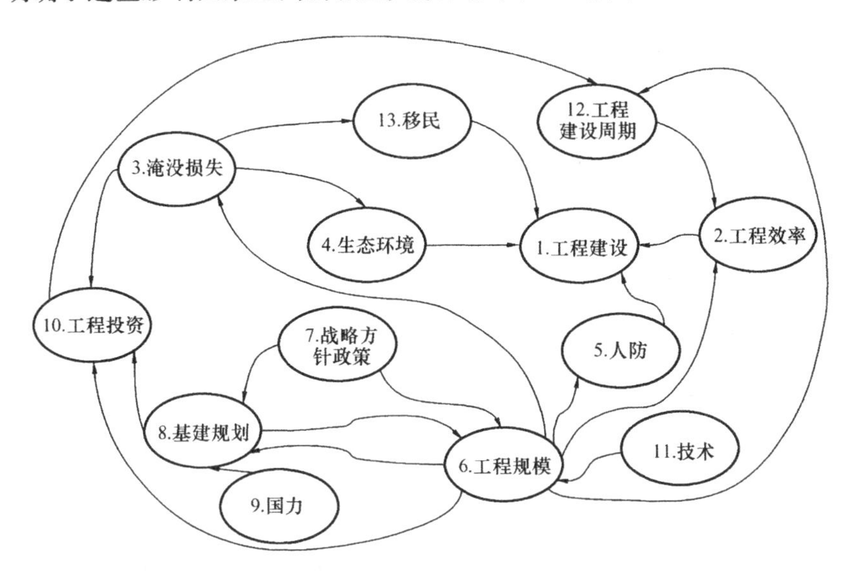

图 3-13　构想的结构模型图

根据图 3-13，可写出邻接矩阵 A，如式(3-12)所示。

$$
A=\begin{array}{c}
 \\ 1\\2\\3\\4\\5\\6\\7\\8\\9\\10\\11\\12\\13
\end{array}
\begin{array}{c}
\begin{array}{ccccccccccccc}1&2&3&4&5&6&7&8&9&10&11&12&13\end{array}\\
\begin{bmatrix}
0&0&0&0&0&0&0&0&0&0&0&0&0\\
1&0&0&0&0&0&0&0&0&0&0&0&0\\
0&0&0&1&0&0&0&0&0&1&0&0&1\\
1&0&0&0&0&0&0&0&0&0&0&0&0\\
1&0&0&0&0&0&0&0&0&0&0&0&0\\
0&1&1&0&1&0&0&1&0&1&0&1&0\\
0&0&0&0&0&1&0&1&0&0&0&0&0\\
0&0&0&0&0&1&0&0&0&1&0&0&0\\
0&0&0&0&0&0&0&1&0&0&0&0&0\\
0&0&0&0&0&0&0&0&0&0&0&1&0\\
0&0&0&0&0&1&0&0&0&0&0&0&0\\
0&1&0&0&0&0&0&0&0&0&0&0&0\\
1&0&0&0&0&0&0&0&0&0&0&0&0
\end{bmatrix}
\end{array}
\qquad (3\text{-}12)
$$

三、求解结构模型

1. 建立可达矩阵

按照前述算法，对 A 进行计算，可求得可达矩阵，如式(3-13)所示。

$$
M = \begin{array}{c} \\ 1 \\ 2 \\ 3 \\ 4 \\ 5 \\ 6 \\ 7 \\ 8 \\ 9 \\ 10 \\ 11 \\ 12 \\ 13 \end{array}
\begin{array}{c}
\begin{array}{ccccccccccccc} 1 & 2 & 3 & 4 & 5 & 6 & 7 & 8 & 9 & 10 & 11 & 12 & 13 \end{array} \\
\left[\begin{array}{ccccccccccccc}
1 & 0 & 0 & 0 & 0 & 0 & 0 & 0 & 0 & 0 & 0 & 0 & 0 \\
1 & 1 & 0 & 0 & 0 & 0 & 0 & 0 & 0 & 0 & 0 & 0 & 0 \\
1 & 1 & 1 & 1 & 0 & 0 & 0 & 0 & 0 & 1 & 0 & 1 & 1 \\
1 & 0 & 0 & 1 & 0 & 0 & 0 & 0 & 0 & 0 & 0 & 0 & 0 \\
1 & 0 & 0 & 0 & 1 & 0 & 0 & 0 & 0 & 0 & 0 & 0 & 0 \\
1 & 1 & 1 & 1 & 1 & 1 & 0 & 1 & 0 & 1 & 0 & 1 & 1 \\
1 & 1 & 1 & 1 & 1 & 1 & 1 & 1 & 0 & 1 & 0 & 1 & 1 \\
1 & 1 & 1 & 1 & 1 & 1 & 0 & 1 & 0 & 1 & 0 & 1 & 1 \\
1 & 1 & 1 & 1 & 1 & 1 & 0 & 1 & 1 & 1 & 0 & 1 & 1 \\
1 & 1 & 0 & 0 & 0 & 0 & 0 & 0 & 0 & 1 & 0 & 1 & 0 \\
1 & 1 & 1 & 1 & 1 & 1 & 0 & 1 & 0 & 1 & 1 & 1 & 1 \\
1 & 1 & 0 & 0 & 0 & 0 & 0 & 0 & 0 & 0 & 0 & 1 & 0 \\
1 & 0 & 0 & 0 & 0 & 0 & 0 & 0 & 0 & 0 & 0 & 0 & 1
\end{array}\right]
\end{array}
\qquad (3\text{-}13)
$$

2. 区域分解

由图 3-13 可以看出，本结构模型为全连通图，因而只有一个区域，此步骤可省略。

3. 级间分解

根据第二节介绍的级间分解的方法，本例的级间分解过程如下：

设 $L_0=\varphi$，$j=1$，$N_0=N$，则第一级分解的分析过程如表 3-5 所示。

第一级分解 **表 3-5**

节点号 i	$R_0(P_i)$	$S_0(P_i)$	$R_0(P_i) \cap S_0(P_i)$
1	1	1，2，3，4，5，6，7，8，9，10，11，12，13	1*
2	1，2	2，3，6，7，8，9，10，11，12	2
3	1，2，3，4，10，12，13	3，6，7，8，9，11	3
4	1，4	5，6，7，8，9，11	4
5	1，5	5，6，7，8，9，11	5
6	1，2，3，4，5，6，8，10，12，13	6，7，8，9，11	6，8
7	1，2，3，4，5，6，7，8，10，12，13	7	7
8	1，2，3，4，5，6，8，10，12，13	6，7，8，9，11	6，8
9	1，2，3，4，5，6，8，10，12，13	9	9
10	1，2，10，12	3，6，7，8，9，10，11	10
11	1，2，3，4，5，6，8，10，11，12，13	11	11
12	1，2，12	3，6，7，8，9，10，11，12	12
13	1，13	3，6，7，8，9，11，13	13

由式(3-7)求得，$L_1=\{P_1\}$，$N_1=\{N_0-L_1\}=\{P_2, P_3, \cdots P_{13}\}$

因为 $N_1 \neq \varphi$，故令 $j=2$，继续进行第二级分解，其分析过程如表 3-6 所示。

第二级分解　　　　表 3-6

节点号 i	$R_0(P_i)$	$S_1(P_i)$	$R_1(P_i)\cap S_1(P_i)$
2	2	2, 3, 6, 7, 8, 9, 10, 11, 12	2*
3	2, 3, 4, 10, 12, 13	3, 6, 7, 8, 9, 11	3
4	4	3, 4, 6, 7, 8, 9, 11	4*
5	5	5, 6, 7, 8, 9, 11	5*
6	2, 3, 4, 5, 6, 8, 10, 12, 13	6, 7, 8, 9, 11	6, 8
7	2, 3, 4, 5, 6, 7, 8, 10, 12, 13	7	7
8	2, 3, 4, 5, 6, 8, 10, 12, 13	6, 7, 8, 9, 11	6, 8
9	2, 3, 4, 5, 6, 8, 9, 10, 12, 13	9	9
10	2, 10, 12	3, 6, 7, 8, 9, 10, 11	10
11	2, 3, 4, 5, 6, 8, 10, 11, 12, 13	11	11
12	2, 12	3, 6, 7, 8, 9, 10, 11, 12	12
13	13	3, 6, 7, 8, 9, 11, 13	13*

由式(3-7)求得，$L_2=\{P_2,P_4,P_5,P_{13}\},N_2=\{N_1-L_2\}=\{P_3,P_6,P_7,P_8,P_9,P_{10},P_{11},P_{12}\}$。

因为 $N_2\neq\varphi$,故令 $j=3$，进行第三级分解，其分析过程如表 3-7 所示。

第三级分解　　　　表 3-7

节点号 i	$R_2(P_i)$	$S_2(P_i)$	$R_2(P_i)\cap S_2(P_i)$
3	3, 10, 12	3, 6, 7, 8, 9, 11	3
6	3, 6, 8, 10, 12	6, 7, 8, 9, 11	6, 8
7	3, 6, 7, 8, 10, 12	7	7
8	3, 6, 8, 10, 12	6, 7, 8, 9, 11	6, 8
9	3, 6, 8, 9, 10, 12	9	9
10	10, 12	3, 6, 7, 8, 9, 10, 11	10
11	3, 6, 8, 10, 11, 12	11	12
12	12	3, 6, 7, 8, 9, 10, 11, 12	12*

由式(3-7)求得，$L_3=\{P_{12}\},N_3=\{N_2-L_3\}=\{P_3,P_6,P_7,P_8,P_9,P_{10},P_{11}\}$。

令 $j=4$，进行第四级分解，其分析过程如表 3-8 所示。

第四级分解　　　　表 3-8

节点号 i	$R_3(P_i)$	$S_3(P_i)$	$R_3(P_i)\cap S_3(P_i)$
3	3, 10	3, 6, 7, 8, 9, 11	3
6	3, 6, 8, 10	6, 7, 8, 9, 11	6, 8
7	3, 6, 7, 8, 10	7	7
8	3, 6, 8, 10	6, 7, 8, 9, 11	6, 8
9	3, 6, 8, 9, 10	9	9
10	10	3, 6, 7, 8, 9, 10, 11	10*
11	3, 6, 8, 10, 11	11	11

由式(3-7)求得，$L_4=\{P_{10}\},N_4=\{N_3-L_4\}=\{P_3,P_6,P_7,P_8,P_9,P_{11}\}$。

令 $j=5$，进行第五级分解，其分析过程如表 3-9 所示。

第五级分解 表 3-9

节点号 i	$R_4(P_i)$	$S_4(P_i)$	$R_4(P_i)\cap S_4(P_i)$
3	3	3，6，7，8，9，11	3*
6	3，6，8	6，7，8，9，11	6，8
7	3，6，7，8	7	7
8	3，6，8	6，7，8，9，11	6，8
9	3，6，8，9	9	9
11	3，6，8，11	11	11

由式(3-7)求得，$L_5=\{P_3\}, N_5=\{N_4-L_5\}=\{P_6,P_7,P_8,P_9,P_{11}\}$。

令 $j=6$，进行第六级分解，其分析过程如表 3-10 所示。

第六级分解 表 3-10

节点号 i	$R_5(P_i)$	$S_5(P_i)$	$R_5(P_i)\cap S_5(P_i)$
6	6，8	6，7，8，9，11	6，8*
7	6，7，8	7	7
8	6，8	6，7，8，9，11	6，8*
9	6，8，9	9	9
11	6，8，11	11	11

由式(3-7)求得，$L_6=\{P_6,P_8\}, N_6=\{N_5-L_6\}=\{P_7,P_9,P_{11}\}$。

令 $j=7$，进行第七级分解，其分析过程如表 3-11 所示。

第七级分解 表 3-11

节点号 i	$R_6(P_i)$	$S_6(P_i)$	$R_6(P_i)\cap S_6(P_i)$
7	7	7	7
9	9	9	9
11	11	11	11

由式(3-7)求得，$L_7=\{P_7,P_9,P_{11}\}, N_7=\varphi$。至此，级间分解全部完成。按分解结果变位后的可达矩阵如式(3-14)所示。

$$
M=\begin{array}{c} \\ 1\\2\\4\\5\\13\\12\\10\\3\\6\\8\\7\\9\\11 \end{array}
\begin{array}{c}
\begin{array}{ccccccccccccc} 1&2&4&5&13&12&10&3&6&8&7&9&11 \end{array}\\
\left[\begin{array}{ccccccccccccc}
1&0&0&0&0&0&0&0&0&0&0&0&0\\
1&1&0&0&0&0&0&0&0&0&0&0&0\\
1&0&1&0&0&0&0&0&0&0&0&0&0\\
1&0&0&1&0&0&0&0&0&0&0&0&0\\
1&0&0&0&1&0&0&0&0&0&0&0&0\\
1&1&0&0&0&1&0&0&0&0&0&0&0\\
1&1&0&0&0&1&1&0&0&0&0&0&0\\
1&1&1&0&1&1&0&1&0&0&0&0&0\\
1&1&1&1&1&1&0&1&1&1&0&0&0\\
1&1&1&1&1&1&1&1&1&1&0&0&0\\
1&1&1&1&1&1&1&1&1&1&1&0&0\\
1&1&1&1&1&1&1&1&1&1&0&1&0\\
1&1&1&1&1&1&1&1&1&1&0&0&1
\end{array}\right]
\end{array}
\tag{3-14}
$$

根据式(3-14)，可确定结构矩阵 J 如式(3-15)。

$$
J=\begin{array}{c}
\\ 1\\ 2\\ 4\\ 5\\ 13\\ 12\\ 10\\ 3\\ 6\\ 8\\ 7\\ 9\\ 11
\end{array}
\begin{array}{c}
\begin{array}{ccccccccccccc}
1 & 2 & 4 & 5 & 13 & 12 & 10 & 3 & 6 & 8 & 7 & 9 & 11
\end{array}\\
\begin{bmatrix}
0 & 0 & 0 & 0 & 0 & 0 & 0 & 0 & 0 & 0 & 0 & 0 & 0\\
1 & 0 & 0 & 0 & 0 & 0 & 0 & 0 & 0 & 0 & 0 & 0 & 0\\
1 & 0 & 0 & 0 & 0 & 0 & 0 & 0 & 0 & 0 & 0 & 0 & 0\\
1 & 0 & 0 & 0 & 0 & 0 & 0 & 0 & 0 & 0 & 0 & 0 & 0\\
1 & 0 & 0 & 0 & 0 & 0 & 0 & 0 & 0 & 0 & 0 & 0 & 0\\
0 & 1 & 0 & 0 & 0 & 0 & 0 & 0 & 0 & 0 & 0 & 0 & 0\\
0 & 0 & 0 & 0 & 0 & 1 & 0 & 0 & 0 & 0 & 0 & 0 & 0\\
0 & 0 & 1 & 0 & 1 & 0 & 1 & 0 & 0 & 0 & 0 & 0 & 0\\
0 & 1 & 0 & 1 & 0 & 1 & 1 & 1 & 0 & 1 & 0 & 0 & 0\\
0 & 0 & 0 & 0 & 0 & 0 & 1 & 0 & 1 & 0 & 0 & 0 & 0\\
0 & 0 & 0 & 0 & 0 & 0 & 0 & 0 & 1 & 1 & 0 & 0 & 0\\
0 & 0 & 0 & 0 & 0 & 0 & 0 & 0 & 0 & 1 & 0 & 0 & 0\\
0 & 0 & 0 & 0 & 0 & 0 & 0 & 0 & 1 & 0 & 0 & 0 & 0
\end{bmatrix}
\end{array}
\tag{3-15}
$$

由式(3-15)可给出此问题的递阶结构图，如图 3-14 所示。

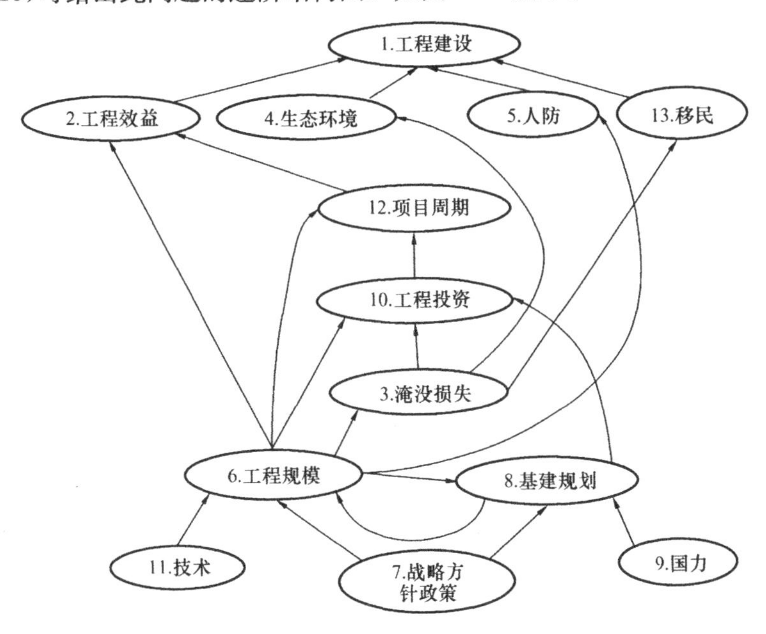

图 3-14　递阶结构模型图

由图 3-14 可以看出，给定问题的各个要素间存在着清晰的递阶关系，在此基础上，可以对系统进行深层次的研究。

思　考　题

1. 了解图、连通图与树的有关概念。

2. 什么是结构模型？如何表达一个系统的结构模型？
3. 邻接矩阵具有哪些性质？
4. 怎样从邻接矩阵中推导出系统的可达矩阵？
5. 结构模型解析法适用于什么场合？其工作过程如何？
6. 如何绘制系统的结构模型图？
7. 掌握可达矩阵区域分解和级间分解的方法。

第四章　网　络　模　型

第一节　网络模型及其特征

一、网络模型的构成与分类

许多工程系统的共同特点是：它们是由许多实际上交织成网络形式的单元所组成。典型的例子有：城市交通运输系统、城市污水汇集和处理系统、城市供水系统、城市电力电信系统等。此外，许多工程决策问题和组织系统，虽然不具有网络的表现形式，但也常可用网络模型来解释。例如，在一个建筑企业中，决策和命令的流程可以用网络模型来描述；在工程施工过程中，工作进度表可以看作是由工序组成的网络等。将庞大复杂的工程系统和管理问题用网络模型加以描述，可以便利地解决很多工程设计和管理决策的最优化问题。

网络模型包括三个要素：一是表征系统组成元素的节点；二是体现各组成元素之间关系的箭线(有时是边)；三是在网络中流动的流量，它一方面反映了元素间的量化关系，同时也决定着网络模型优化的目标与方向。例如，某区域的公路网络地图如图 4-1(*a*)所示。若以节点表示城镇，节点间的连线表示公路，沿连线的数字表示距离，则可绘出图 4-1(*b*)所示的网络模型。根据流量的性质该模型的优化方向是寻求特定城镇间的最短路径。

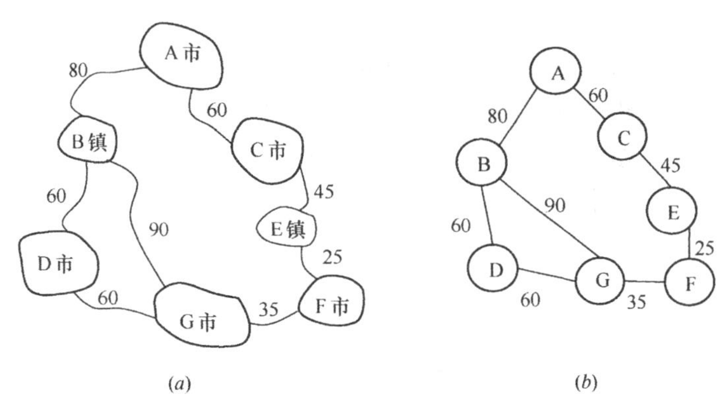

图 4-1　网络模型构成示例

(*a*)公路网络地图；(*b*)网络模型

网络模型种类繁多，根据流过网络的流量来分类，有如下几种：

1. 以物质为流量的网络模型

当网络模型中的流量内容是液体、气体、固体等物质实体时，就构成了以物质为流量的网络模型，其优化目标一般是最大流量或最小费用流量。交通运输(公路、铁路、航空、航海)、资源调配、工业流程装置等许多实际问题，都可抽象为这类网络模型。

在图 4-1 的示例中，若沿连线的数字并非距离，而是相应公路能够通过的最大流量，则其就成为一种以物质为流量的网络模型。

2. 以信息为流量的网络模型

以信号、数据等信息为流量的网络模型的例子，除了广播、通信网络外，还包括在控制过程中所采用的方框图或信流图、社会组织系统图、管理信息系统网络等。

图 4-2 给出了建筑企业经营预测的控制系统图。企业首先要根据生产经营的实际需要，确定预测目标和要求，据此收集有关资料，选择适宜的预测方法进行预测；接着要分析预测结论是否合理，若不合理，或修订预测目标和要求，或重新选择预测方法，反之则可进入预测实施，将预测结论用于指导企业的生产经营活动，实施中可能又会遇到新的生产经营预测问题，尽而开始一个新的循环。

3. 以能量为流量的网络模型

最典型的以能量为流量的网络系统，是城市电力系统和集中供热系统。图 4-3 给出了某城市电力网络的示意图。

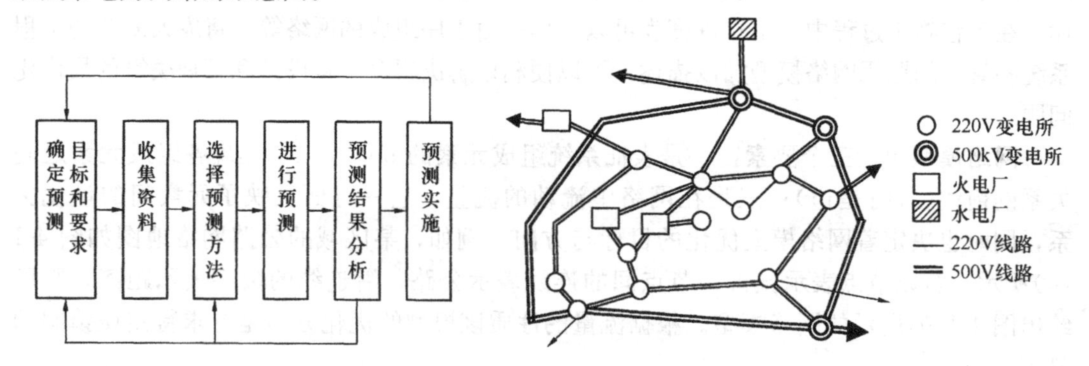

图 4-2 以信息为流量的网络模型　　图 4-3 以能量为流量的网络示例

4. 以时间、费用、距离等为流量的网络模型

以时间为流量的网络模型，最典型的是 PERT(计划评审技术)。图 4-4 为一表示装配式房屋施工顺序的网络图，图中，每一根箭线表示一项工作，并标明了估计的工时数。利用该网络图，可以找出整个施工过程中的最优方案，合理解决劳力安排、资金周转、缩短工期等问题。本例中的最短可能时间为 66 工时。

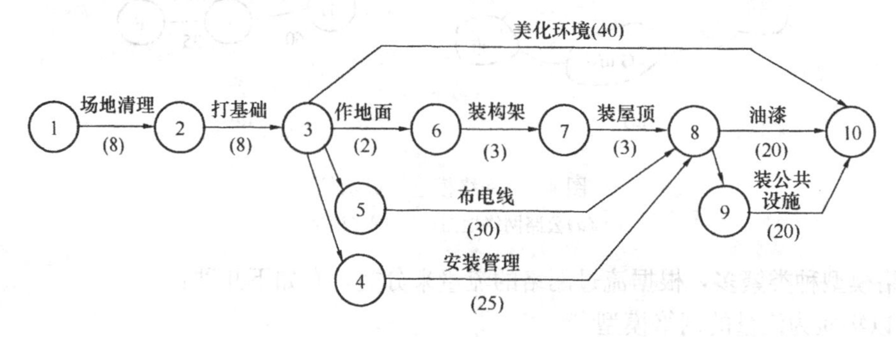

图 4-4 以时间为流量的网络模型示例

图 4-5 所示是以费用为期望值的方案决策树。它所描述的是这样一个问题：某建筑公司在河边洼地进行某项工程的施工，工程地点过去曾受过河流涨水的影响，还遇到过破坏

性的洪水泛滥。因这项工程有四个月的时间不使用设备，故需决定设备的存放方案。有三种可供选择的方案：一是运走设备，用时再运回来，总共要花费 1800 元；二是将设备留在工地，建造一个平台加以保护，建造平台的费用为 500 元。该平台可以防御大水，但不能防御破坏性的洪水泛滥；三是将设备留在工地而不采取保护措施。4 个月中，可能涨水的概率为 0.25，方案三遇到这种情况时，将损失 10000 元；破坏性洪水泛滥的概率为 0.02，遇到这种情况，采用方案二或三均将损失 60000 元。本例中的最优方案选择为不运走设备，建平台加以保护，期望费用值为 1700 元。

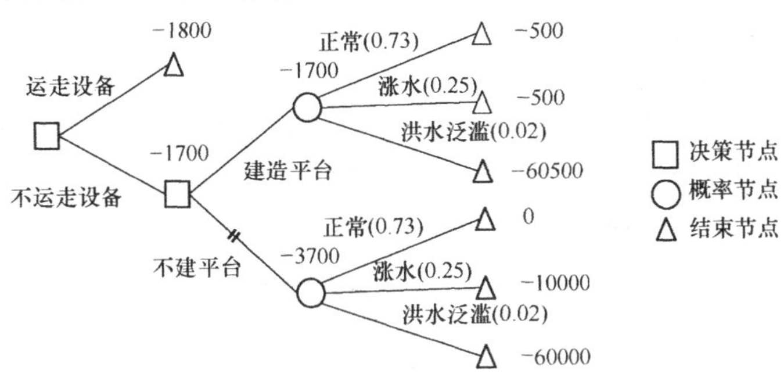

图 4-5　以费用为流量的网络模型示例

二、网络模型的特征

从以上列举的各种网络模型中，可以归纳出网络模型的基本特征如下：

1. 能够直观地反映系统元素的相互关系

网络模型可以通过箭线线段与节点的不同连接，直观地反映出系统元素间的各种关系，如输入与输出间的因果关系、上下级之间的从属关系、时间顺序上的先后关系、数量上的多少关系等。因此，通过网络图，可以了解和掌握整个系统的结构和功能，便于从系统总体来考虑问题，以达到系统总体最优的目的。

2. 以不同流量表述不同的系统问题

同一网络形式，根据所要解决问题的不同，可以采用不同的物理量。如图 4-4 所示描述的装配式房屋施工顺序的网络图，如果为了达到缩短建筑周期的目的，可以用时间作为流量；而若为了降低费用，则可以把费用作为流量，然后通过一定的计算方法来求解。

一般情况下，网络模型的流量只表示系统中的某一个物理量，因而不可能解决系统所要解决的全部问题。在设计网络模型时，应当按照目的和需要来确定相应的流量(物理量)。

3. 特定流量具有特定的算法

网络模型的流量一经确定，即需按相应的定理或规则进行计算。如图 4-1 所示的网络模型，需按最短路径的算法进行计算，图 4-4 所示的网络模型，需按关键线路法予以求解等。

4. 简单直观，易于掌握

网络模型的有关理论不需要高深的数学基础，且图像直观，故易被人们所掌握和喜用。

第二节 最短路模型

当通过网络各边所需要的时间、距离或费用等为已知时，欲找出从始点 s 至终点 t 所需的最少时间、最短距离或最小费用等的路径问题时，常需要此种模型。最短路模型常可直接应用来解决下述问题：设备更新问题、编制生产计划问题、物资输送问题和新产品试制规划问题等。

一、最短路问题构模举例

【例 4-1】 设备更新问题

某建筑公司在第一年开始购买一台新的施工机具，用了一段时间后进行更新。现在，希望找到五年内的一种最好的更新策略，使得施工机具的购置费和维修费之和为最小。施工机具的购置费和维修费分别如表 4-1 和表 4-2 所示。

施工机具第一到第五年的购置费 **表 4-1**

年	1	2	3	4	5
费用(万元)	1.1	1.1	1.2	1.2	1.3

维修费与机具使用年限的关系 **表 4-2**

使用年限	0～1	1～2	2～3	3～4	4～5
费用(万元)	0.5	0.6	0.8	1.1	1.8

从表 4-2 可以看出，维修费随着设备使用年限的增加而不断提高。

对于这个问题，可以有许多不同的方案。例如，在每年年初购置一台新机具，这样，五年内的购置费和维修费之和(即总费用)为 8.4 万元(1.1＋1.1＋1.2＋1.2＋1.3＋0.5×5)。另一种方案为在第一、三、五年的年初购置一台新机具，则总费用为 6.3 万元(1.1＋1.2＋1.3＋0.5＋ 0.6＋0.5＋0.6＋0.5)。这一方案显然优于前者。对于比较大的问题，我们不可能用穷举方法逐一比较各种方案，从而找出其中费用最小的一种，而需把问题先化成最短路模型，然后再用相应的算法来解决。

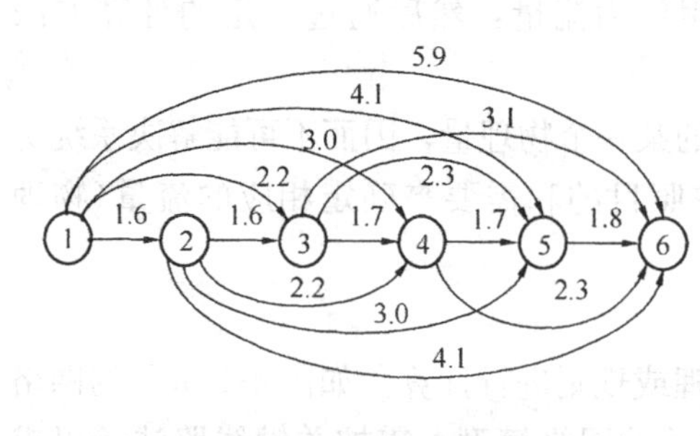

图 4-6 机具更新网络

此问题的网络模型如图 4-6 所示。图中有 6 个节点。节点 1～5 分别对应于 1～5 年的开始，节点 6 对应于第 5 年年末。从节点 $i(i=1, 2, 3, 4, 5)$ 分别有一条边至节点 $i+1$，$i+2$，…，6，对应于第 i 年开始购置新设备，并一直使用至 $i+1$，$i+2$，…，6 年开始为止的一种决策，边上的数字 b_{ij} 表示相应的购置费与维修费之和。显然此问题的最优解答，是从节点 1 至节点 6，以 b_{ij} 为边长的一条最短路。

【例 4-2】 施工方案选择问题

某建设工程还有四个项目未完成，根据需要希望该工程尽早投入使用。已知这四个项目在正常施工、采取一般措施施工和采取紧急措施施工情况下需要的时间和费用如表 4-3

和表 4-4 所示。

不同施工方式所需要的时间(月)

表 4-3

施工方式	项目			
	1	2	3	4
正常	5	—	—	—
一般措施	4	3	5	2
紧急措施	2	2	3	1

不同施工方式所需要的费用(万元)

表 4-4

施工方式	项目			
	1	2	3	4
正常	1	—	—	—
一般措施	2	2	3	1
紧急措施	3	3	4	2

又知这四个项目必须按顺序施工，为完成这四项工程的全部追加投资为 10 万元，问在投资允许范围内，如何安排施工，使全部工程尽早投入使用?

设用节点(i, j)表示工程进行至 i 阶段末，还剩下 j 万元追加投资，用连线表示状态转移，连线上的数字表示需要的时间，则该问题可以用图 4-7 所示的网络模型来描述。

显然，最优施工方案即为从始点至终点 t 的最短路径。

二、最短路算法

1. 最短路算法的基本思路

求解最短路问题的最有效算法之一，是 Dijkstra 算法，其基本思路是：假定 $v_1 \to v_2 \to v_3 \to v_4$ 是 $v_1 \to v_4$ 的最短路(图 4-8)，则 $v_1 \to v_2 \to v_3$ 一定是 $v_1 \to v_3$ 的最短路，$v_2 \to v_3 \to v_4$ 是 $v_2 \to v_4$ 的最短路。否则，设 $v_1 \to v_3$ 的最短路为 $v_1 \to v_5 \to v_3$ 就有 $v_1 \to v_5 \to v_3 \to v_4$ 的路必小于 $v_1 \to v_2 \to v_3 \to v_4$ ，这与原假设矛盾。

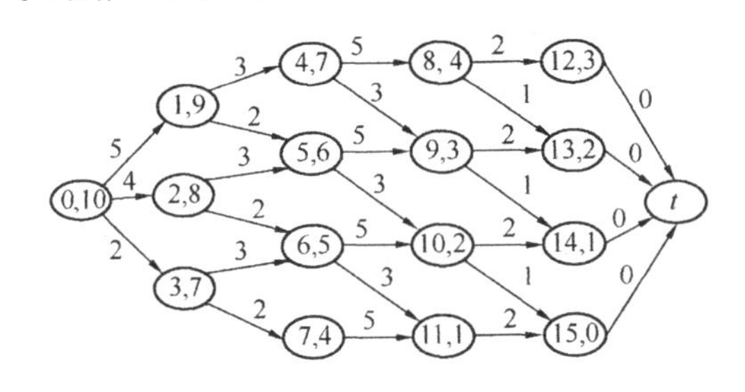

图 4-7　施工方案选择网络

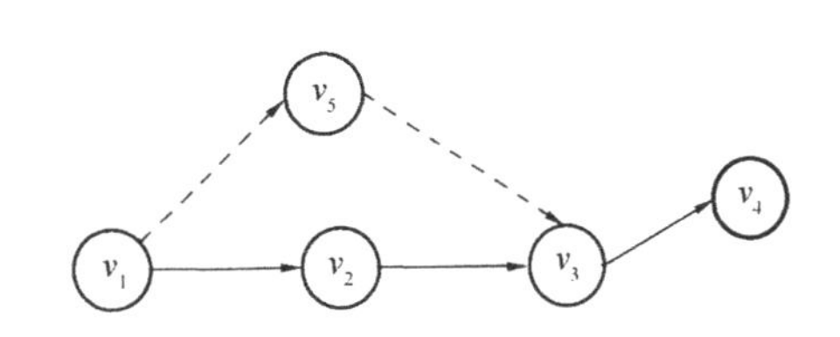

图 4-8　最短路算法的基本思想

2. Dijkstra 算法的步骤

用 $T(j)$表示从起点 s 至节点 j 仅使用已标记的节点作为中间节点的最短路长度，k 表示已标记的最后一个节点，$b(i,j)$ 表示从节点 i 至节点 j 的距离(i 与 j 不相邻接或 i 为箭头端时为 ∞)，$P(j)$ 表示从起点 s 至节点 j 为最短路径时，j 前面的节点号，执行如下步骤：

(1) 对起点 s 标记，并令 $T(s)=0, T(j)=\infty$(所有 $j \neq s$)，$k=s$ 。

(2) 对最新标记节点 k 的所有未标记的后续节点 j，重新定义 $T(j)$如下：

$T(j)=\min\{T(j),\ T(k)+b(k,\ j)\}$

若 $T(k)+b(k,\ j)<T(j)$，则令 $P(j)=k$

对所有未标记的节点 j，如 $T(j) \to \infty$，则算法停止，表示没有最短路，始点与终点是不连通的。否则，对具有最小 $T(j)$值的节点标记，同时也对相应的边标记，并令 $k=j$。

(3) 若终点 t 已经标记，则算法停止，找到最短路。否则，重复进行(2)。

图 4-9 给出了上述算法的流程。

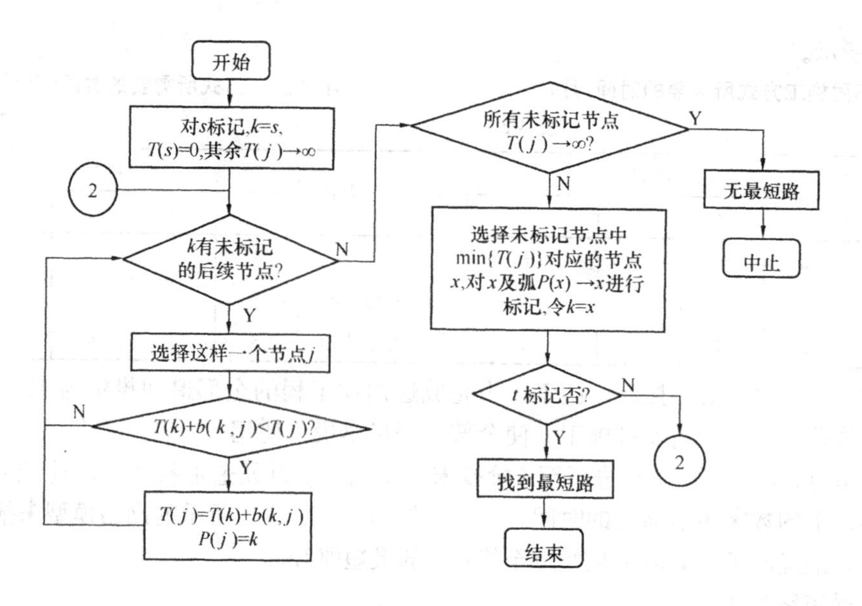

图 4-9　Dijkstra 算法的流程

现在以图 4-6 所示的设备更新网络为例，说明上述步骤。

开始：对节点 1 标记，令 $T(1)=0$，$k=1$

$T(j)\to\infty(j=2,3,4,5,6)$

重新定义节点 1 后续节点中未标记节点的 $T(j)$

$T(2)=\min\{T(2),T(1)+b(1,2)\}=\min\{\infty,0+1.6\}=1.6$

$T(3)=\min\{T(3),T(1)+b(1,3)\}=\min\{\infty,0+2.2\}=2.2$

$T(4)=\min\{T(4),T(1)+b(1,4)\}=\min\{\infty,0+3.0\}=3.0$

$T(5)=\min\{T(5),T(1)+b(1,5)\}=\min\{\infty,0+4.1\}=4.1$

$T(6)=\min\{T(6),T(1)+b(1,6)\}=\min\{\infty,0+5.9\}=5.9$

因节点 2～6 均从节点 1 得到了新的 $T(j)$值，故 $P(2)=P(3)=\cdots=P(6)=1$

重新定义的 $T(j)$中，$\min\{T(j)\}=\min\{1.6,2.2,3.0,4.1,5.9\}=1.6$ 因而，对节点 2 及相应的边(1，2)标记，令 $k=2$。

重新定义节点 2 后续节点中未标记节点的 $T(j)$

$T(3)=\min\{T(3),T(2)+b(2,3)\}=\min\{2.2,1.6+1.6\}=2.2$

$T(4)=\min\{T(4),T(2)+b(2,4)\}=\min\{3.0,1.6+2.2\}=3.0$

$T(5)=\min\{T(5),T(2)+b(2,5)\}=\min\{4.1,1.6+3.0\}=4.1$

$T(6)=\min\{T(6),T(2)+b(2,6)\}=\min\{5.9,1.6+4.1\}=5.7$

节点 6 从节点 2 得到了新的 $T(6)$值，故 $P(6)=2$。其他 $P(j)$值保持不变。

重新定义的 $T(j)$中，$\min\{T(j)\}=\min\{2.2,3.0,4.1,5.7\}=2.2$，因而，对节点 3 及相应的边(1，3)标记，令 $k=3$。

再利用节点 3 进行计算：

$T(4)=\min\{T(4),T(3)+b(3,4)\}=\min\{3.0,2.2+1.7\}=3.0$

$T(5)=\min\{T(5),T(3)+b(3,5)\}=\min\{4.1,2.2+2.3\}=4.1$

$T(6)=\min\{T(6),T(3)+b(3,6)\}=\min\{5.7,2.2+3.1\}=5.3$

节点 6 从节点 3 得到了新的 $T(6)$，故 $P(6)=3$，其他 $P(j)$值保持不变。

此时，$\min\{T(j)\}=\min\{3.0,\ 4.1,\ 5.3\}=3.0$，故对节点 4 及相应的边(1，4)标记，令 $k=4$。再计算：

$T(5)=\min\{T(5),\ T(4)+b(4,\ 5)\}=\min\{4.1,\ 3.0+1.7\}=4.1$

$T(6)=\min\{T(6),\ T(6)+b(4,\ 6)\}=\min\{5.3,\ 3.0+2.3\}=5.3$

这时 $T(6)$有两个相同的值，故取 $P(6)=3$ 或 $P(6)=4$ 均可。$P(5)$仍保持不变。

现在的 $\min\{T(j)\}=\min\{4.1,\ 5.3\}=4.1$，故再对节点 5 及相应的边(1，5)标记，令 $k=5$。

最后，计算

$T(6)=\min\{T(6),\ T(5)+b(5,\ 6)\}=\min\{5.3,\ 4.1+1.8\}=5.3$ 对节点 6 及相应的边(3，6)或(4，6)标记。

至此，由于节点 6 已经标记，计算结束，从节点 1 至节点 6 由已标记的边组成的路径即为最短路，这条路径表明最好的机具更新方案的费用为 5.3 万元。

上述计算过程的图示见图 4-10。

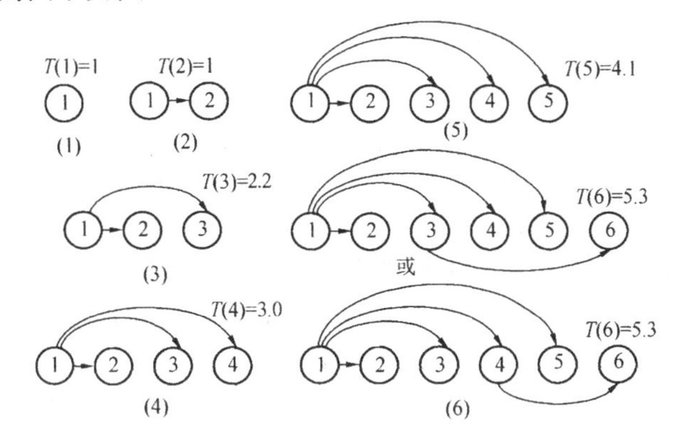

图 4-10 最短路求解过程

用同样方法可求得[例 4-2]的最短路径为：相应的工期为 10 个月。

第三节 最大流模型

许多系统中都包含有流量问题，如公路系统中的车辆流，控制系统中的信息流，供水系统中的水流等。当以物体、能量或信息等作为流量流过网络时，怎样在既定条件下使流过网络的流量最大，即为最大流问题。

一、最大流的有关概念

1. 容量网络

对网络流的研究是在容量网络上进行的。所谓容量网络，是指对网络上的每条弧都给出一个最大的通过能力，称为该弧的容量。对任意弧$(x,\ y)$，其容量用 $C(x,\ y)$表示。在容量网络 D 中，通常规定一个发点(也称源点，记为 s)和一个收点(也称汇点，记为 t)，其他非发点又非收点的节点称为中间节点。网络的最大流即指容量网络中从发点到收点之间允许通过的最大流量。

2. 流与可行流

所谓流是指加在网络各条弧上的一组负载量。对加在弧(x, y)上的负载量记作$f(x, y)$。在容量网络上给出满足下列条件的一组流称为可行流：

(1)容量限制条件　对所有弧有

$$0 \leqslant f(x, y) \leqslant C(x, y)\ (x, y) \in E (E\text{为弧的集合})$$

(2)中间节点平衡条件

$$\sum f(x, y) - \sum f(y, x) = 0\ (x \neq s, t)$$

(3)发点、收点平衡条件　若以$v(f)$表示网络中从$s \to t$的流量，则有

$$\sum f(x, y) - \sum f(y, x) = \begin{cases} v(f), & \text{当 } x = s \text{ 时} \\ -v(f), & \text{当 } x = t \text{ 时} \end{cases}$$

显然，所谓求网络最大流，是指在满足容量限制和中间节点平衡的条件下，使$v(f)$值达到最大，这构成了一个线性规划问题。由于网络的特殊性，我们可以寻求比线性规划要简单得多的方法来求解。

3. 增值链

根据网络中各条弧的流量情况，可以将其分为三类：N——流不能有任何增加或减少的弧集合；I——流可以增加的弧集合；R——流可以减少的弧集合。令$i(x, y)$表示弧(x, y)中流可以增加的最大量，$r(x, y)$为弧(x, y)中流可以减少的最大量，于是有：

$$i(x,y) = C(x,y) - f(x,y) \quad r(x,y) = f(x,y)$$

定义前向弧为$s \to t$方向的弧，属于集合I，后向弧为从$t \to s$方向的弧，属于集合R。若欲从s至t再增加一些流量，可用以下三种方法实现。

(1) 从$s \to t$存在一条全部由前向弧组成的路P，该路径可增加的最大流量为：

$$\Delta v = \min\{i(x, y)\}\ (x, y) \in P$$

图 4-11(a)所示的就是这样一条路径。该路径可增加的最大流量为：

$$\Delta v = \min\{i(s, 1), i(1, 2), i(2, t)\} = \min\{3, 2, 1\} = 1。$$

(2) 从$s \to t$存在一条全部由后向弧组成的路P，该路径可增加的最大流量为：

$$\Delta v = \min\{r(x, y)\}\ (x, y) \in P$$

图 4-11(b)所示的就是这样一条路径，该路径可增加的最大流量为：

$$\Delta v = \min\{r(1, s), r(2, 1), r(t, 2)\} = \min\{1, 2, 1\} = 1$$

(3)从$s \to t$存在一条既有前向弧又有后向弧组成的链P，该链可增加的最大流量为：

$$\Delta v = \min\{\min\{i(x, y) \mid (x, y) \in I\}, \min\{r(x, y)(x, y) \in R\}\}$$

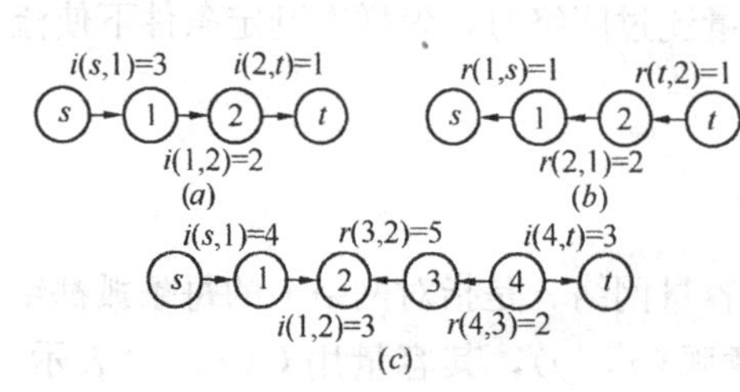

图 4-11　增值链示例

(a)由前向弧组成；(b)由后向弧组成；(c)由前向弧和后向弧组成

图 4-11(c)示出了这样一条链，该链可增加的最大流量为：

$$\Delta v = \min\{\min\{i(s, 1), i(1, 2), i(4, t)\}, \min\{r(3, 2), r(4, 3)\}\}$$

$$= \min\{\min\{4, 3, 3\}, \min\{5, 2\}\} = \min\{3, 2\} = 2$$

以上三种形式的路或链，均可使$s \to t$的流量增加，故称其为增值链。

二、求网络最大流的标号算法

标号算法的基本原理，是寻找从发点 s 至收点 t 所存在的增值链。若存在这样一条链，则沿着这条链可使整个流量增加。否则，意味着找到了最大流。算法步骤如下：

1. 标号过程

在这个过程中，网络中的节点分成两类，一类是标号节点（又分为已检查和未检查两种），一类是未标号节点。每个标号节点的标号分为两部分：第一部分表示前节点号，第二部分为流量调整值。

标号过程开始，先给 s 标上 $(0, \infty)$，这时 s 是标号而未检查的点，其余都是未标号点。一般地，取一个标号而未检查的点 x，对一切未标号点 y：

(1) 若弧 $(x,y) \in I$，则给 y 标号 $(x^{+}, l(y))$。这里，$l(y) = \min\{l(x), C(x,y) - f(x,y)\}$。

(2) 若弧 $(x,y) \in R$，则给 y 标号 $(x^{-}, l(y))$。这里，$l(y) = \min\{l(x), f(y,x)\}$。

对此两种情况，y 均成为标号而未检查过的点，x 则成为标号而已检查过的点。重复上述步骤，一旦 t 被标上号，表明得到一条从 s 至 t 的增值链，转入调整过程。

若所有节点都已检查过，而标号过程进行不下去时，则算法结束，这时的可行流就是最大流。

2. 调整过程

首先按 t 的第一个标号，“反向追踪”至前一节点，再按前一节点的第一个标号，继续“反向追踪”，直至到节点 s 为止，如此便找到了增值链 P。对增值链 P 上的所有弧，调整流量为：

$$f(x,y) = \begin{cases} f(x,y) + l(t) & (x,y) \in I \\ f(x,y) - l(t) & (x,y) \in R \end{cases}$$

去掉所有标号，对新的可行流，重新进入标号过程。

上述算法的流程，如图 4-12 所示。

例如，某公路网络如图 4-13(a)所示，图中数字为公路的容量（每小时车辆数）。试用

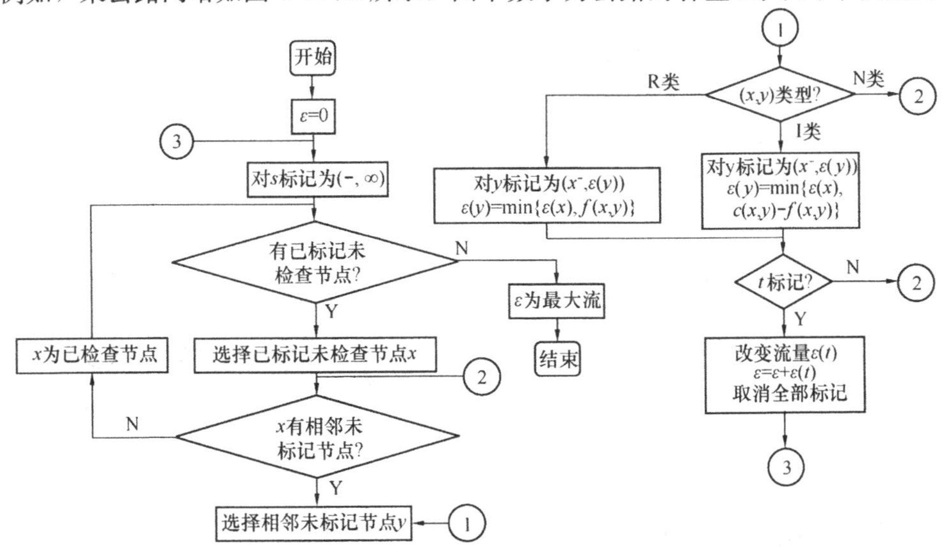

图 4-12　网络最大流标号算法的流程

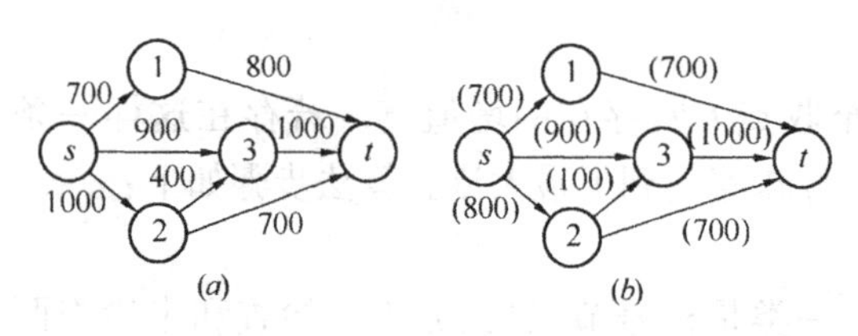

图 4-13　某公路网络最大流分析
(a)公路网络构成；(b)最大流分布情况

标号法求其最大流。

求解过程如下：

对 s 标记为(0，∞)。

检查 s。由于弧$(s,1)\in I$，求得 $l(1)=\min\{\infty，700-0\}=700$，则对节点 1 标记为$(s^+，700)$。同理，可对节点 2 和节点 3 分别标记为：$(s^+，1000)$和$(s^+，900)$。

检查 1。由于$(1，t)\in I$，求得 $l(t)=\min\{700，800-0\}=700$，则对节点 t 标记为$(1^+，700)$。

由于 t 已有了标号，故转入调整过程。根据 t 的第一个标号，找到节点 1，再根据节点 1 的第一个标号，找到 s，故增值链为 $s\rightarrow1\rightarrow t$，对此链调整流量为：$f(s，1)=700$ $f(1，t)=700$。

按照类似的过程，还可以找到其他增值链，进行流量调整，直至标号过程无法继续为止，此时的流量即为最大流。本例的最大流分布情况，如图 4-13(b)所示。

三、多发点和多收点的修正

在以上的算法讨论中，我们针对的是只有一个发点和一个收点的情形。对于具有多个发点和多个收点的问题，按如下方法对网络模型加以修正后，该算法仍然适用。

当问题具有多个发点时，建立一个新的发点 s，称为超发点，用 $s(s,s_1)$，$s(s_2,s_2)$，(s,s_3)… 将超发点 s 与原有发点 s_1,s_2,s_3… 连结起来。弧的容量按如下规则确定：当发点 s_i 的发出量有限时，则令 $C(s,s_i)$ 等于该限值，否则，认为其具有无穷大的容量。

当问题具有多个收点时，建立一个新的收点 t，称为超收点，用弧 (t_1,t)，(t_2,t)，(t_3,t)… 将原有收点 t_1，t_2，t_3… 连结起来。弧的容量按如下规则确定：当收点 t_i 的收入量有限时，则令 $C(t_i,t)$ 等于该限值，否则，认为其具有无穷大的容量。

例如，某建筑公司 s_1，s_2，s_3 三个材料仓库每月各可提供水泥 5 千袋，10 千袋和 5 千袋，并经 A，B，C，D 四个中转站提供给 t_1，t_2，t_3 三个工地。三个工地的需求量分别为 5 千袋，10 千袋和 5 千袋。设现有转运能力如图 4-14 所示。试问能否保证三个工地的水泥供应？如不能，应在何处采取措施？

根据各材料仓库的供应能力和各工地的需求情况，可将图 4-14 所示的材料转运能力图转化为图 4-15 所示的网络模型，则此问题就相应于求图 4-15 所示网络型的最大流量问题。

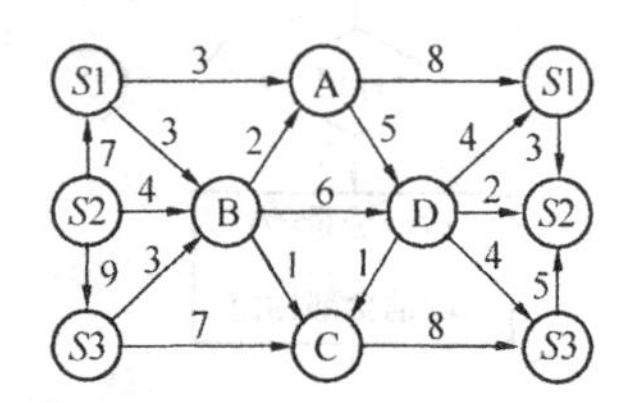

图 4-14　材料转运能力图

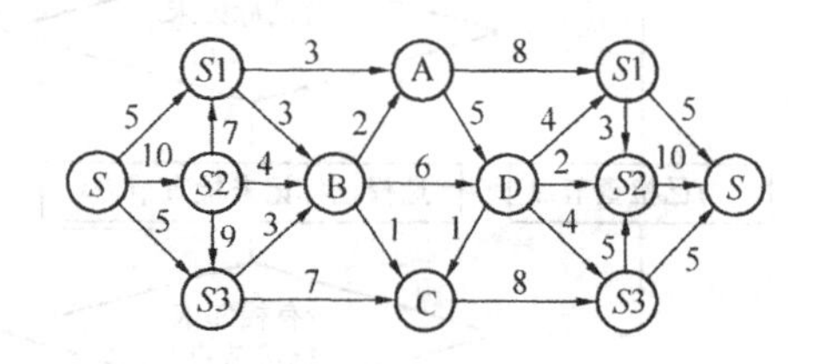

图 4-15　修正后的网络模型

根据最大流算法，可得到图 4-16 的最终流，相应的最大流量为 19 千袋，不能保证工地 20 千袋的需求。从图 4-16 中可以看出，若采取措施增加转运能力，对 BA 或 BD 段改造比较适宜。

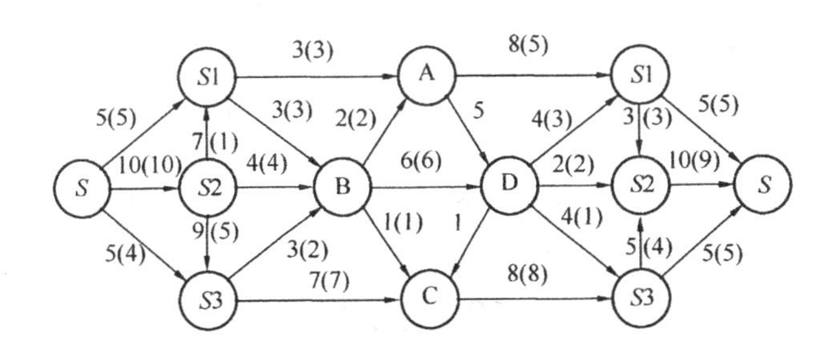

图 4-16　最终流分布图

四、最大流量最小截量定理

最大流量最小截量定理可以表述为：在任意一个容量网络 D 中，从 s 到 t 的最大流量等于分离 s、t 的最小截集的容量。

实际上，如果我们采用标号算法计算网络的最大流，当标号过程进行不下去时，分割已经得到标号节点和尚未标号节点的截面，就是该容量网络的最小截面，该截面从 s 到 t 方向的弧的容量之和，就是该容量网络的最大流。

利用这一定理，可以将一些求取最小截面的问题，转化为计算网络最大流的问题。

例如，某高速公路的线路如图 4-17(a)所示。现拟建立足够数量的收费站，以使从 s 至 t 的每辆汽车必须通过一个收费站。图 4-17(a)中各条弧上的数字，表示在这段公路上建立收费站的费用，求最小费用解。

图 4-17(b)给出了采用标号算法得到的最终标号结果。节点旁边的数据表示最终的标号结果，各条弧上括号内的数据，是调整后的流量数据。显然，最终只有节点 s、1、2、3 得到了标记，因此，分割 s、t 的截面{1—4、2—4、2—5}就是最小截面，也就是需要建立收费站的最佳位置，建站最小费用为 14。

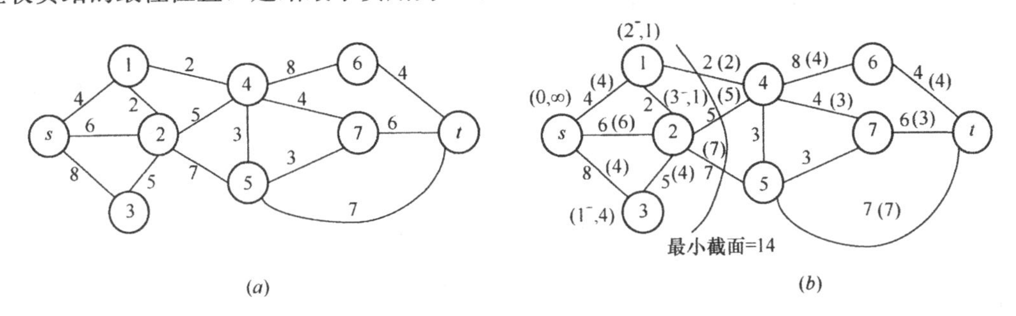

图 4-17　最大流量最小截量定理应用示例

(a)高速公路线路图；(b)标号算法的最终结果

第四节　最小费用流模型

很多实际问题可以归结为最小费用流模型来解决。设要从始点 s 把目标物经过一定的输送网络送至终点 t，已知输送网络各边的容量及其单位运费，如何选择运输路线，使得在最大可能运送的情况下，或在满足运送数量要求下运费最省，就是一个最小费用流问题。

一、最小费用流算法

最小费用流算法的思路，是首先考虑从 s 到 t 运送尽可能多的全程总单位费用为 0 的目标，然后再考虑运送尽可能多的全程总单位费用为 1 的目标，……。当总数为 v 的目标已从 s 运送到 t 时，或者当 s 到 t 的流量已达到最大流时，算法停止。

设 $a(x, y)$ 表示沿弧 (x, y) 运送一个单位流量的费用(其值为正整数)，v 表示从发点运送到收点的流量限值，P 表示从 s 运送到 t 的每单位流量的总单位费用。并对每个节点定义一整数 $P(x)$，其值满足 $0 \leqslant P(x) \leqslant P$。则可执行如下的最小费用流算法：

(1) 开始，令每条弧上的流量 $f(x, y)=0$，并对所有节点，令 $P(x)=0$。

(2) 寻找可以改变流量的弧。

令 I 是满足下列条件的弧的集合：$P(y)-P(x)=a(x, y)$ 和 $f(x, y)<C(x, y)$

令 R 是满足下列条件的弧的集合：$|P(y)-P(x)|=a(x, y)$ 和 $f(x, y)>0$

令 N 是所有不在 I 与 R 中的弧的集合。

(3) 改变流量。对(2)中确定的 I、R 和 N，执行最大流算法。当 s 至 t 已运送 v 个单位流量或已不能再运送更多流量时，算法停止。对此种停止，检查是否为最大流。若是则结束，否则转(4)。

(4) 改变节点数值。考虑寻找增值链时的最后标记，对每个未标记节点 x，令 $P(x)=P(x)+1$，返回执行(2)。

二、计算举例

对图 4-18 所示的输送网络，求：

(1) s 至 t 输送量为 7 个单位时的最小费用；

(2) 输送量最大时的最小费用。

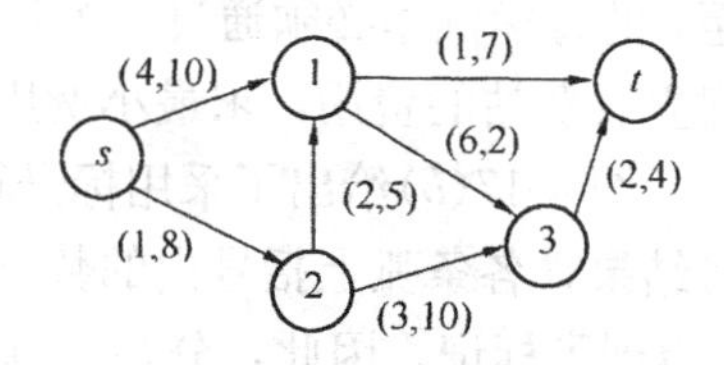

图 4-18 某输送网络

图 4-18 中，每条弧上的数字分别表示该弧的单位运费 $a(x, y)$ 和容量 $C(x, y)$。现根据算法计算如下(参见表 4-5和图 4-19)：

最小费用流求解过程 表 4-5

迭代	$P(s)$	$P(1)$	$P(2)$	$P(3)$	$P(t)$	标 记 弧	标记节点
0	0	0	0	0	0	无	S
1	0	1	1	1	1	$(s,2)$	$s,2$
2	0	2	1	2	2	$(s,2)$	$s,2$
3	0	3	1	3	3	$(s,2),(2.1)$	$s,1,2$
4	0	3	1	4	4	$(s,2),(2,1),(2,3),(1,t)$	$s,1,2,3,t$
4	0	3	1	4	4	$(s,2),(2,3)$	$s,2,3$
5	0	4	1	4	5	$(s,1),(s,2),(2,3),(1,t)$	$s,1,2,3,t$
5	0	4	1	4	5	$(s,1),(s,2),(2,3)$	$s,1,2,3$
6	0	4	1	4	6	$(s,1),(s,2),(2,3),(3,t)$	$s,1,2,3,t$
6	0	4	1	4	6	$(s,1)$	$s,1$
7	0	4	2	5	7	$(s,1),(s,2),(2,3),(3,t)$	$s,1,2,3,t$

从图 4-19 中可以看出，当进行第 5 次迭代并调整流量后，s 至 t 的输送量已达到 7 个

单位，此时的最小费用为：

$$\min Z=2a(s,1)+7a(1,t)+5a(s,2)+5a(2,1)=2\times4+7\times1+5\times1+5\times2=30$$

进行到第 7 次迭代时，达到最大流。故最小费用最大流为

$$\min Z=3a(s,1)+7a(1,t)+8a(s,2)+4a(2,1)+4a(2,3)+4a(3,t)$$
$$=3\times4+7\times1+8\times1+4\times2+4\times3+4\times2=55$$

输送量为 7 时和达到最大流时的流量分布见图 4-20。

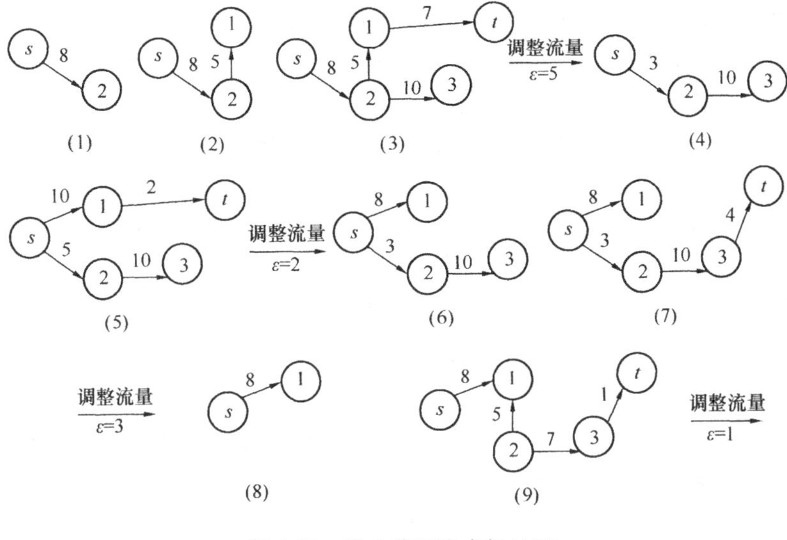

图 4-19　最小费用流求解过程

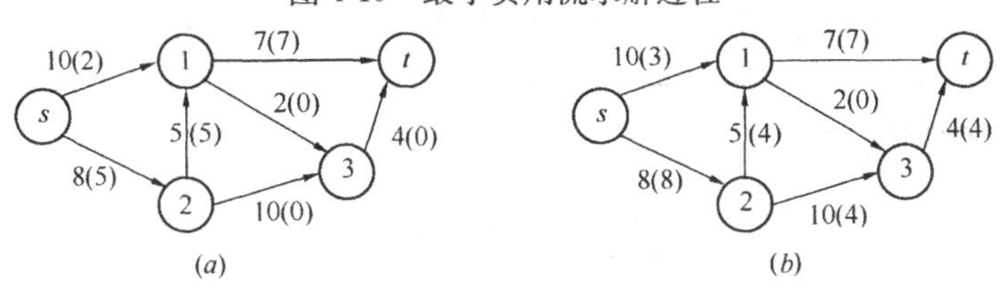

图 4-20　最小费用流算例

(a) $v=7$ 时的流量分布；(b)最大流时的流量分布

第五节　最 小 树 模 型

在管道、电线敷设、修筑公路、区域规划等实际工作中，常会遇到这样的问题。有若干个已知地点，如何敷设管道、电线或修筑公路，将这些地点连通，并使总距离(或费用)最少？这类问题的求解，即可抽象为最小树模型。

一、最小生成树的算法

设将最小树所包含的边标记为红色，而不在最小树中的边标记为白色，并设置若干“桶”来容纳一个连通分图的各个节点，则可按如下算法确定最小树：

(1) 将各边按距离(费用等)的递增顺序排列(相同时顺序任意指定)，设所有桶为空桶。

(2) 顺序取出一条不是自环的边，对这条边标记为红色，并将其两个端点放在一个桶内。

(3) 顺序取出一条未标记、不是自环的边。则有下列情况：

1) 没有这样的边。这意味着不存在生成树，算法停止。

2) 此边的两个端点在同一桶内。此种情况下该边不在树内，对其标记为白色，返回执行(3)。

3) 此边的一个端点在桶内，另一个端点不在任何桶内。此种情况下该边在树内，对其标记为红色，并指定不在桶内的那个端点与另一个端点在同一个桶内。执行(4)。

4) 边的两个端点均不在任何桶内。这意味着此边在树内。对此边标记为红色，并把这两个端点收入一个空桶内。执行(4)。

5) 边的两个端点分别在不同的桶内。这意味着此边在树内。对此边标记为红色，并把两个桶内的节点并入一个桶，使另外一个桶成为空桶。

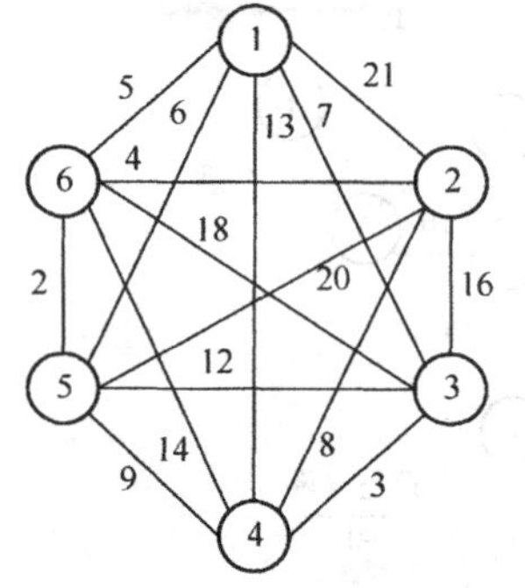

图 4-21 各地点间的敷设距离

(4) 如果图的所有节点均在同一桶内，则所有标记为红色的边构成一棵最小树，算法结束。否则执行(3)。

二、应用举例

某建设项目中有 6 个地点需要有管道互通，已知各地点两两之间的敷设距离如图 4-21 所示，如何敷设可使总的管线距离最小？

根据算法，将各边按距离由小到大顺序排列的结果如表 4-6 所示。

各边按敷设距离的排序结果 **表 4-6**

边	(5,6)	(3,4)	(2,6)	(1,6)	(1,5)	(1,3)	(2,4)	(4,5)	(3,5)	(1,4)	(4,6)	(2,3)	(3,6)	(2,5)	(1,2)
距离	2	3	4	5	6	7	8	9	12	13	14	16	18	20	21

以下步骤列表计算，其结果见表 4-7。

最小树的求解过程 **表 4-7**

边	颜色	1 号桶	2 号桶
		开始时为空桶	开始时为空桶
(5，6)	红	5，6	
(3，4)	红	5，6	3，4
(2，6)	红	5，6，2	3，4
(1，6)	红	5，6，2，1	3，4
(1，5)	红	5，6，2，1	3，4
(1，3)	红	5，6，2，1，3，4	空桶

根据表 4-7 的结果，最后确定的最小树如图 4-22 所示。

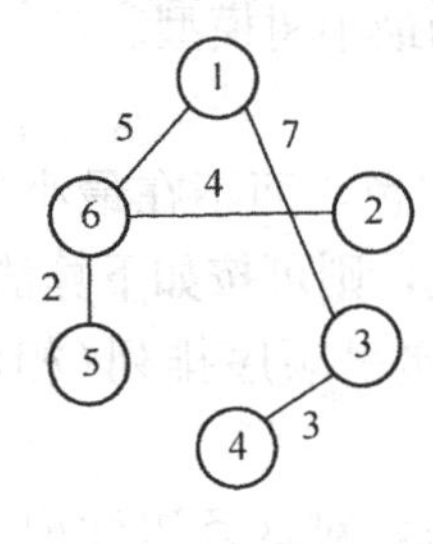

图 4-22 最小树

管线最小总距离为 2＋3＋4＋5＋7＝21。

思 考 题 与 习 题

1. 网络模型包括哪些要素？按流量划分的主要类型有哪些？

2. 某公路网络如图 4-23 所示，弧旁数字是相应公路段的长度。现有一批建筑材料要从 s 运至 t，问走哪条路最短？

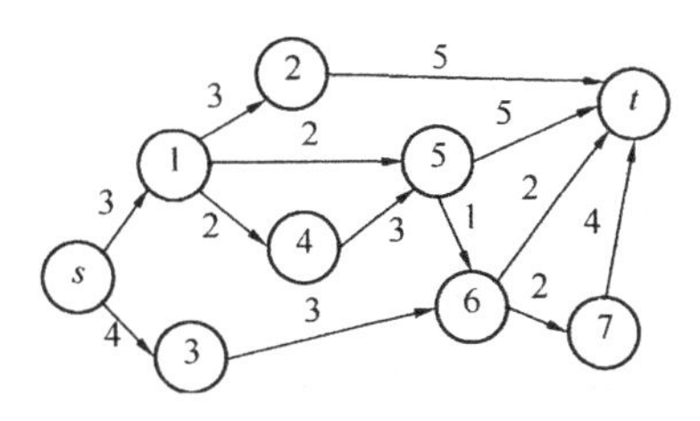

图 4-23　某公路网络

3. 求图 4-24 的最小费用最大流，图中弧旁数字为(单位运费，容量)。

4. 有一项工程，要埋设电缆将中央控制室与 15 个控制点连通。图 4-25 中的各线段标出了允许挖电缆沟的地点和距离(单位：百米)。若电缆线每米 10 元，挖电缆沟(深 1m，宽 0.6m)土方每立方米 3 元，其他材料和施工费用每米 5 元，请作该项工程预算需多少元？

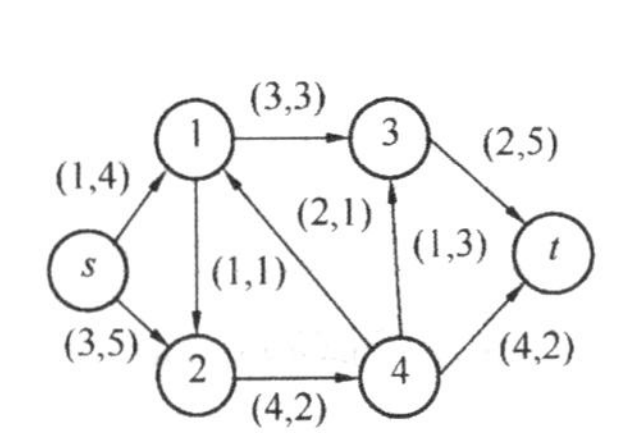

图 4-24　某公路网络

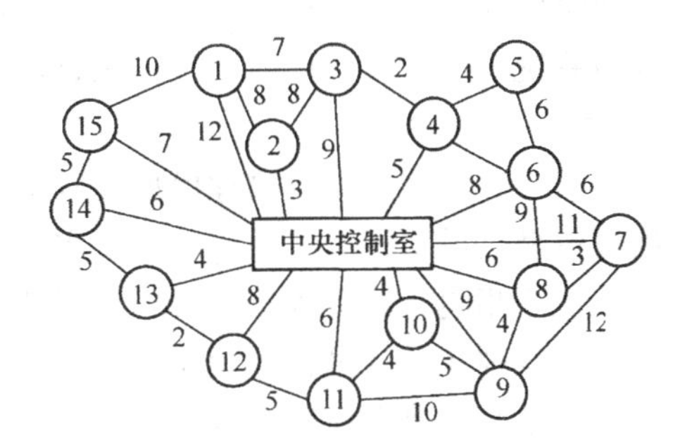

图 4-25　中央控制室与各控制点的连通关系

第五章 模 拟 技 术

第一节 模 拟 技 术 概 述

模拟技术是近三十年来发展起来的一门新兴学科，目前在高技术领域(如航天、航空、原子反应堆)、一些主要工业部门(如电力、冶金、机械等)以及社会经济、交通运输、生态环境、管理系统等方面都有应用，已成为分析、研究和设计各种系统的重要手段。

一、模拟及其模型

1. 模拟的概念

模拟也称仿真，是将所研究的对象用其他手段加以模仿的一种技术。既然是模仿，两者当然不可能完全相同，但所采用的模拟手段必须能够反映所研究问题的主要特征。

模拟是一种“人造”的试验手段，通过这种手段，我们能够对所研究的系统进行类似于物理、化学那样的试验。这种试验可以有三种方式：一是真实系统结合模拟的环境条件；二是模拟系统结合真实的环境条件；三是模拟系统结合模拟的环境条件。

2. 模拟用的模型

模拟模型一般有两类：物理模型和数学模型。

物理模型是根据相似性原理，把真实系统按比例放大或缩小制成的模型，其状态变量与原系统完全相同。这种模型多用于土木建筑、水利工程、船舶和飞机制造等方面。例如，造船工程师在设计过程中用比实际船小得多的模型在水池中进行各种试验，以取得必要的数据和了解所要设计船的各种性能；或是经过高度抽象，用实物做成的模型。

数学模型是一种用数学方程(或信号流程图、结构图)来描述系统性能的模型。如果其变量中不含时间因素，则为静态模型；如与时间有关，则为动态模型。数学模型是模拟技术的基础，也是模拟中首先要解决的问题。

二、模拟的分类

根据模拟用模型的不同，模拟可分为物理模拟和数学模拟两大类。

1. 物理模拟

物理模拟是指采用物理模型进行模拟的过程。下面是两个典型的物理模拟的例子。

【例 5-1】 曹冲称象

传说东汉时期，曹操的儿子曹冲幼年时为测定一只大象的质量，采用了下述方法：把大象牵入船上，在船的外弦划一标记，表明船下沉的水平。然后卸去大象，再用石块装上船，直至船下沉到标记的位置，最后分批称出石块的质量，相加后即得到大象的质量。

【例 5-2】 场地选择问题

欲确定一个新仓库的位置 P，使它供应处于 $P_i(i=1, 2, \cdots, n)$工地的用料。假如从新仓库 P 到各工地 P_i的运输费用近似等于供货质量与运距之乘积，且各工地在一定时期

的需求量已知为 $w_i(i=1, 2, \cdots, n)$，问应如何选 P 的位置使总运费最少？

采用直接分析法对此问题可分析如下：

设工地 P_i 的坐标为 (x_i, y_i)，新仓库 P 的坐标为 (x, y)，则 P 至 P_i 的距离为：

$$d_i = \sqrt{(x-x_i)^2+(y-y_i)^2}$$

使总运费最小即是求：

$$\min C(x,y) = \sum_{i=1}^{n} w_i\sqrt{(x-x_i)^2+(y-y_i)^2}$$

参见图 5-1(a)。

对于这个外形看来并不复杂的目标函数，求最优解时却不容易，一般只能用迭代方法来近似求解。然而借助图 5-1(b)所示的模型，可使问题方便地得到解决。

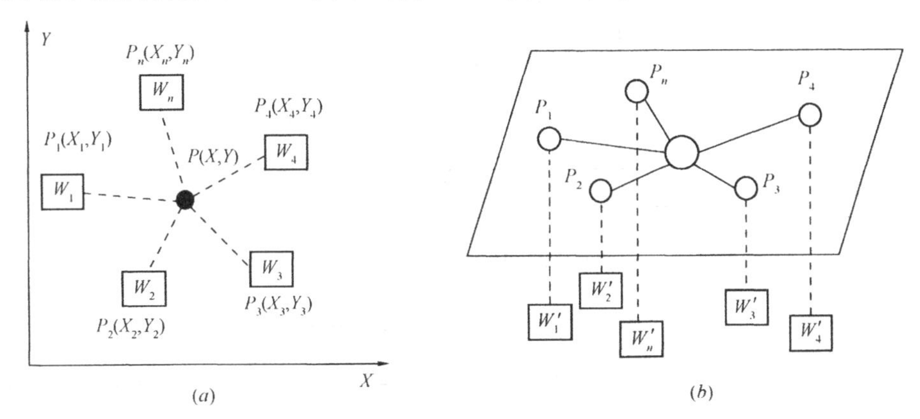

图 5-1 物理模拟示例

(a)直接分析法；(b)物理模拟模型

图 5-1(b)是采用带有坐标刻度的平板，在相应工地所在的坐标位置处钻孔。通过每一个孔穿过一条细绳，一端垂在板下吊着一个砝码，其重量 w'_i 与工地 i 的需求量 w_i 成比例；另一端在板面上与同一小环相连，最后小环停留下来的平衡位置，就是使总运输费用最小的那个位置。

2. 数学模拟

数学模拟是指采用数学模型进行模拟的过程。数学模拟的关键之处是将数学模型转化为一个可计算的模拟模型，然后借助于计算机进行分析试验。其基本步骤为：

(1) 描述问题，建立数学模型(用方程式或结构图等表示)。

(2) 准备模拟模型，即把数学模型转化为可计算的模型。

(3) 画出实现模拟模型的流程图，编制计算机程序。

(4) 验证或认可模型。一是验证模拟模型和数学模型是否吻合。若模拟结果与数学模型所得的结果基本一致或误差在允许范围内，则可确认模拟模型可用；二是验证模拟结果与实际系统是否一致，以确认数学模型的正确性。

(5) 运行模拟模型，试验不同初始条件和参数下系统的响应或各种决策变量的响应。

例如，对前述的场地选择问题，可采用图 5-2 所示的流程图进行数学模拟。

从以上步骤可以看出，数学模拟并不是一次性的计算或求解过程，而是一种反复多次

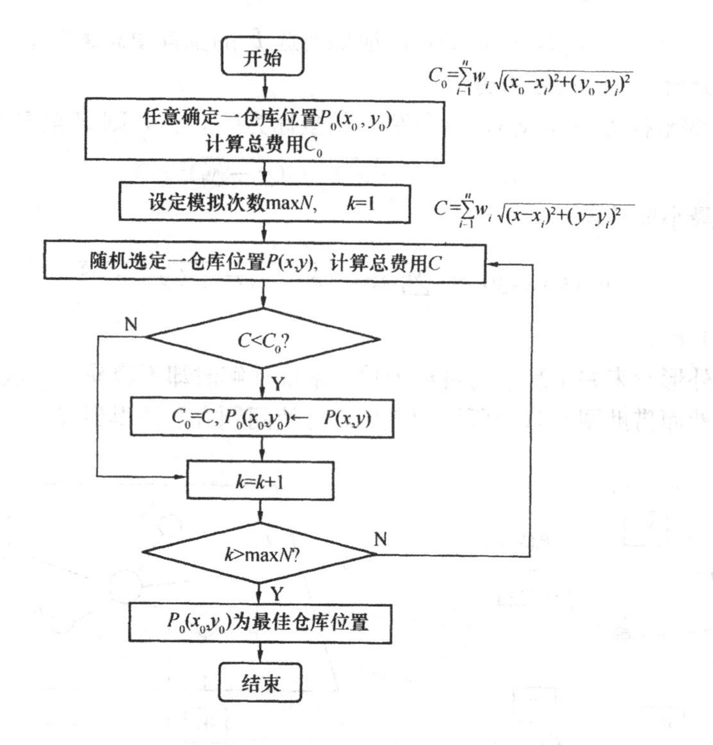

图 5-2 场地选择问题的数学模型

运行的过程。另外，确认和验证模型的过程实际上也就是不断修改模型使之更符合实际的过程，因而模拟实质上也是建模过程的继续。

三、模拟技术的应用范畴

1. 模拟的对象系统

模拟所针对的对象系统，一般按其状态变化是否连续，分为连续系统和离散事件系统两种。

若一个系统的状态是随时间连续变化的，就称其为连续系统，这类系统的动态特性可以用微分方程或一组状态方程来描述，也可以用差分方程或一组离散状态方程来描述。用差分方程描述的系统，一般称之为采样系统。

另外还有一种系统，其状态变化只在离散时刻发生，而且往往又是随机的，通常用“事件”来表征这种变化，所以又叫离散事件系统。在工程系统和计划管理系统中就有许多这类系统，例如，通信系统、交通管理、计算机网络、库存系统等等，这些系统一般规模庞大、结构复杂，很难用解析法求得结果，因此，更有必要用计算机模拟技术进行系统分析与设计。

连续系统和离散事件系统的模拟方法完全不同。而在实际管理工作中，大量的问题可以抽象成为离散事件系统。因此，本书重点对此进行介绍。

2. 模拟的适用范围

模拟技术作为系统分析的一种重要手段，得到了较为广泛的应用。国外一些调查资料表明，用模拟方法来研究解决管理问题，在数量上已超过线性规划、网络分析等运筹学方法。其应用比例居各种定量分析方法之首。模拟技术特别适用于解决下列各种情况的管理问题：①系统过于复杂，难以用解析方法求解；②正在运行的系统，如要进行新方案的试验将造成混乱和损失；③估测一个新系统投入运行后的各种性能参数，进行经济分析等等。在这些情况下，模拟为管理人员提供了一个“实验室”，它使得管理人员在相当短的时间内预见到所研究系统的运行特征，了解到各个变量或参数变化对现有系统的影响。

模拟技术也存在一些缺陷，主要有：①用模拟方法得到的结果只是统计的估计，而不能保证是问题的最优解；②模拟一般都需要较多的分析试验次数，与解析方法相比，费工费钱；③模拟只产生系统状态的各项数据，而不能显示系统内部各参数间的因果关系，因而不适用于对系统参数进行灵敏度分析；④模型的参数难于初始化，因而往往需要在收集和分析资料方面花费大量的时间和精力。

第二节　离散事件系统模拟基础

一、离散事件系统模拟的基本方法

1. 离散事件系统的组成

离散事件系统有多种类型，但它们的主要组成部分基本相同。首先，它有一部分是活动的，叫“实体”。例如，生产线上的待加工零件，库存系统中的货物，计算机系统中的待处理信息等。系统的工作过程实质上就是这种“实体”流动和接受加工、处理的过程。其次，系统中还有一部分是固定的，叫“设备”。这些设备用于对实体进行加工处理或服务。这些设备可能是机床、仓库管理员、计算机系统等。

2. 离散事件系统模拟的思维方法

离散事件系统既然主要由实体和设备这样两部分组成，那么，整个系统状态的变化主要也就是由实体或设备的状态变化所产生。因此，模拟这类系统的基本思维方法就是：按照系统的实际工作流程与实体和设备的状态变化规律，设计出具有确定时间表的模拟流程图，再在规定的时间内，根据模拟流程图顺次改变实体或设备的状态，进而得出系统功能与性能的有关数据。

图 5-3 所示为某机械零件加工线的模拟思维过程。图 5-3(*a*)为该加工线的实际工作流程，又根据历史统计资料，确定出零件到达的时间间隔是平均值为 AT，变化范围为

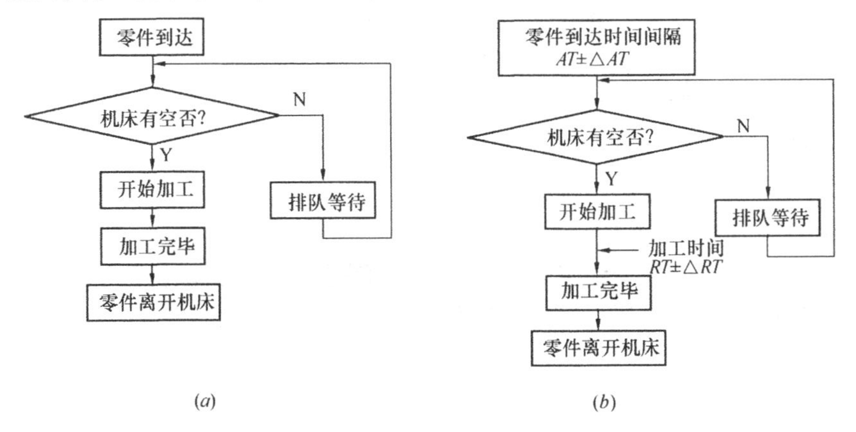

图 5-3　某机械零件加工线的模拟思维过程

(*a*)实际工作流程图；(*b*)模拟流程图

$\pm\Delta T$的均匀分布随机数，零件加工时间是平均值为RT，变化范围为$\pm\Delta RT$的均匀分布随机数，则可推出图5-3(*b*)所示的模拟流程图。将图5-3(*a*)、(*b*)两图加以比较可以看出，两者的事件顺序完全相同，只是模拟流程图中已有了确定的时间表。

3. 模拟时钟推进的原则

在模拟中，时间的推进并不和一个实际时钟一样，而是用一个数值与实际时间一致的变量来表示。模拟过程就是模拟时钟不断向前推进的过程。时钟推进的原则有以下两种。

(1) 下一次最早发生事件原则。即按下一次最早发生事件的发生时间来推进时钟，亦即只有当系统状态发生改变时才进行观察与记录。模拟进程如图5-4(*a*)所示。

(2) 均匀步长推进原则。即按某一固定时间长度来推进时钟。亦即不管系统状态如何变化，均按固定的时间间隔观察、记录系统的状态。其模拟进程如图5-4(*b*)所示。

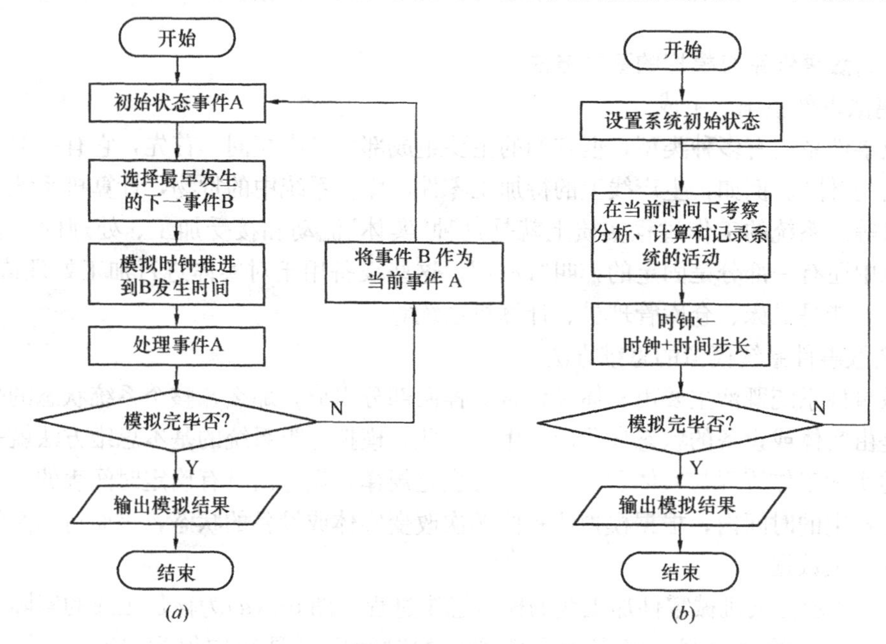

图5-4 模拟时钟推进的两种原则

(*a*)下一次最早发生事件原则；(*b*)均匀步长推进原则

二、均匀分布随机数的产生

模拟是通过随机抽样来指导预测系统的特性，而这些抽样通常是用随机数来描述的。均匀分布随机数就是随机数中最基本的一种。

1. 均匀分布随机数的概念

均匀分布随机数是在某一给定区间内出现的概率处处相等的随机数。设ξ是在$[a, b]$上均匀分布的随机数，则其概率密度函数为：

$$f(x)=\begin{cases}\dfrac{1}{b-a} & a\leqslant x\leqslant b\\ 0 & \text{其他}\end{cases}$$

分布函数为：

$$F(x)=\begin{cases}0 & x<a \\ \dfrac{x-a}{b-a} & a\leqslant x<b \\ 1 & x\geqslant b\end{cases}$$

$f(x)$与$F(x)$的图形表示，如图5-5所示。

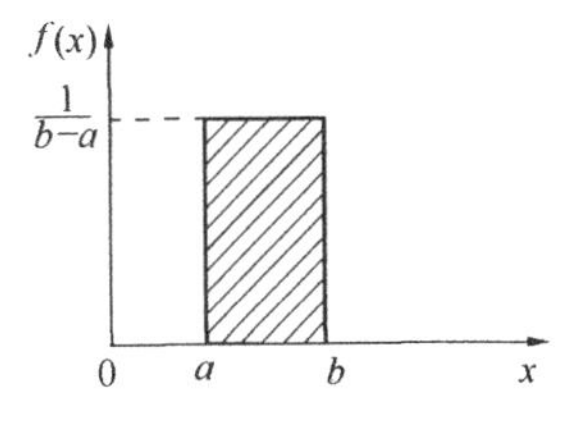

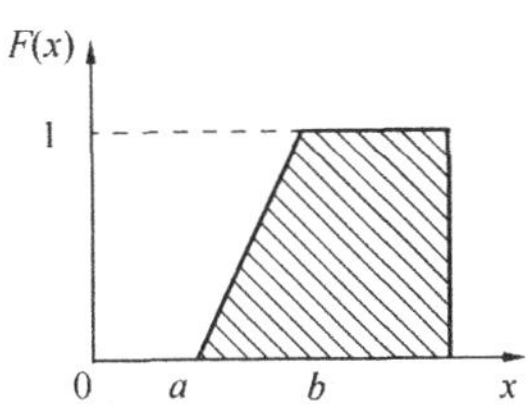

图5-5　$f(x)$与$F(x)$的图形表示

在模拟中常用的是[0，1]区间上均匀分布的随机数，它是上述均匀分布随机数在$a=0$，$b=1$时的特例。

2. 产生[0，1]区间均匀分布随机数的方法

产生[0，1]区间均匀分布的随机数主要有以下三种方法：

(1) 利用物理装置或物理方法。如在质量分布均匀的转盘上等分刻度00～99，让其在摩擦力很小的情况下旋转，用一根固定的指针指示转盘停下来的数值，这样连续多次旋转，就得到一个含两位数字的均匀随机数数列。也可以制造一个电脉冲发生器，或用电子噪声发生器或放射性源去激励一个周期为0～9的计数器。由于它们产生的脉冲是随机的，如每隔一定时间进行采样计算，多次重复或用几个计数器并联运行，就可以得到任意数字位的随机数。

(2) 利用经专门方法产生并经过鉴定的随机数表。

(3) 利用数学递推公式。一般先给定一个初始值，带入递推公式后产生第二个数，再将第二个数带入递推公式产生第三个数，依此类推。用此法产生的随机数具有人为的统计性质，故称为伪随机数。一般计算机中采用此法产生伪随机数。利用数学递推公式产生伪随机数的要求是：①具有较好的随机性与均匀性；②产生速度快；③周期长，重复性差；④运算方便。满足上述要求的算法很多，其中比较通用的是同余数法。

3. 产生伪随机数的同余数法

所谓同余数法，是将特定递推公式的值除以一固定除数(一般称为模数)，以所产生的余数作为随机数的一种方法。根据递推公式形式的不同，又有混合同余数法、乘同余数法、叠加同余数法和二次平方同余数法之分。

(1) 混合同余数法。混合同余数法的迭代算式为：

$$X_{n+1}=aX_n+C\ (\mathrm{mod}\,m) \tag{5-1}$$

其中，参数选定的有关要求为：m取2^{β}(β为计算机字长)，a取$1+4k$(k为非负整数)，C为奇数，X_0取小于m的非负整数。按此即可得到周期为m的随机数序列。

例如，取$m=8$，$a=5$，$C=7$，则可以得到表5-1所示的8个数循环的模拟随机数列。

(2) 乘同余数法。乘同余数法是混合同余数法取$C=0$时的特例。其迭代算式为：

$$X_{n+1}=aX_n(\mathrm{mod}\,m) \tag{5-2}$$

其中，参数选择的有关要求是：m取2^{β}，a取$1+4k$或$\pm3+8k$(k为非负整数)，X_0取为奇数。按照这一要求，可得到周期为$2^{\beta-2}$或$m/4$的模拟随机数列。

例如，取$m=32$，$X_0=1$，$a=5$，则可得到表5-2所示的8个数循环的模拟随机系列。

混合同余数法计算示例 表 5-1

i	X_i	$5X_i+7$	$(5X_i+7)/8$	X_{i+1}
0	4	27	3余3	3
1	3	22	2余6	6
2	6	37	4余5	5
3	5	32	4余0	0
4	0	7	0余7	7
5	7	42	5余2	2
6	2	17	2余1	1
7	1	12	1余4	4

乘同余数法计算示例 表 5-2

i	X_i	$5X_i+7$	$(5X_i+7)/8$	X_{i+1}
0	1	5	0余5	5
1	5	25	0余25	25
2	25	125	3余29	29
3	29	145	4余17	17
4	17	85	2余21	21
5	21	105	3余9	9
6	9	45	1余13	13
7	13	65	2余1	1

(3) 叠加同余数法。叠加同余数法的迭代算式为：

$$X_{n+1} = X_n + X_{n-k}(\mathrm{mod}m) \tag{5-3}$$

其中，k 为小于 n 的正整数。按此种方法计算随机数序列时，开始时应给出 $k+1$ 个初值。这种方法的主要优点是计算速度快，因为它不需要做乘法运算，并可以得到大于 m 的周期。但这种方法产生随机数的过程不像混合同余数法那样清楚，由此方法生成的随机数序列需要经过仔细的确认。

(4)二次平方同余数法。二次平方同余数法的迭代算式为：

$$X_{n+1} = [X_n(X_n+1)]\ (\mathrm{mod}m) \tag{5-4}$$

其中，m 为 2 的幂次，初始值满足 $X_0(\mathrm{mod}\ 4)=2$。

若要将同余数法产生的随机数转化为[0, 1]上均匀的随机数，只需进行换算：

$$R_i = \frac{X_i}{m-1} \tag{5-5}$$

三、任意概率分布随机数的产生

在大量实际问题中，随机变量在给定区间内并不是均匀分布的。这就需要从均匀分布推出任意概率分布的随机变量。其常用的方法主要有以下几种。

1. 逆转换法

这是一种用概率分布的逆函数来产生随机数的方法。设某随机变量的概率分布函数为 $F(x)$，R 为[0, 1]区间上均匀分布的随机数，令 $F(x)=R$，则求出的逆函数 $x=F^{-1}(R)$ 即为服从 $F(x)$分布的随机数。

图 5-6 给出了逆转换法的几何意义。在 $F(x)$为连续随机函数的情况下，给定任一[0,

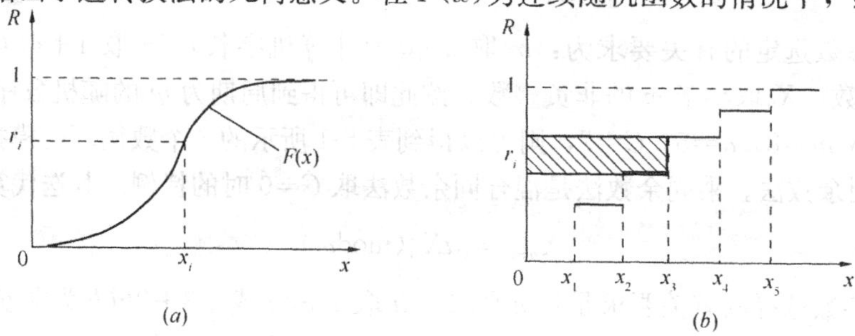

图 5-6 逆转换法的几何表示

(a)$F(x)$为连续函数；(b)$F(x)$为离散函数

1]区间上均匀分布的随机数 r_i，则可找到唯一一个服从 $F(x)$ 分布的 x 与之对应(图 5-6a)。而当 $F(x)$ 为离散随机函数时，对应某一 X 值的 R 往往是一区间。如图 5-6(b)中阴影范围的 R 值均对应于 $x=x_3$。

下面是应用逆转换法的几个示例。

【例 5-3】 求在[a，b]上均匀分布的随机变量的模拟随机数列。

$$由\ f(x)=\begin{cases}\dfrac{1}{b-a} & a\leqslant x\leqslant b\\ 0 & 其他\end{cases}\ 可得\ F(X)=\int_a^x \frac{1}{b-a}\mathrm{d}t=\frac{x-a}{b-a}$$

令 $F(X)=R$，即 $\dfrac{x-a}{b-a}=R$ 可解出：

$$x=a+(b-a)R \tag{5-6}$$

【例 5-4】 已知某随机变量服从参数为 λ 的负指数分布，即 $f(x)=\begin{cases}\lambda \mathrm{e}^{-\lambda x} & x>0\\ 0 & x\leqslant 0\end{cases}$，求其模拟随机数列。

$F(x)=\int_0^x \lambda \mathrm{e}^{-\lambda x}\mathrm{d}x=1-\mathrm{e}^{-\lambda x}$，令 $F(x)=R$，即 $1-e^{-\lambda x}=R$，可解出 $x=\dfrac{1}{-\lambda}\ln(1-R)$

由于 R 与 $(1-R)$ 均为[0，1]上均匀分布，故可取：

$$x=\frac{1}{-\lambda}\ln R \tag{5-7}$$

【例 5-5】 离散随机变量 x 及其概率密度函数如表 5-3 第 1 行、第 2 行所列，求其模拟随机变量 x。

离散随机变量 x 的密度函数及累计分布函数　　**表 5-3**

x_i	0	1	2	3	4	5
p_i	0	0.1	0.51	0.19	0.15	0.05
$F(x_i)$	0	0.1	0.61	0.80	0.95	1.00

先按 x_i 成递增顺序排列 $p_i(i=0,1,\cdots,n)$，并计算累计概率密度函数 $F(x_i)=\sum\limits_{j=0}^{i}p_j$（见表 5-3 第 3 行），再生成[0，1]区间上均匀分布的随机变量 r，按逆转换法，判断 r 所在的 $F(x)$ 的区间，若 $F(x_{i-1})<r\leqslant F(x_i)$，则 $x=x_i$。这里设 $r=0.65$，由于 $F(x_2)<r\leqslant F(x_3)$，从而得到 $x=x_3=3$。

【例 5-6】 求标准正态分布的模拟随机数列。

设 x_1，x_2 为两独立的服从 $N(0，1)$ 分布的随机变量，则其联合概率函数为：

$f(x_1,x_2)=\dfrac{1}{2\pi}\mathrm{e}^{-\left(\frac{x_1^2+x_2^2}{2}\right)}$。取极坐标 ρ 和 φ 表示 x_1，x_2，即 $x_1=\rho\cos\varphi$，$x_2=\rho\sin\varphi$，则有：

$$f(\rho,\varphi)=\begin{vmatrix}\dfrac{\partial x_1}{\partial\rho} & \dfrac{\partial x_1}{\partial\varphi}\\ \dfrac{\partial x_2}{\partial\rho} & \dfrac{\partial x_2}{\partial\varphi}\end{vmatrix}\cdot f(x_1,x_2)=\begin{vmatrix}\cos\varphi & -\rho\sin\varphi\\ \sin\varphi & \rho\cos\varphi\end{vmatrix}\cdot\frac{1}{2\pi}\mathrm{e}^{-\frac{\rho^2}{2}}=\frac{1}{2\pi}\rho\mathrm{e}^{-\frac{\rho^2}{2}}$$

此式说明 ρ 与 φ 分别具有密度函数 $\rho e^{\frac{\rho^2}{2}}$ 和 $\frac{1}{2\pi}$，两者仍然独立。这样就可分别应用逆转换法。

$$\text{令}\begin{cases}\int_0^{\rho}\rho e^{-\frac{\rho^2}{2}}d\rho=1-R_1\\ \int_0^{\varphi}\frac{1}{2\pi}d\varphi=R_2\end{cases}\text{则有}\begin{cases}\rho=\sqrt{-2\ln R_1}\\ \varphi=2\pi R_2\end{cases}$$

因此有：

$$x_1=\rho\cos\varphi=(-2\ln R_1)^{\frac{1}{2}}\cos(2\pi R_2)\tag{5-8}$$

$$x_2=\rho\sin\varphi=(-2\ln R_1)^{\frac{1}{2}}\sin(2\pi R_2)$$

上式表明，给出两组独立的[0，1]区间均匀分布的随机数，即可得到两组服从 $N(0,1)$分布的模拟随机序列。

2. 舍选抽样法

当逆转换法不易使用时，也可采用舍选抽样法产生任意概率分布的模拟随机序列。设随机数的概率密度函数 $f(x)$有界，其取值区间为$[a，b]$，则有：$c=\max\{f(x)\mid a\leqslant x\leqslant b\}$。

可按以下步骤产生随机数：

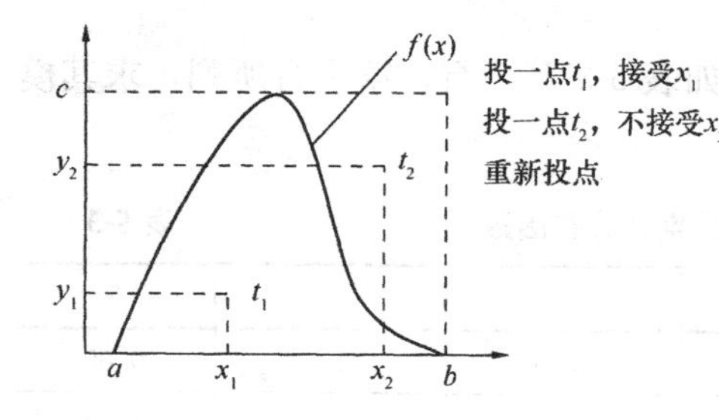

图 5-7　舍取抽样法的直观意义

(1) 产生$[a，b]$上均匀分布的随机数 x；

(2) 产生$[0，c]$上均匀分布的随机数 y；

(3) 当 $y\leqslant f(x)$时，接受 x 为所需随机数，否则重新抽样。

上述步骤的直观意义如图 5-7 所示。

现对舍选抽样法证明如下：

x，y 的联合概率密度函数为：

$$g(x,y)=g(x)g(y)=\frac{1}{c(b-a)}$$

从 x 中按 $y\leqslant f(x)$的条件抽选出随机数的条件概率为：

$$p(a\leqslant x\leqslant d\mid y\leqslant f(x))=\frac{\int_a^d\int_0^{f(x)}\frac{1}{c(b-a)}dxdy}{\int_a^b\int_0^{f(x)}\frac{1}{c(b-a)}dxdy}=\int_a^d f(x)dx=F(d)$$

可见，从均匀分布随机数 x 中按 $y\leqslant f(x)$的条件抽选出的随机数的密度函数即为给定的 $f(x)$。

3. 组合法

这种方法是利用某些易于求出的随机变量的组合得到所要求的随机变量。现举例说明如下：

【例 5-7】 求泊松分布的模拟随机数列。

泊松分布的概率分布函数为：$F(x)=\frac{e^{-\lambda}\lambda^{x}}{x!}(x=0,1,2\cdots)$。显然，此式求 x 是无法实现的。然而，如果相继两个事件出现的间隔时间为负指数分布的话，则在某一间隔的事件出现的次数服从泊松分布。根据这一关系，可以用负指数分布来组合泊松分布。

设 y_1，y_2，…，y_n 为参数 λ 的负指数分布的模拟随机数列，由前面推导有：$y_i=\frac{1}{-\lambda\ln r_i}$（$r_i$ 为[0,1]上均匀分布的随机数）。将 y_i 按序相加，使其满足：

$$\sum_{i=1}^{x} y_i \leqslant 1 \leqslant \sum_{i=1}^{x+1} y_i$$

则得到的 x 即为参数 λ 的泊松分布随机变量。

把 y_i 代入上式有：

$$\sum_{i=1}^{x}-\frac{1}{\lambda}\ln r_1 \leqslant 1 \leqslant \sum_{i=1}^{x+1}-\frac{1}{\lambda}\ln r_i$$

同乘 $-\lambda$ 得：

$$\sum_{i=1}^{x}\ln r_1 \geqslant -\lambda \geqslant \sum_{i=1}^{x+1}\ln r_i$$

根据对数性质有：

$$\ln\prod_{i=1}^{x} r_i \geqslant -\lambda \geqslant \ln\prod_{i=1}^{x+1} r_i$$

同取以 e 为底的指数有：

$$\prod_{i=1}^{x} r_i \geqslant e^{-\lambda} \geqslant \prod_{i=1}^{x+1} r_i \tag{5-9}$$

【例 5-8】 求爱尔朗分布的模拟随机数列。

爱尔朗分布的概率密度函数为：

$$f(x)=\frac{\lambda^k x^{k-1}}{(k-1)!}e^{-\lambda x}$$

这种随机变量显然也无法由逆转换法直接求得，然而，可根据爱尔朗分布和 k 个独立同分布的负指数分布随机变量和的分布等效这一特性来组合得出。即：

$$x=\sum_{i=1}^{k} x_i f(x_i)=\sum_{i=1}^{k}\lambda e^{-\lambda x_i}$$

根据式(5-7)，可推导出：

$$x=\frac{1}{-\lambda}\ln\prod_{i=1}^{k} r_i \tag{5-10}$$

显然，要求爱尔朗分布的模拟随机数列，需要有 k 组均匀分布的随机数。

4. 近似法

这种方法一般用于随机变量分布函数的公式无法求出时的情况。

【例 5-9】 求正态分布的模拟随机数列。

根据中心极限定理，设随机变量 ξ 具有数学期望 $E(\xi)=\mu$ 和有限方差 $D(\xi)=\sigma^2$，在 N 次试验中得到 ξ 的 N 个观测值 $\xi_1,\xi_2,\cdots,\xi_n$，当 N 充分大时，其统计量

$$x=\left(\frac{1}{N}\sum_{i=1}^{N}\xi_i-\mu\right)/\sigma/\sqrt{N}$$

以 $N(0,1)$为极限分布。

现若取 ξ 为[0，1]上均匀分布的随机数，则其均值为：

$$\mu=E(R)=\int_0^1 xf(x)\mathrm{d}x=\int_0^1 x\mathrm{d}x=\frac{1}{2}$$

方差为：

$$D(R)=\sigma^2=\int_0^1[x-E(x)]^2 f(x)\mathrm{d}x=\int_0^1(x-0.5)^2\mathrm{d}x=\frac{1}{12}$$

代入上式有：

$$x=\frac{\left(\frac{1}{N}\sum_{i=1}^{n}r_i-\frac{1}{2}\right)}{\sqrt{\frac{1}{12N}}}=\sqrt{12N}\left(\frac{1}{N}\sum_{i=1}^{N}r_i-\frac{1}{2}\right)$$

在实际使用中，取 $N=12$ 足够精确，故用 $N=12$ 代入上式有：

$$x=\sum_{i=1}^{12}r_i-6 \tag{5-11}$$

由此式可以看出，只要分别给出 12 个相互独立的[0，1]上均匀分布的随机变量序列，就可得到一个标准正态分布的模拟随机数。

若 Z 是均值为 μ，方差为 σ^2 的正态分布，则由 $\frac{Z-\mu}{\sigma}=x$ 可得：

$$Z=\mu+\sigma\left(\sum_{i=1}^{12}r_i-6\right) \tag{5-12}$$

四、概率分布类型选择与参数估计

用随机数表征系统状态(行为)的前提是知道其概率分布类型及其参数。这里给出一些简单的确定方法。

1. 连续分布类型的选择

选择连续分布类型的方法主要有点估计法、直方图法、概率图法等，现分别予以介绍。

(1) 点估计法。设 x 为连续随机变量，则 $\delta_c=\frac{\sqrt{D(x)}}{E(x)}$ 称为分布的方差系数，根据给定数据可估计方差系数为：

$$\hat{\delta}_c=\frac{\sqrt{S^2}}{\bar{x}}\left(S^2=\frac{1}{N-1}\sum_{i=1}^{N}(x_i-\bar{x})^2\right)$$

据此 $\hat{\delta}_c$ 值即可选定分布类型。此法比较简便，但同样的 δ_c 值可以对应不同的分布，且 $\hat{\delta}_c$ 与 δ_c 偏离一般也较大。

(2) 直方图法。直方图的具体绘制步骤是：①将已知的 N 个数据分组。先求最大值 X_{max} 与最小值 X_{min}，使边界点 a 稍小于 X_{min}，b 稍大于 X_{max}，再确定组数 k，通常用试探法确定，使直方图最为平滑为宜。对正态总体，可按下式确定组数：$k=1.87(N-1)^{5/2}$；

最后按下式求出分界点 $a=a_0<a_1<a_2<\cdots<a_k=b$：$a_i-a_{i-1}=\frac{b-a}{k}$（$i=1, 2, \cdots, k$）。②统计落入每一区间的数据的频率 f_i，$f_i=\frac{M_i}{N}$（M_i为落入区间 i 的数据个数）。③画直方图，其高度为：$f_i/(a_i-a_{i-1})$。根据直方图画出一条平滑曲线，据此可推断分布类型。

(3) 概率图法。其具体步骤为：①取一种理论分布 $G(y)$；②将给定数据按增序排列为：$x_1<x_2<\cdots<x_N$；③取分位点 $q_i=\frac{i-0.5}{N}(i=1,2,\cdots,N)$，其相应理论分布 $G(y)$ 的分位数为：$y_{qi}=G^{-1}(q_i)=G^{-1}\left(\frac{i-0.5}{n}\right)(i=1,2,\cdots,N)$；④在坐标图中描出点（$x_i$，$y_{q1}$）$(i=1,2,\cdots,N)$，若描出的点沿一条直线分布，则可认定给定数据属于所选的理论分布，否则应重新选择。

2. 离散分布类型的选择

选择离散分布类型的方法主要有点估计法和线图法。

点估计法的原理如前述，但方差系数及其估计量的计算公式与连续分布有所区别。方差系数的计算公式为：$\delta_c=\frac{D(x)}{E(x)}$，方差系数估计量的计算公式为：$\hat{\delta}_c=\frac{S^2}{\bar{x}}$。

线图法是将数据用线图表示，再与离散随机变量的密度函数图相比较，选择适宜的分布形式。

现举例说明如下：

【例 5-10】　某库存系统的需求量如表 5-4 所示，试选择分布类型。

采用点估计法计算求得：

$$\bar{x}=6.116 \qquad s^2=5.777 \qquad \hat{\delta}_c=\frac{5.777}{6.115}=0.945$$

接近于泊松公布。

若采用线图法，可对表 5-4 的数据先进行整理，得表 5-5，据此画出线条图，如图 5-8 所示。

某库存系统需求量　　　　**表 5-4**

1	3	4	4	5	6	6	6	7	8	8	9	11
1	3	4	5	5	6	6	6	7	8	8	9	12
2	3	4	5	5	6	6	6	7	8	9	9	12
2	3	4	5	5	6	6	7	7	8	9	9	
2	3	4	5	5	6	6	7	7	8	9	9	
2	4	4	5	5	6	6	7	7	8	9	10	
3	4	4	5	6	6	6	7	8	8	9	11	

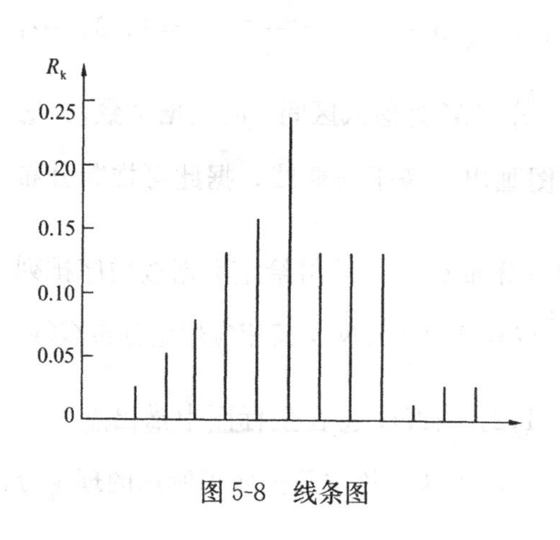

图 5-8 线条图

数据整理 表 5-5

数据值	发生次数	频 率
1	2	0.023
2	4	0.046
3	6	0.069
4	10	0.115
5	12	0.138
6	18	0.207
7	10	0.115
8	10	0.115
9	10	0.115
10	1	0.011
11	2	0.023
12	2	0.023
合 计	87	1.000

显然，其形状与泊松分布相似。

3. 参数估计

确定了分布类型之后，还要对有关参数进行估计。常用的估计方法有矩估计法和极大似然估计法等。

(1) 矩估计法。设随机变量 x 的密度函数为 $f(x,\theta_1,\theta_2,\cdots,\theta_m)$，其中 $\theta_i(i=1,2,\cdots,m)$ 是待估计的参数。显然，x 的 k 阶原点矩 $\mu_k=E(x^k)$ 也是 $\theta_i(i=1,2,\cdots,m)$ 的函数，可写为：

$$\mu_1=g_1(\theta_1,\theta_2,\cdots,\theta_m)$$
$$\mu_2=g_2(\theta_1,\theta_2,\cdots,\theta_m)$$
$$\mu_m=g_m(\theta_1,\theta_2,\cdots,\theta_m)$$

解此联立方程，即可求出参数 θ_1，θ_2，…，θ_m。

在实际计算中，已知 x_1，x_2，…，x_n 是随机变量的一个样本，可以用样本的 k 阶原点矩的估计值进行计算：

$$\hat{\mu}_k=\frac{1}{n}\sum_{i=1}^{n}x_i^k$$

例如，已知随机变量 $x\sim N(\mu,\sigma^2)$，且 $x_1,x_2,\cdots,x_n$ 是它的一个样本。求 μ 和 σ^2 的矩估计量。

正态分布 $N(\mu,\sigma^2)$ 的一阶、二阶原点矩为：

$$\mu_1=E(x)=\mu \qquad \mu_2=E(x^2)=\sigma^2+\mu_1^2$$

则 μ_1 和 σ^2 的估计量为：

$$\hat{\mu}=\frac{1}{n}\sum_{i=1}^{n}x_i=\bar{x}，\quad \hat{\sigma}^2=\hat{\mu}_2-\hat{\mu}_1^2=\frac{1}{n}\sum_{i=1}^{n}(x_i^2)-\left(\frac{1}{n}\sum_{i=1}^{n}x_i\right)^2=\frac{1}{n}\sum_{i=1}^{n}(x_i-\bar{x})^2$$

(2) 极大似然估计法。设给定数据 x_i ($i=1$, 2, …, n) 是随机变量 x 的一个样本。已知 x 的概率密度函数为 $f(x,\theta_1,\theta_2,\cdots,\theta_m)$，则称

$$\ln(x_1,x_2,\cdots,x_n,\theta_1,\theta_2,\cdots,\theta_m)=\prod_{i=1}^{n}f(x,\theta_1,\theta_2,\cdots,\theta_m)$$

为样本 $x_i(i=1,2,\cdots,n)$ 的似然函数。

若似然函数在 $\hat{\theta}_1$，$\hat{\theta}_2$，$\cdots\hat{\theta}_m$处取最大值，则称参数 $\hat{\theta}_1$，$\hat{\theta}_2$，$\cdots\hat{\theta}_m$为 θ_1，θ_2，$\cdots$，θ_m的极大似然估计。

例如，求正态分布 $N(\mu,\sigma)$ 的极大似然估计。

由 $f(x)=\frac{1}{\sqrt{2\pi\sigma^2}}e^{-\frac{(x-\mu)^2}{2\sigma^2}}$ 和已知样本 $(x_1,x_2,\cdots,x_m)$，则其似然函数为：

$$\ln(x_1,x_2,\cdots,x_n,\mu,\sigma^2)=\prod_{i=1}^{n}\left(\frac{1}{\sqrt{2\pi\sigma^2}}e^{-\frac{(x-\mu)^2}{2\sigma^2}}\right)=(2\pi)^{-\frac{n}{2}}\sigma^{-n}\cdot e^{-\frac{1}{2\sigma^2}\sum_{i=1}^{n}(x_i-\mu)^2}$$

取自然对数有：

$$\ln(x_1,x_2,\cdots,x_n,\mu,\sigma^2)=-\frac{n}{2}\ln(2\pi)-\frac{n}{2}\ln\sigma^2-\frac{1}{2\sigma^2}\sum_{i=1}^{n}(x_i-\mu)^2$$

对 σ^2、μ 取偏导数并令其为 0，有

$$\begin{cases}\frac{\partial}{\partial\mu}=\frac{1}{\sigma^2}\sum_{i=1}^{n}(x_i-\mu)=0\\ \frac{\partial}{\partial\sigma^2}=-\frac{n}{2\sigma^2}+\frac{1}{2\sigma^4}\sum_{i=1}^{n}(x_i-\overline{\mu})^2=0\end{cases}$$

解此方程，即得极大似然估计值：

$$\hat{\mu}=\frac{1}{n}\sum_{i=1}^{n}x_i=\overline{x},\quad \sigma^2=\frac{1}{n}\sum_{i=1}^{n}(x_i-\overline{x})^2$$

表 5-6 给出了几种常用概率分布的均值、方差及极大似然估计的情况。

几种常用概率分布的均值、方差及极大似然估计　　表 5-6

概率分布	类型	密度函数	参数	均值	方差	极大似然估计
伯努利分布	离散	$p_k=\begin{cases}1-p & x_k=0\\ p & x_k=1\\ 0 & \text{其他}\end{cases}$	p	p	$p(1-p)$	$\hat{p}=\overline{x}$
二项分布	离散	$p_k=\begin{cases}C_N^K p^k q^{n-k} & k\text{ 为整数}\\ 0 & \text{其他}\end{cases}$	N（正整数）p	Np	$Np(1-p)$	$\hat{p}=\frac{\overline{x}}{N}$
几何分布	离散	$p_k=\begin{cases}p(1-p)^k & k\text{ 为整数}\\ 0 & \text{其他}\end{cases}$	p	$\frac{1-p}{p}$	$\frac{1-p}{p^2}$	$\hat{p}=\frac{1}{x+1}$
泊松分布	离散	$p_k=\begin{cases}\frac{\lambda^k}{k!}e^{-\lambda} & k=0,1,2,\cdots\cdots\\ 0 & \text{其他}\end{cases}$	λ	λ	λ	$\hat{\lambda}=\overline{x}$
均匀分布	连续	$f(x)=\begin{cases}\frac{1}{b-a} & a\leqslant x\leqslant b\\ 0 & \text{其他}\end{cases}$	a,b	$\frac{a+b}{2}$	$\frac{(b-a)^2}{12}$	$\hat{a}=\min x_i$ $\hat{b}=\max x_i$
指数分布	连续	$f(x)=\begin{cases}\frac{1}{\beta}e^{-x/\beta} & x\geqslant 0\\ 0 & x<0\end{cases}$	β	β	β^2	$\hat{\beta}=\overline{x}$
正态分布	连续	$f(x)=\frac{1}{\sqrt{2\pi}\sigma}e^{-\frac{(x-\beta)^2}{2\sigma^2}}$	μ, σ^2	μ	σ^2	$\hat{\mu}=\overline{x}$ $\hat{\sigma}^2=\frac{1}{N}\sum_{i=1}^{N}(x_i-\overline{x})^2$

续表

概率分布	类型	密度函数	参数	均值	方差	极大似然估计
对数正态分布	连续	$f(x)=\begin{cases}\frac{1}{\sqrt{2\pi}\sigma}e^{-\frac{(\ln x-\beta)^2}{2\sigma^2}} & x>0 \\ 0 & 其他\end{cases}$	μ，σ	$e^{\frac{\mu+\sigma^2}{2}}$	$e^2\mu+\sigma^2(e\sigma^2-1)$	$\hat{\mu}=\sum_{i=1}^{N}\ln x_i/N$ $\hat{\sigma}=\left[\sum_{i=1}^{N}(\ln x_i-\hat{\mu})^2/N\right]^{1/2}$

第三节 蒙 特 卡 罗 模 拟

蒙特卡罗（Monte Carlo）方法是第二次世界大战期间，由于对物理中的中子动态进行研究而发明的。出于保密，被数学家冯·诺伊曼以法国和意大利交界处摩纳哥国的世界著名赌城蒙特卡罗命名。因为在转轮盘、掷骰子或洗牌时稍有差别，就可能出现完全不同的结果。例如，进行转轮盘，我们无法得到轮盘上数字的出现规律，也不清楚轮盘上的哪个数字出现的概率比其他的数字出现的概率高。但如果连续地掷骰子，我们会发现骰子六个面出现的概率近似相等，也即每个面出现的随机性是相同的。

随机性的概念可以和数学上的概率论以及现代计算机的计算功能结合起来，用以提供一种计算流程，丰富所提供的信息，这种方法称为蒙特卡罗模拟，有时也称作随机仿真（Random Simulation）方法、随机抽样（Random Sampling）技术或统计试验（Statistical Testing）方法。

一、蒙特卡罗模拟的基本原理

蒙特卡罗方法是一种与一般数值计算方法有本质区别的计算方法，属于试验数学的一个分支，起源于早期的用几率近似概率的数学思想，它利用随机数进行统计试验，以求得统计特征值（如均值、概率等）作为待解问题的数值解。

蒙特卡罗方法的基本思想是：为了求解数学、物理、工程技术以及生产管理等方面的问题，首先建立一个概率模型或随机过程，使它的参数等于问题的解，然后通过对模型或过程的观察或抽样试验，来计算所求参数的统计量，最后给出所求解的近似解，解的精确度可用估计值的标准差来表示。

使用蒙特卡罗方法求解问题是通过抓住事物运动过程的数量和物理特征，运用数学方法来进行模拟，实际上每一次模拟都在描述系统可能出现的情况。从而经过成百上千次的模拟后，就得到了一些有价值的结果。当前，蒙特卡罗方法在许多领域都有着广泛的应用，如随机服务系统、系统模拟、经济计量模型求解、决策模型评价和误差分析等。

可以看出，蒙特卡罗方法的基本原理实质上是：利用各种不同分布随机变量的抽样数据序列对实际系统的概率模型进行模拟，给出问题数值解的渐近统计估计值，它的要点可归为如下四个方面：

(1) 对所求问题建立简单而且便于实现的概率统计模型，使要求的解恰好是所建模型的概率分布或数学期望；

(2) 根据概率统计模型的特点和实际计算的需要，改进模型，以便减少模拟结果的方差，降低模拟费用，提高模拟效率；

（3）建立随机变量的抽样方法，其中包括产生伪随机数以及各种分布随机变量的抽样方法；

（4）给出问题解的统计估计值及其方差或标准差。

二、蒙特卡罗模拟的步骤

根据蒙特卡罗方法求解的基本思想和基本原理，蒙特卡罗模拟的实施可采取五个主要步骤：

（1）问题描述与定义。系统模拟是面向问题的而不是面向整个系统，因此，首先要在分析和调查的基础上，明确要解决的问题，以及需要实现的目标。确定描述这些目标的主要参数（变量）以及评价准则。根据以上目标，要清晰地定义系统的边界，辨识主要状态变量和主要影响因素，定义环境及控制变量（决策变量）。同时，给出模拟的初始条件，并充分估计初始条件对系统主要参数的影响。

（2）构造或描述概率过程。在明确要解决的问题以及实现目标的基础上，首先需要确定出研究对象的概率分布，例如在一定的时间内，服务台到达的顾客量服从泊松分布。但在实际问题中，直接引用理论概率分布有较大的困难，我们常通过对历史资料或主观的分析判断来求出研究对象的一个初始概率分布。

（3）实现从已知概率分布抽样。构造了概率模型以后，由于各种概率模型都可以看成是由各种各样的概率分布构成，因此就需要生成这些服从已知概率分布的随机变量。

（4）计算模拟统计量。根据模型规定的随机模拟结果和决策需要，统计各事件发生的频数，并运用数理统计知识求取各种统计量。

（5）模拟结果的输出和分析。对模型进行多次重复运行得到的系统性能参数的均值、标准差、最大和最小值等，仅是对所研究系统作的模拟实验的一个样本，要估计系统的总体分布参数及其特征，还需要进行统计推断。包括：对均值和方差的点估计，满足一定置信水平的置信区间估计，模拟输出的相关分析，模拟精度与重复模拟运行次数的关系等。

蒙特卡罗模拟的五个步骤过程及其相关关系如图 5-9 所示。

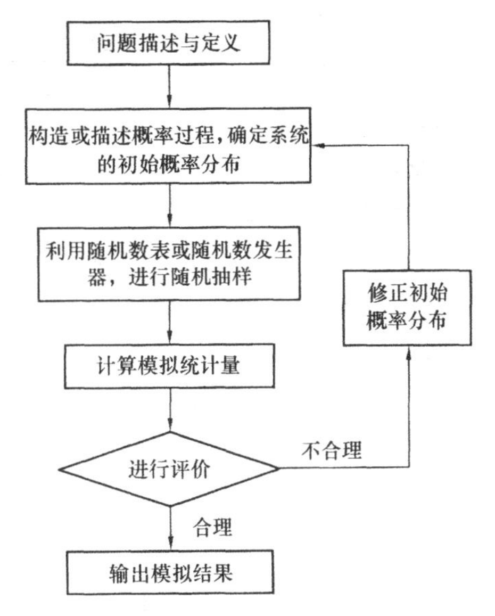

图 5-9 蒙特卡罗模拟的步骤

三、蒙特卡罗模拟的应用

蒙特卡罗模拟方法为决策分析人员提供了一个“实验室”，使他们在相当短的时间内，通过模拟实验，描述现实系统中无法进行的多次实验的实际经济行为，以分析和预测系统在一定运行条件下的发展变化趋势。下面以实例说明蒙特卡罗模拟方法在实际决策问题中的应用。

某企业引进一新型的制品机械，该机械可使用 N 年，N 服从（16，20）的均匀分布。投入使用后，每年可获利 V 万元（设 $V=30$）。引进该机械的一次性投入 C 服从正态分布，均值 $\mu=200$ 万元，标准差 $\sigma=20$ 万元。收益率为 5%。试采用蒙特卡罗模拟方法求解该问题，并计算该项目的净现值 NPV。

由于 N 服从均匀分布（16，20），因此其概率密度函数为：

$$f(n)=\begin{cases}\frac{1}{4}, & 16\leqslant n\leqslant 20\\ 0, & \text{其他}\end{cases}$$

对于使用年限 n 这个随机变量，首先产生［0，1］区间的均匀分布的随机数 R，利用逆变换法，按公式 $n=16+4R$ 产生随机变量 n。

一次性投入 C 服从正态分布 N（200，20^2），根据式（5-8）可得到：

$$C_1=200+20(-2\ln R_1)^{\frac{1}{2}}\cos(2\pi R_2)$$

$$C_2=200+20(-2\ln R_1)^{\frac{1}{2}}\sin(2\pi R_2)$$

另外，本例的模型为求项目的净现值：$NPV=V\ (P/A,i,n)-C$

通过模拟运算，得到表 5-7 所示的 V，n，C 和 NPV 的 10 个随机样本值的计算结果。

蒙特卡罗模拟的各随机样本值 表 5-7

N（寿命期）	V（P/A，i，n）（总收益）	C（一次性投入）	NPV（净现值）
17	281.85	222.26	59.59
17	281.85	207.18	74.67
18	292.24	197.76	94.48
17	281.85	206.58	75.27
17	281.85	216.14	65.71
16	270.94	210.28	60.67
16	270.94	203.98	66.96
18	292.24	229.55	62.69
19	302.13	182.66	119.47
18	292.24	190.83	101.41

模拟 200 次以后，得到 NPV 的一个样本，并计算得到：

均值 $E(NPV)=89.69$ 万元

标准差 $\sigma(NPV)=25.85$ 万元

最大值 $\max(NPV)=164.76$ 万元

最小值 $\min(NPV)=29.07$ 万元

净现值的频率分布图与累计概率分布图如图 5-10 和图 5-11 所示。

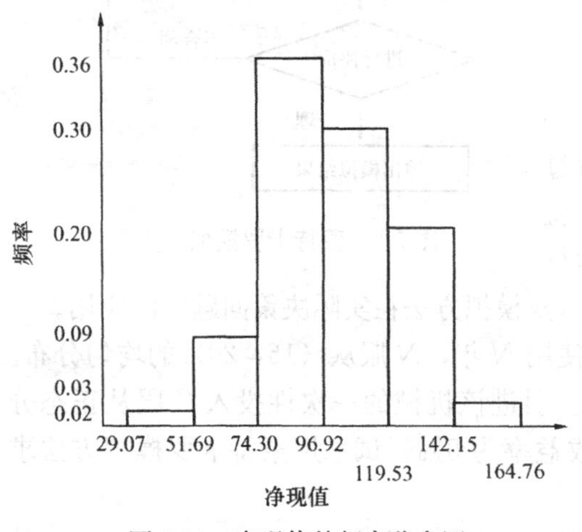

图 5-10 净现值的频率分布图

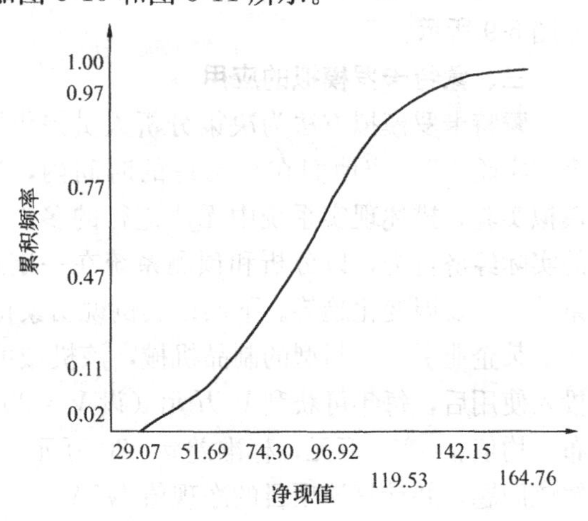

图 5-11 净现值的累积频率分布图

第四节 排队系统模拟

在日常生活和生产中，存在着大量的排队现象。排队系统所经常面临的是如何来平衡顾客等待时间和服务台空闲时间的问题。排队论是处理这类问题的一种解析方法。但是，对于一些复杂的排队系统，用排队论方法求解是很困难的。而如果采用过多的简化假设，又会使结果不符合实际。在这种情况下，模拟技术就成了解决这一问题的重要手段。

一、单服务台排队系统的模拟

1. 系统工作流程及时间流程分析

设有一土方挖掘与运输系统。该系统由一台正铲挖土机和若干台容量为 $8m^3$ 的载重卡车组成。汽车到达时间间隔为某种概率分布的随机变量，用 AT_k 表示；第 k 辆汽车的到达时间用 CAT_k 表示。而为第 k 辆汽车进行装车的时间也是某种概率分布的随机变量，用 ST_k 表示；第 k 辆汽车离开的时间用 CDT_k 表示。则可进行如下分析：

(1) 初始条件。设系统初始状态无排队现象，挖土机空闲，所以当 $t=0$ 时，第一辆汽车到达，立即可以进行装车，装车时间为 ST_1。即有：$AT_1=0$，$CAT_1=0$，$CDT_1=AT_1$。

(2) 第二辆汽车到达。第二辆汽车到达时间为 $CAT_2=AT_2$，这时有三种情况：

1) $CAT_2>CDT_1$，这时服务台出现空闲，空闲时间为 $IDT_2=CAT_2-CDT_1$。

2) $CAT_2<CDT_1$，这时第二辆汽车需等待，等待时间为 $WT_2=CDT_1-CAT_2$。

3) $CAT_2=CDT_1$，这时服务台既不空闲，第二辆汽车也无需等待，可按以上两种中的任一种情况对待。

(3) 一般情况。若已有 $i-1$ 辆汽车到达，同时又有 $j-1$ 辆汽车装车完毕离开，亦即下一步是第 i 辆汽车到达和第 j 辆汽车离开。显然有 $1\leqslant j\leqslant i\leqslant N$（$N$ 为可能到达的最多汽车数）。则目前系统中的排队长为 $(i-j-1)$。设第 i 辆汽车到达的时间为 $NAT=CAT_i$，而第 j 辆汽车离开的时间为 $NDT=CDT_j$，因此，现在必须确定第 i 辆汽车到达与第 j 辆汽车离开二者谁先发生。这可以通过 NAT 与 NDT 的比较来判断。设 $DIF=NAT-NDT$，则有以下三种可能：

1) $DIF>0$，即第 j 辆汽车先离开，此时，排队长减少 1。

2) $DIF<0$，即第 i 辆汽车先到达，此时，排队长增加 1。

3) $DIF=0$，二者同时发生，队长不变。

在 1) 状态，若原队长不为 0，则挖土机没有空闲，第 $j+1$ 辆汽车离开的时间 $CDT_{j+1}=CDT_j+ST_{j+1}$。若原队长为 0，则第 j 辆汽车离开后，挖土机处于空闲，直至第 i 辆汽车到达。故其需空闲 $IDT_i=DIF$。这样，第 $j+1$ 辆汽车离开的时间 $CDT_{j+1}=CAT_i+ST_{j+1}$。

2. 模拟流程设计

引入下列符号：

$AT(k)$——AT_k；

$ST(k)$——ST_k；

$CAT(k)$——CAT_k；

$CDT(k)$——CDT_k；

$IDT(k)$——$IDT_k(k=1,2,\cdots\cdots,N)$；

$QL(i)$——第 i 辆汽车到达后的排队长；

$CLOCK$——模拟时钟。

根据前述分析，可绘出图 5-12 所示的模拟流程图。

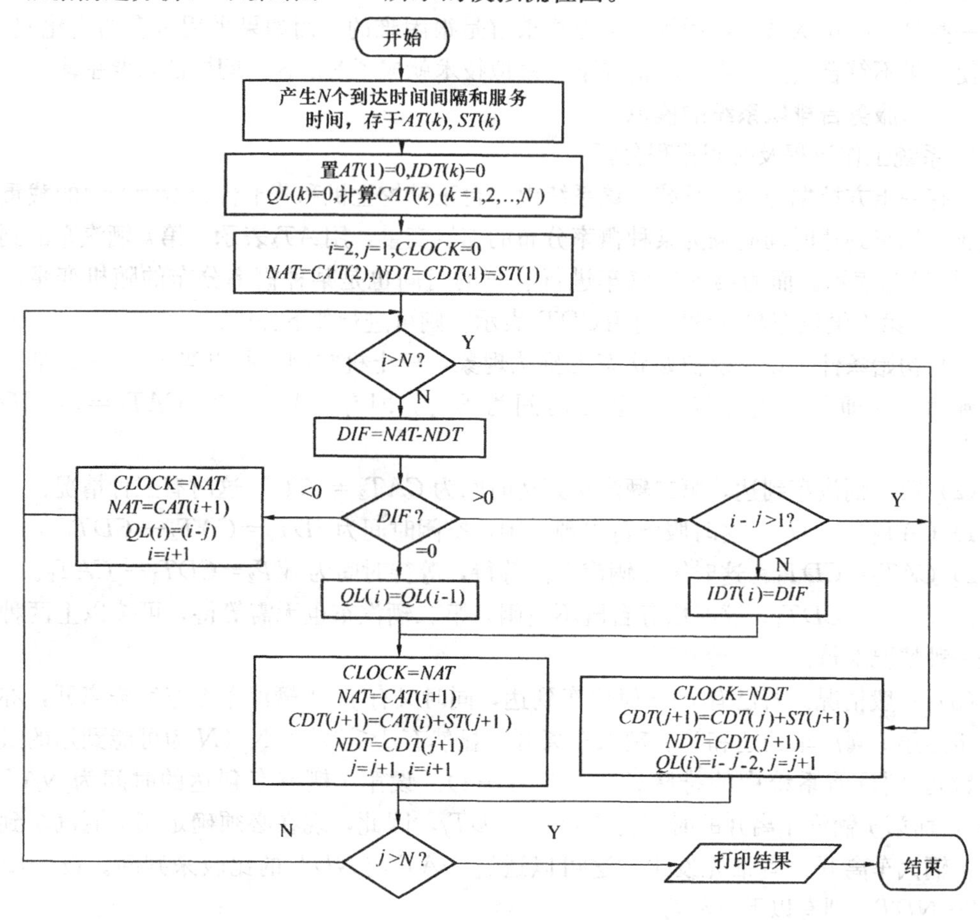

图 5-12 单服务台排队系统模拟流程图

3. 模拟运行

在上述问题中，设到达的车辆数为 8，各辆汽车到达的时间间隔及装车时间如表 5-8 所示。试按图 5-12 进行模拟，求出平均队长及挖土机空闲时间。

汽车到达间隔及装车时间　　表 5-8

序号	1	2	3	4	5	6	7	8
到达间隔	0	10	15	35	30	10	5	5
服务时间	20	15	10	5	15	15	10	10

根据图 5-12 所示的模拟流程，得出初始计算数据如表 5-9 所列。其后的模拟计算过程如表 5-10 所列。

由表 5-9 可求得：

$$平均队长=\frac{1+1+1+1+2}{8}=0.75$$

$$服务平均空闲时间=\frac{15+25}{8}=5$$

该模拟过程的图示，见图 5-13。

初台计算数据　　　　**表 5-9**

k	$AT(k)$	$ST(k)$	$CAT(k)$	$QL(k)$
1	0	20	0	0
2	10	15	10	0
3	15	10	25	0
4	35	5	60	0
5	30	15	90	0
6	10	15	100	0
7	5	10	105	0
8	5	10	110	0

模拟计算表　　　　**表 5-10**

i	j	$CLOCK$	NAT	NDT	DIF	$QL(i)$	$CDT(j)$	$IDT(i)$
1	1	0	10	20	−10	1	20	
3		10	25		5	0		
	2	20		35	−10	1	35	
4		25	60		25	0		
	3	35		45	15		45	15
5	4	60	90	65	25		65	25
6	5	90	100	105	−5	1	105	
7		100	105		0	1		
8	6	105	110	120	−10	2	120	
9		110						
	7	120		130			130	
	8	130		140			140	

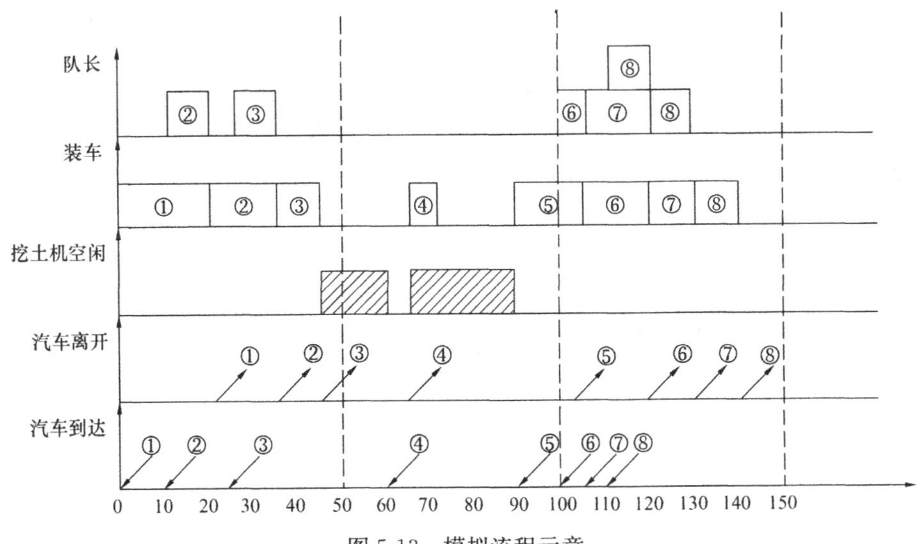

图 5-13　模拟流程示意

二、两服务台排队系统模拟

1. 系统工作流程及时间流程分析

若前述的土方挖掘与运输系统，有两台挖土机为 N 辆卡车装车。卡车按一定的概率分布变化的时间间隔到达。每一实体到达后，要先看看哪台挖土机有空。如果两台都有空，由空闲时间较长的一台开始装车。如果挖土机均无空闲，则卡车按先进先出原则排队等待。挖土机的装车时间也按某种概率分布变化。

设 $AT(k)$为卡车到达间隔，$CAT(k)$为卡车到达时间，$ST(k)$为挖土机对卡车 k 的装车时间，$CDT(k, 1)$、$CDT(k, 2)$为由挖土机 1、2 装车的卡车 k 的离开时间，$NDT(1)$、$NDT(2)$为挖土机 1、2 正在装车的卡车的离开时间，$SERV(1)$、$SERV(2)$为挖土机 1、2 正在装车的卡车编号。据此可进行如下分析：

(1) 初始状态。卡车 1 和卡车 2 已分别由挖土机 1、2 服务，故有：

$$NDT(1)=CDT(1, 1)=ST(1)$$

$$NDT(2)=CDT(2, 2)=ST(2)+CAT(2)$$

$$IDT(2, 2)=CAT(2)$$

$$SERV(1)=1 \quad SERV(2)=2$$

(2) 卡车 3 进入。卡车 3 进入后，为确定由哪台挖土机装车，需比较 $NDT(1)$和 $NDT(2)$，若 $NDT(1)\leqslant NDT(2)$，则 $M=1$，由挖土机 1 装车。否则 $M=2$，由挖土机 2 装车。最早开始装车时间 $MNDT=\min\{NDT(1), NDT(2)\}$。

(3) 一般情况。设已有 $i-1$ 辆卡车到达，又有 $j-1$ 辆卡车离开，则下一事件为第 i 辆卡车到达或第 j 辆卡车离开。究竟哪一事件先发生，可通过 $DIF=NAT-MNDT$ 来判别。有如下三种情况：

1) $DIF<0$，第 i 辆卡车先到达，此时队长应增加 1，并把时钟移至该时刻；

2) $DIF>0$，即第 j 辆卡车先离开，装车数增加 1，此时又有两种情况：

其一，原队长为 0 时，为 j 装车的挖土机空闲，空闲时间 $IDT(j, m)=DIF$。这时应将时钟移至下一辆卡车到达的时刻，即 $CLOCK=NAT$，且下一辆卡车就是该挖土机服务的对象，其相应的离开时间为到达时间加相应的装车时间。

其二，原队长大于 0 时，队长减 1，时钟移至 j 卡车离开的时间。

3) $DIF=0$，i 到达与 j 离开同时发生，队长不变，装车数增加 1。

对 2)、3)两种情况，若装车数不小于 N，则模拟结束。否则，需重新研究 $MNDT$ 和相应的挖土机，再进行模拟。

2. 模拟流程设计

根据上述分析，可绘出图 5-14 所示的模拟流程图。

3. 模拟运行

设有 10 辆卡车，由两台挖土机为其装车。卡车到达的间隔时间及装车时间如表 5-11 所示。则根据图 5-14，可得到表 5-12 所示的模拟结果，据此可计算出有关参数。

卡车到达间隔及装车时间　　**表 5-11**

序号	1	2	3	4	5	6	7	8	9	10
到达间隔	0	10	5	10	25	15	5	30	20	10
装车时间	25	20	15	15	30	25	15	15	20	15

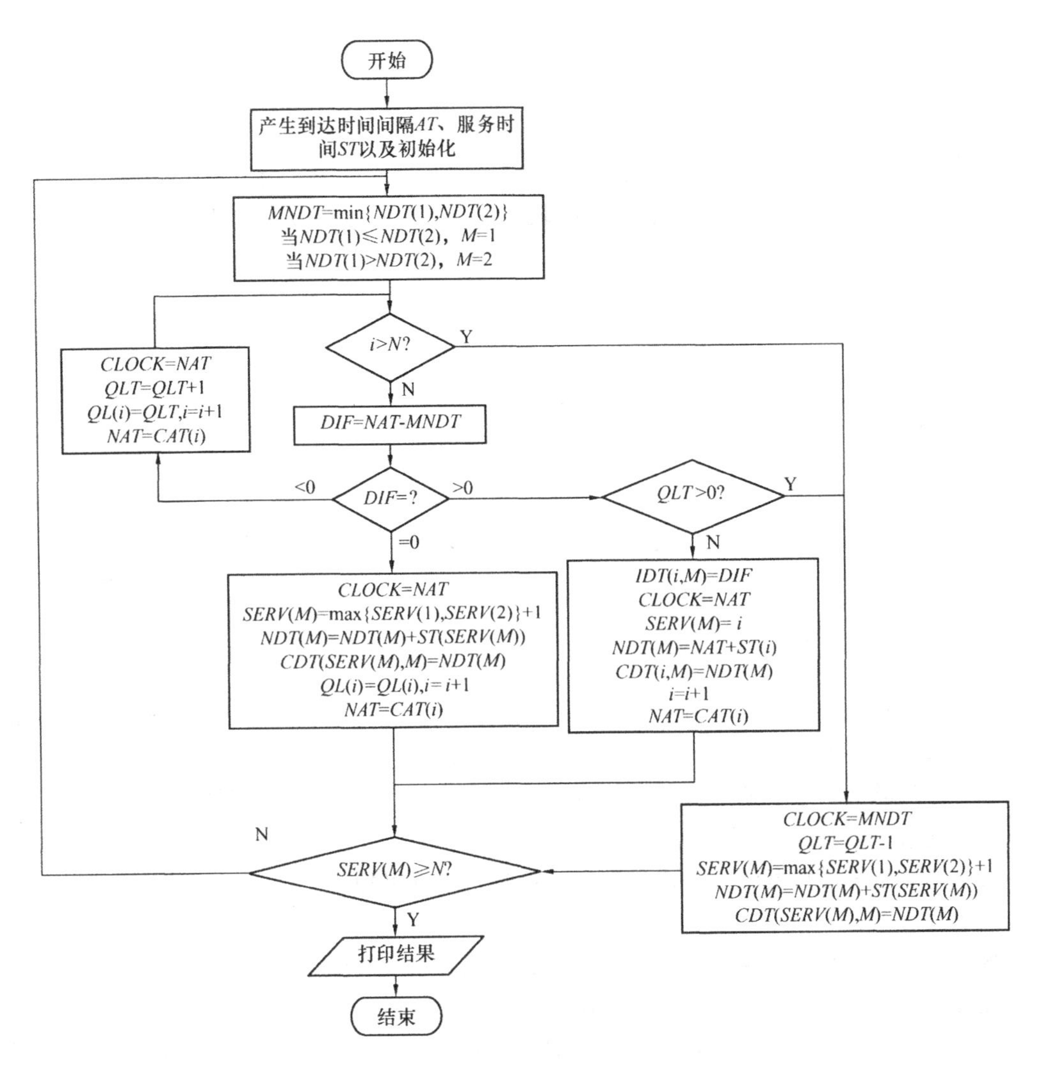

图 5-14　两服务台排队系统模拟流程图

模 拟 计 算 表　　　　**表 5-12**

k	$CAT(k)$	挖土机 1			挖土机 2			$WT(k)$	$QL(k)$
		$ST(k)$	$CDT(k,i)$	$IDT(k)$	$ST(k)$	$CDT(k,2)$	$IDT(k,2)$		
1	0	25	25	0	—	—	—	0	0
2	10	—	—	—	20	30	10	0	0
3	12	15	40	0	—	—	—	10	1
4	25	—	—	—	15	45	0	5	1
5	50	30	80	10	—	—	—	0	0
6	65	—	—	—	25	90	20	0	0
7	70	15	95	0	—	—	—	10	0
8	100	—	—	—	15	115	10	0	0
9	120	20	140	25	—	—	—	0	0
10	130	—	—	—	15	145	15	0	0

该模拟过程的图示见图 5-15。

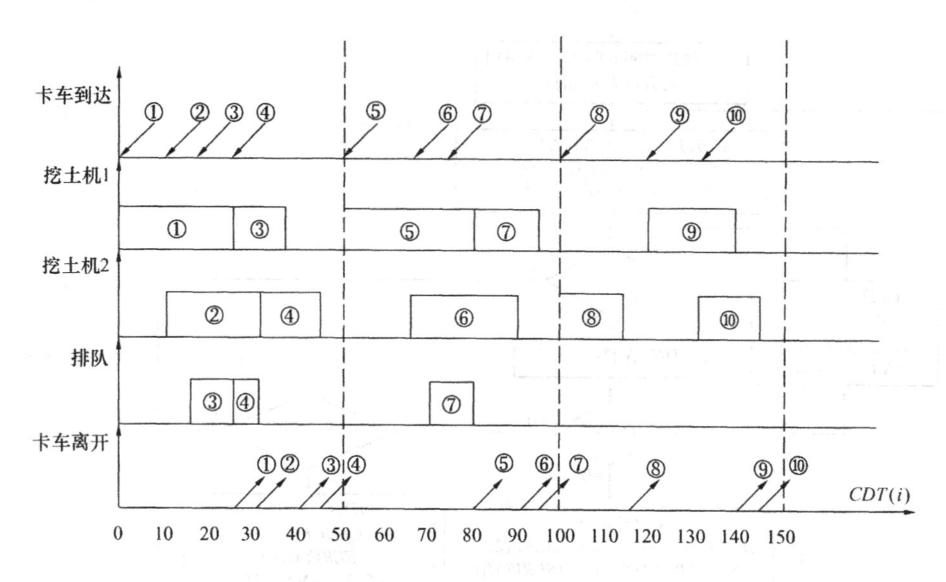

图 5-15 模拟流程示意

两服务台模拟流程是多服务台模拟的基础。实际上，如果服务台数增加到 S，只需把 NDT、$SERV$、CDT 和 IDT 等数组的维数扩大为 S 即可。

在实际问题上，还会遇有一些不同优先级、成批到达、多队、串联服务台等情况，使问题更加复杂，但其原理与之类似。

三、排队系统模拟案例——商品混凝土厂运行情况模拟

1. 问题的提出

某商品混凝土厂将一定数量的砂、碎石、水泥、水及其他一些特殊的添加物混合起来生产混凝土，然后装上卡车送给用户。假定工厂现有 5 辆卡车，由于卡车数量的限制，工厂的生产能力得不到充分发挥，因此决定增置几辆卡车。试分析确定卡车的最优数目。有关条件如下：

（1）工厂按先来先服务的原则执行订单；

（2）每辆卡车的装车时间为 10min；

（3）工厂上班时间为早 8：00 至下午 5：00，在中午 11：30 后，工厂或卡车在执行完现行工作后，有 1h 吃午饭时间；

（4）为使所有卡车均返回清洗，在下午 3：30 后不再执行新的订单；

（5）若装车时间＋平均运送时间超过下午 5：00，则不继续装车，相应订单转到下一天继续进行。

2. 建立模拟模型

该工厂的生产过程如图 5-16 所示。

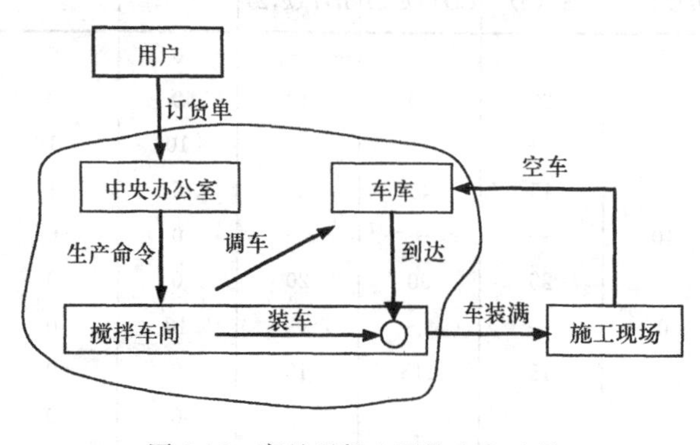

图 5-16 商品混凝土厂的生产过程

参照该生产过程及前述条件，可设计出图 5-17 所示的模拟框图。

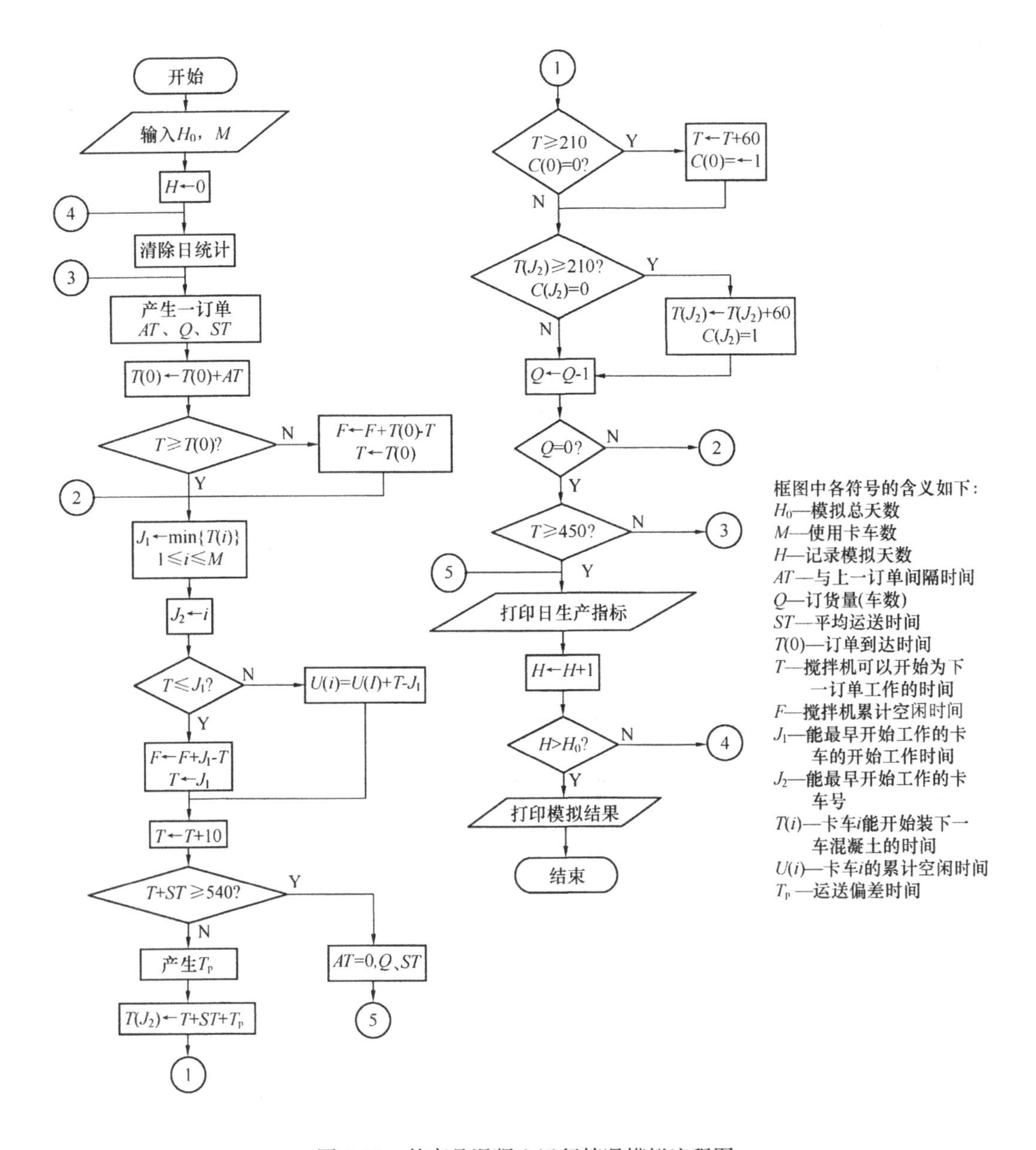

图 5-17　某商品混凝土运行情况模拟流程图

3. 收集计算各项输入数据

假定该厂逐日逐月的需求情况比较稳定，根据该厂 50 天 380 份订单的生产记录，整理统计得出表 5-13～表 5-16 的数据：

(1) 订单到达间隔的统计；

(2) 订货量的统计；

(3) 卡车平均运货时间统计；

(4) 平均运货时间偏差的统计。

订单到达间隔统计表 表 5-13

组号	到达间隔时间（min）	组中值	发生次数	频 率	累计频率	分配随机数
1	<30	15	110	0.29	0.29	0.00～0.28
2	30≤AT<60	45	100	0.26	0.55	0.29～0.54
3	60≤AT<90	75	60	0.16	0.71	0.55～0.71
4	90≤AT<120	105	50	0.13	0.84	0.71～0.83
5	120≤AT<150	135	30	0.08	0.92	0.84～0.91
6	150≤AT<180	165	30	0.08	1.00	0.92～0.99
合计		—	380		—	

订货量统计表 表 5-14

装车数	订货单数	频 率	累计频率	分配随机数
1	60	0.158	0.158	0.00～0.15
2	80	0.211	0.369	0.16～0.36
3	100	0.263	0.632	0.37～0.62
4	110	0.289	0.921	0.63～0.91
5	30	0.079	1.000	0.92～0.99
合 计	380	1.000	—	—

卡车平均运货时间统计表 表 5-15

组 数	时间范围	组中值	发生次数	频 率	累计频率	分配随机数
1	<10min	5	10	0.03	0.03	0.00～0.02
2	10<ST<20	15	0	0	0.03	—
3	20<ST<30	25	10	0.03	0.06	0.03～0.05
4	30<ST<40	35	30	0.08	0.14	0.06～0.13
5	40<ST<50	45	50	0.13	0.27	0.14～0.26
6	50<ST<60	55	40	0.10	0.37	0.27～0.36
7	60<ST<70	65	70	0.18	0.55	0.37～0.54
8	70<ST<80	75	60	0.16	0.71	0.55～0.70
9	80<ST<90	85	50	0.13	0.84	0.71～0.83
10	90<ST<100	95	40	0.10	0.94	0.84～0.93
11	100<ST<110	105	10	0.03	0.97	0.94～0.96
12	110<ST<120	115	0	0	0.97	—
13	120<ST<130	125	10	0.03	1.00	0.97～0.99
合 计		—	380	1.00		—

平均运货时间偏差统计表　　表 5-16

偏差时间	发生次数	频　率	累计频率	分配随机数
−6	10	0.01	0.01	0.00～0.00
−5	60	0.05	0.06	0.01～0.05
−4	60	0.05	0.11	0.06～0.10
−3	100	0.08	0.19	0.11～0.18
−2	90	0.08	0.27	0.19～0.26
−1	150	0.13	0.40	0.27～0.39
0	210	0.18	0.58	0.40～0.57
1	110	0.09	0.67	0.58～0.6
2	150	0.13	0.80	0.67～0.79
3	60	0.05	0.85	0.80～0.84
4	40	0.03	0.88	0.85～0.87
5	40	0.03	0.91	0.88～0.90
6	20	0.02	0.93	0.91～0.92
7	0	0	—	—
8	80	0.07	1.00	0.93～0.99
合　计	1180	1.00	—	—

4. 按框图进行模拟（模拟一天的情况）

抽样形成的一天的订单情况如表 5-17 所示。

抽样形成的一天的订单情况　　表 5-17

AT（订单间隔时间）	订货量 Q	平均运送时间	运输偏差时间
15	3	45	2,0,2
15	2	105	5,1
45	5	85	5,0,−1,−1,1
15	3	95	1,−2,−2
75	1	75	1
15	4	65	4,−3,−5,−2
165	2	65	−2,+5
35	4	125	−5,1,2,−1
15	3	125	1,−1,2

图 5-18 给出了 5 辆卡车的模拟过程。

5. 模拟结果分析

参照上述办法，分别取 $M=6$，7，…，12 进行大量的仿真日（比如 100 天）计算，可得出 8 组模拟结果，如图 5-19 所示。

设卡车的停工损失为 C_1(元/分钟・辆)，停工时间分别为 t_1，t_2，…，t_m，搅拌厂的停工损失为 C_2(元/分钟)，停工时间为 t。则可算出总的停工损失为：

$$C = C_1 + \sum_{i=1}^{m} t_i + C_2 t$$

对比 C 值即可得出最优方案。

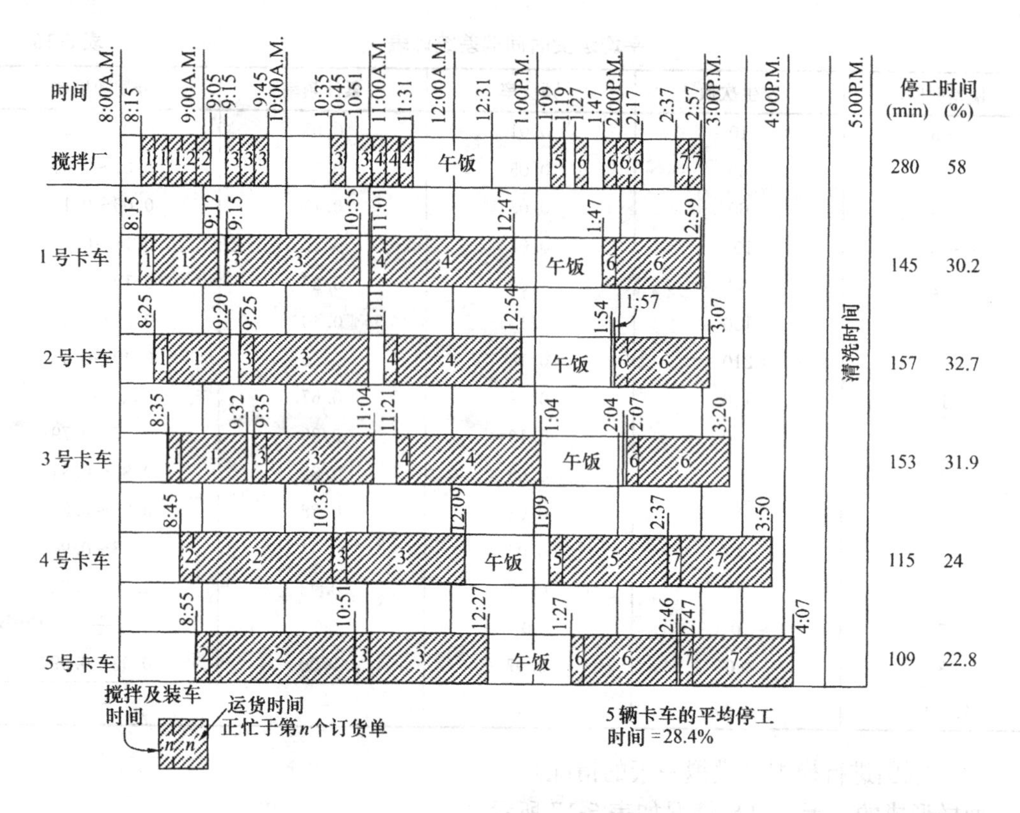

图 5-18　模拟运行的一天

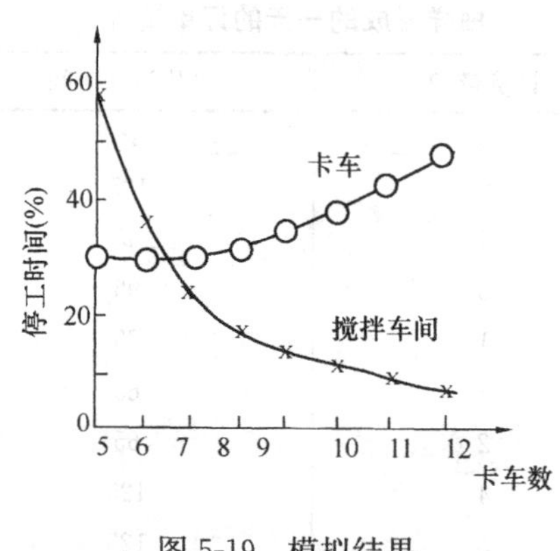

图 5-19　模拟结果

第五节　其他系统问题的模拟

一、随机库存系统问题的模拟

1. 库存系统简介

一个库存系统中最基本的两个概念是“需求”和“订货”。需求是库存系统的输出。由于需求，使贮量不断减少。需求量有确定性和随机性两种。订货是库存系统的输入。由于订货，使存贮量得以补充，以满足需求。一般从订货到货物进入仓库，往往需要一段时间，这段时间称为滞后时间，由于它的存在，所以对管理者来说，需要提前一段时间订货。这种提前时间也有确定的和随机的两种。

库存系统一般要研究的问题是在不同需求情况下的库存策略，即什么时候应对库存量进行补充，每次补充量应为多少等。衡量库存策略的优劣，一般是以采用此策略后在管理上所需要的费用为标准，所需费用越少，则效果越好。库存管理费用通常有以下几项：保管费、订货费和缺货损失。

运筹学中的存贮论是专门用于库存系统分析的一种解析方法。但当系统的输入和输出之一或同时为随机变量时，用这种方法就较为复杂甚至无法进行。而用模拟方法，日复一日模仿库存系统的实际变动情况却很方便。这就决定了模拟技术是研究随机库存系统的一种有效手段。

2. 模拟流程设计

引入下列符号：

P——订货点；　Q——订货批量；　I——模拟时钟；

C——库存总费用；　S——库存量；　UD——预期到货量；

DD——预期到货日期；　DEM——需求量；　T_1——订货提前时间；

C_1——单位保管费；　C_2——订货费；　C_3——单位缺货损失；

$\max T$——预计模拟时间。

则一般的随机库存系统模拟流程如图 5-20 所示。

根据图 5-20 的模拟流程，分别给定不同的初值重复多次进行模拟，即可得到多组运行结果，从中可以选定 $\min C$ 所对应的方案为最优方案。

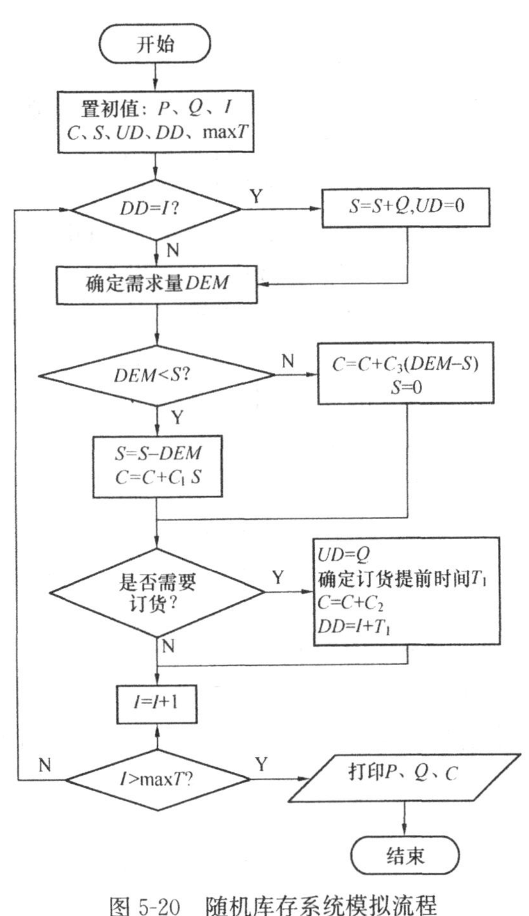

图 5-20　随机库存系统模拟流程

3. 库存系统模拟分析示例

某库存系统初始库存为 10 件，开始时无订货。需求量为随机变量，根据历史数据，其分布规律如表 5-18 所示。已知单位保管费为 10 元/件天，订货费用为 75 元/次，缺货损失为 100 元/件。订货周期为 2 天，订货规则是库存量与预期到货量小于订货点时订货。试计算如下方案 4 天内的库存总费用。

方案：订货点 $P=15$，订货批量 $Q=15$。

需求量历史统计数据　表 5-18

需求量（件/天）	频　率
4	0.10
5	0.20
6	0.30
7	0.25
8	0.15

为进行模拟分析，首先要确定5天内的随机需求量。根据逆转化法，先为不同的需求量分配随机数，具体过程参见表5-19。

接下来进行随机抽样，采用如下迭代公式：$x_{n+1}=5x_n+7(\text{mod}8)$，初值$x_0=1$。具体计算结果见表5-20。

为不同的需求量分配随机数 表5-19

需求量	频　率	累计频率	分配随机数
4	0.10	0.10	0.00～0.09
5	0.20	0.30	0.10～0.29
6	0.30	0.60	0.30～0.59
7	0.25	0.85	0.60～0.84
8	0.15	1.00	0.85～0.99

需求量随机抽样计算 表5-20

i	x_i	$5x_i+7$	$(5x_i+7)/8$	$x_i/8$	需求量
0	1	12	1余4	—	—
1	4	27	3余3	0.50	6
2	3	22	2余6	0.38	6
3	6	37	4余5	0.75	7
4	5	—	—	0.63	7

借助图5-20给出的模拟流程，进行模拟。

置初值如下：$P=10$，$Q=15$，$I=1$，$C=0$，$S=10$，$UD=0$，$DD=0$，$\max T=4$。

第1天：$DD\neq I$，无到货；$DEM=6<S$，需求可以满足；$S=10-6=4$，$C=0+10\times4=40$；$S+UD=4<P$，需要订货；$UD=15$，$C=40+75=115$，$DD=1+2=3$；$I=1+1=2$；$I<\max T$，继续模拟。

第2天：$DD\neq I$，无到货；$DEM=6>S$，发生缺货损失；$C=115+100\times(6-4)=315$，$S=0$；$S+UD=15=P$，不需要订货；$I=2+1=3$；$I<\max T$，继续模拟。

第3天：$DD=I$，到货；$S=0+15=15$，$UD=0$；$DEM=7<S$，需求可以满足；$S=15-7=8$，$C=315+10\times8=395$；$S+UD=8<P$，需要订货；$UD=15$，$C=395+75=470$，$DD=3+2=5$；$I=3+1=4$；$I=\max T$，继续模拟。

第4天：$DD\neq I$，无到货；$DEM=7<S$，需求可以满足；$S=8-7=1$，$C=470+10\times1=480$；$S+UD=16<P$，不需要订货；$I=4+1=5$；$I>\max T$，模拟结束。总费用为480元。

二、工程网络计划模拟

在管理科学中，常用一种网络分析方法编制某项工程计划。这种分析方法可用于寻找该项工程计划的关键线路。一般而言，若一工程中各工序所需时间为确定值时，则称此网络分析方法为关键线路法(CPM)，而如果工序时间为随机变量，则称其为计划评审技术(PERT)。

PERT网络计划问题既可以采用解析法进行分析，也可以采用离散事件模拟的方法。现主要对后者加以介绍。

1. 前向通路法——求取工序的最早完工时间

对任一工程网络计划，以 $S(k)$表示工序 k 的开始节点，$F(k)$表示工序 k 的结束节点，$T(k)$表示工序 k 的持续时间，同时，以 $ENT(i)$表示节点 i 的最早完成时间，$EFT(k)$表示工序 k 的最早完成时间，$EST(k)$表示工序 k 的最早开工时间，M 表示节点数目，N 表示工序数。则有：

$$ENT(i)=\max_{k\in i}\{\mathrm{EFT}(k)\}(1<i<M)$$

$$EFT(k)=EST(k)+T(k)$$

$$EST(k)=ENT(S(k))$$

根据上述迭代关系，可绘出求取工序最早完工时间的模拟流程如图 5-21 所示。

2. 后向通路法——确定关键线路

设 $LST(k)$为工序 k 的最迟开工时间，$LFT(i)$为节点 i 的最迟完成时间，$LNT(i)$为节点 i 的最迟开工时间。则有

$$LNT(i)=\min_{k\in i}\{LST(k)\}$$

$$LST(k)=LFT(k)-T(k)$$

若 $EST(k)=LST(k)$，则 k 为关键工序。由此可给出确定关键线路的模拟流程如图 5-22 所示。

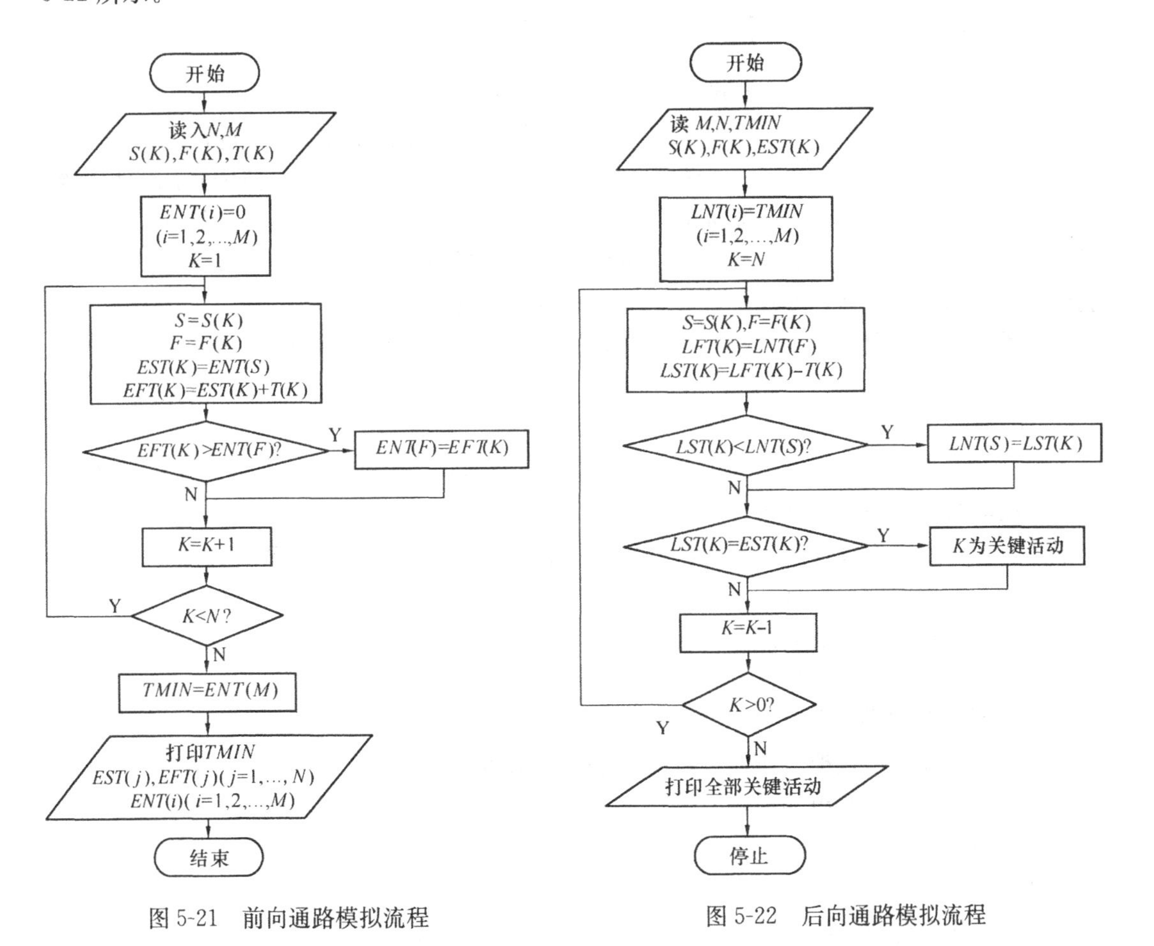

图 5-21　前向通路模拟流程

图 5-22　后向通路模拟流程

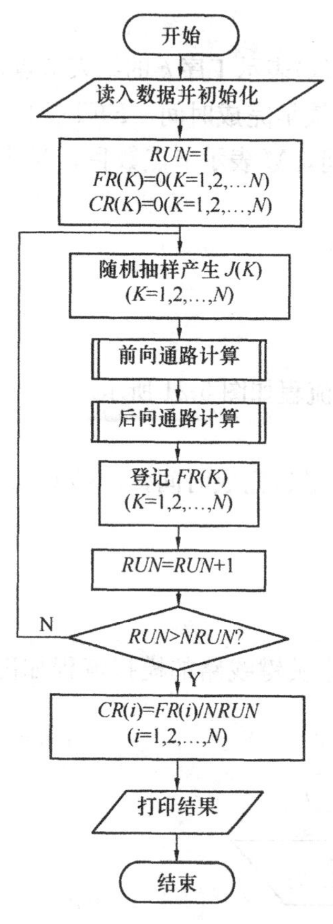

图 5-23 随机网络模拟主程序

3. 工程网络计划模拟主程序

工程网络计划模拟主程序框图如图 5-23 所示。图中，*NRUN* 为总的模拟次数，*RUN* 是模拟次数计数器，$FR(k)$ 为工序，k 为关键线路的次数，$CR(k)$ 为工序 k 出现在关键线路上的次数占总模拟次数的百分比。显然，$CR(k)$ 值越大，该工序在整个网络计划中的作用就越重要，就越应引起重视。

第六节 模拟程序语言

一、模拟程序语言的起源与发展

早年，人们采用计算机高级语言，如 FORTRAN、ALGOL、BASIC 等对系统进行模拟。但不久就发现，用这种方式编制的系统模拟程序，由于要详尽描述各类基本事件的发生及处理情况，并规定各类事件的处理，即使是一个很简单的系统，程序也会很长，难于调试。并且，为了统计出必要的数据，在程序的不同位置上要安插各种统计所需语句，还需规定各种统计数据的打印格式。一般说来，用这种方式编制出来的系统模拟程序，只适用于某一个具体问题，只要模拟对象稍有改变，上述过程就要重新进行。

随着系统模拟的发展，人们开始将模拟中常用的程序段落编成子程序或过程，用于系统模拟的各种问题中。也有人将某一大类仿真问题，编成一个通用的主程序，用户只需将必要的参数填进去，经执行就能得到所需结果。这样，专用的计算机模拟语言就出现了。

专用模拟语言研制初期，只有大型计算机才能使用，而且费用昂贵。随着微型机的发展，现在许多专用仿真语言的软件已经移植到微型机系统中，使用方便，费用也在日益降低。

从 20 世纪 60 年代开始，为了各种不同目的，人们已经研制出数十种专用模拟语言，目前广泛流行的也不下十几种，如 GPSS、SIMSCRIPT、GASP、SLAM 等。这些模拟程序语言，在帮助人们设计与分析模拟模型，编制、调整与执行模拟程序，从而提高系统模拟的质量和效率方面，发挥了重要作用。

二、模拟程序语言的分类

模拟程序语言按用途可以划分为四大类。

1. 连续型模拟程序语言

它们用于连续型模拟。按照包含的数学方程组形式的不同又可进一步细分为：

（1）采用微分方程组的语言。这类语言一般用来对自变量（模拟时间）和参变量皆为连续性的数学逻辑模型进行模拟。如 CSSL（Continuous System Simulation Language）、CSMP（Continuous System Modeling Program）等。

（2）采用差分方程组的语言。它用来对参变量取连续值而自变量（模拟时间）取离散值的数学逻辑模型进行模拟。如 DYNAMO（Dynamic Models）等。

2. 离散型模拟程序语言

它们用于离散型模拟。依照工作原理的不同又可分为：

（1）以事件为基础的语言，如 SIMSCRIPT、SIMLIB 等；

（2）以活动扫描为基础的语言，如 CSL（Control and Simulation Language）等；

（3）以过程为基础的语言，如 GPSS（General-Purpose Simulation System）、SIMULA、Q-GERT 等。

3. 复合型模拟程序语言

它们可用来进行离散型、连续型以及离散——连续复合型的模拟。如 GASPI、SLAM（Simulation Language for Alternative Modeling）等。

4. 专门用途的模拟程序语言

它们是适用于专门领域的管理系统或专门问题的模拟程序语言。如 IDIMS（Inventorg and Distribution of Items in a Multi-echelon System，多项目多级库存与分配系统用语言）、SIMPLAN 等。

三、模拟程序语言的基本功能

尽管各种模拟程序语言在其结构、逻辑关系、理解及使用的难易程度以及灵活性等方面有所不同，但是，一般均应具有如下基本功能：

1. 数据结构及内存的管理

模拟程序语言应能提供一定的数据结构和程序以描述模拟模型，正常的数组类型结构难以胜任此项工作，通常采取某些表处理方式来进行内存管理。

2. 模拟时间管理

模拟时间一般是模拟模型的主要自变量，因此模拟程序语言应具有模拟时钟子程序，以便自动地贮存、排列以及按时间顺序选取模拟事件，从而将模拟时间向前推移。

3. 随机分布抽样

模拟程序语言应能生成随机数以及各种分布的随机变量，以描述系统模拟中所涉及的随机因素。

4. 计算能力

模拟程序语言必须具有代数运算能力，对某些可以进行连续型模拟的模拟语言，还需具备积分运算能力。

5. 数据的收集、分析与显示

一个模拟系统的工作成果可以采用多种方法进行研究，这就需要收集为计算所有模拟变量的统计资料所需的各种数据，并在此基础上，计算与分析各项统计资料，并通过打印表格、绘制直方图和曲线等形式显示出来。

6. 调整程序和监测系统动态

模拟程序语言应能报告源程序在编译和执行中的出错信息；当执行中发生误差时，能够显示完整的程序流程状态；在整个程序或某程序段，进行程序跟踪以及运用程序诊断，以便能分析查找程序错误，对程序进行相应的修改。

思考题与习题

1. 何为模拟？简述其模型类型及分类。

2. 模拟适用于什么情况？有哪些缺陷？

3. 简述离散事件系统模拟的基本方法。

4. 均匀分布随机数在模拟中有何作用？了解其产生的方法。

5. 了解用逆转换法产生任意概率分布模拟随机数的原理。

6. 了解确定概率分布类型与估计参数的方法。

7. 某工地用两台正向铲挖土机挖土，用容量为 $8m^3$ 的卡车运输，卡车相继到达的时间间隔相互独立并服从负指数分布，平均每小时 24 辆。装车时间亦服从指数分布，平均每小时装 15 车。试求：①挖土机的利用率；②平均每小时的挖土量；③挖土机空闲和汽车等待的每小时平均损失费（假定挖土机台班费为 250.20 元，汽车台班费为 150.30 元）。

8. 某库存系统原有库存量为 10 单位，开始时没有发出订单。每天对该库存系统的需求为随机量，其统计规律如表 5-21 所示。此外，订货到交货之间的周期也是一个随机量，如表 5-22 所示。

需求量的统计规律　　　　表 5-21

日需求量	0	1	2	3
频率	0.40	0.30	0.25	0.05

订货周期的统计规律　　　　表 5-22

订货周期（天）	1	2	3	4
频率	0.20	0.25	0.30	0.25

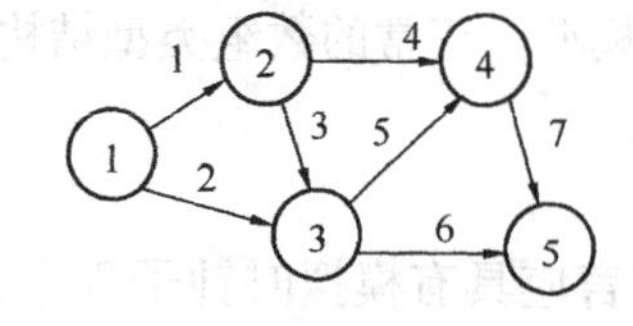

图 5-24　某工程网络进度计划

若存贮费用每天每单位为 10 元，订货手续费为 75 元，缺货损失为正态分布变量，均值为 15 元，方差为 2 元。试模拟确定使总费用最少的库存方案。

9. 某工程网络进度计划如图 5-24 所示。各工序所花时间为正态分布，其工序时间的均值和方差见表 5-23。试模拟 10 次，确定出关键线路的分布情况。

工序时间的统计规律　　　　表 5-23

工序号	起始节点	终止节点	均　值	方　差
1	1	2	5.00	1.17
2	1	3	10.00	2.53
3	2	3	6.00	1.24
4	2	4	9.00	1.99
5	3	4	8.00	1.52
6	3	5	15.00	3.36
7	4	5	19.00	3.68

第六章　系统动态学

第一节　系统动态学概述

一、系统动态学的产生与发展

系统动态学也称系统动力学，是一门模拟各类经济系统和社会系统动态发展过程的方法论学科，其创始人为美国麻省理工学院的 J. W. 福雷斯特。福雷斯特曾在自动控制及发展数字电子计算机等方面做出过重大贡献。20 世纪 50 年代，他转向研究工业系统的经营管理，利用控制论原理研究企业、市场之间以及企业内部结构的动态变化关系。1958 年他发表了第一篇关于系统动态学的论文《工业动态学》，并在麻省理工学院建立了专门研究系统动态学的机构，对系统动态行为的机制、建模方法和计算语言加以研究。1961 年，福雷斯特出版了《工业动态学》一书，被认为是该学科的第一本专著。1970 年福雷斯特在罗马俱乐部会议上提出了用系统动态学研究的世界模型的初型，会后编出了《世界模型》第一稿，该模型包含人口、资本（工业和第三产业）、农业、资源（含能源）和污染等五个模块，并据以预报了世界资源的枯竭。1972 年，福雷斯特的助手麦当斯出版了《增长的极限》一书，引起了西方世界的关切。

20 世纪 70 年代，系统动态学这一新技术引起了世界许多国家的注意，并加以引进和应用。应用的领域已经涉及到企业系统管理、环境保护、城市发展规划、国家和地方经济社会系统研究、宏观经济控制以及各种技术项目的开发方面。我国也在 1980 年前后引进了这一技术，并在经济发展规划、社会发展预测等方面取得了许多有益的成果。

对于系统动态学的发展，有人指出：和系统动态学未来的潜在力量相比，它目前仍处于发展的早期阶段，是一种很有前途的系统工程方法。

二、系统动态的理论基础

系统动态学的创建与发展，是基于下述学科与方法。

1. 系统分析

系统动态学所涉及的范围多是由多重的非线性反馈回路以复杂方式联系在一起的系统，它所要研究的问题主要是了解作用于系统上的各种控制因素，以便确定这些因素对系统的稳定性或增长方面的影响，据以采取措施，重新安排系统或调整政策。这一工作过程，实质上就是系统分析的过程。

2. 信息反馈控制理论

系统动态学中，借用了大量控制论的基本原理，其中包括：信息反馈观点、自动调节原理、反馈控制概念，以及信息反馈控制过程中信息传递的时间延迟和噪声干扰等作用的原理。

3. 决策论

系统动态学方法的一个重要内容，就是根据系统实际状态与期望目标之间的偏差，采取控制和政策行动。这本身也是一个决策活动，需要应用决策论的一些方法和原理。

4. 计算机模拟技术

计算机模拟是系统动态学模型求解的一种重要手段。这决定了计算机模拟技术的一些基本概念，如模拟模型的建立，模型中变量、参数和常数的处理，模拟总时间，模拟时钟的推进，模拟计算结果的存贮和输出等，同样是系统动态学所应用的基础知识。

三、系统动态学的研究方法

系统动态学研究问题的方法大体可以表述为下列步骤：

1. 阐明问题

针对所要研究的系统问题，说明问题提出的背景、所涉及的系统范围、解决问题的途径以及必须掌握的基本资料和数据。

2. 明确目标

根据系统问题的性质，拟定体现问题得以解决的目标。该目标一般是一个或一套指标体系。

3. 建立系统结构和功能模型框架

按照摆明的问题和确定的目标，将相关的系统要求从纵向和横向联系起来，建立一个足以解决问题的、并能表达系统诸要素之间的相互作用和信息反馈关系的因果关系图。

4. 绘制系统流图

考虑时间延迟、干扰作用等系统的行为特点，绘出表达模型因果关系、反馈回路的系统流图。

5. 建立系统动态学方程

根据系统流图，逐个环节用数学方程表示因素之间的数量关系，形成一套系统动态学方程。

6. 模拟

将系统动态学方程及其所需的参数值送入计算机进行模拟计算，以此来模仿系统的行为，求得模拟结果。

7. 解释和分析模拟结果

解释模拟结果，并加以对比分析，看其是否符合系统的经济或技术原则，能否正确反映系统的行为，结果数据在经济和技术上是否可信和有规律，最终是否能解决所研究的系统问题。

8. 修正再模拟

当模拟结果不尽如人意时，再根据结果检查、分析所发现的问题，反馈到上述各有关步骤，逐步修正、调整模型及其参数，再进行模拟，以达到满意为止。

四、系统动态学的特点

从上述系统动态学的研究方法中可以看出，系统动态学在系统分析方面具有如下优点：

（1）它能对系统内部、系统外部因素的相互关系予以明确的认识和体现。

（2）它能对系统内所隐含的反馈回路予以明确的认识和体现。

（3）它能对系统进行动态发展及其趋势考察。

（4）它能对系统设定各种控制因素，以观测当输入的控制因素变化时系统的行为和发展。这一点对决策者来说尤为重要，因为决策者不再仅凭直观和估计来审视控制因素变化而引起的系统变化。

（5）它能对系统进行动态仿真实验，以考察系统以不同的组织状态、不同的技术经济参数或不同的政策因素输入时所表现的行为和趋势。因此，系统动态学被誉为“管理系统实验室”或“社会经济系统实验室”。

五、DYNAMO 语言与 Vensim PLE

1. DYNAMO 语言

DYNAMO（英文 DYNAmic MOdels 的缩写）是一种为便于系统动态仿真设计的特殊的计算机，它可以使用户全力于构成一个有效的系统模型以解决实际问题，而不必把精力过多地花费在复杂的程序编制和程序的逻辑正确性检验上。

DYNAMO 依据后面所要讲述的系统动态方程进行模拟运算，并根据模拟结果依时间顺序用列表或图形的方式输出。

DYNAMO 语言可以帮助任何能以系统动态学概念分析管理实际问题的人，即使他以前没有过任何计算机的学习与操作，也能够运用计算机来分析、模拟、解决实际的管理问题。

2. Vensim PLE 简介

Vensim（Ventana Simulation Environment）是由美国 Ventana 公司开发的 Windows 操作平台下的系统动态学专用软件包，其个人学习版 Vensim PLE 可以从 WWW. Vensim. com 上免费下载。

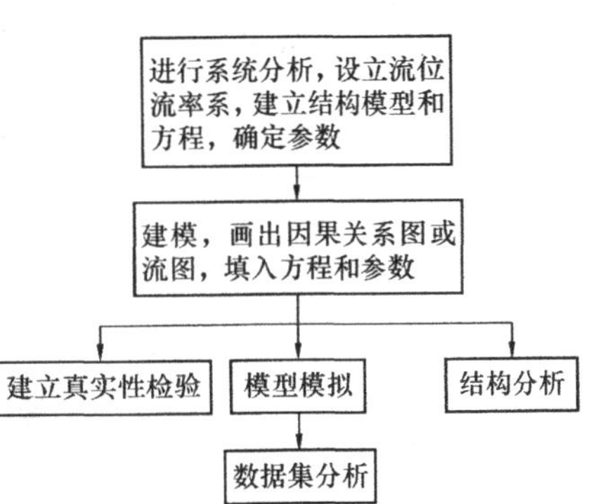

图 6-1　Vensim 仿真建模的一般过程

(1) Vensim PLE 的特点。①利用图示化编程建立模型；②运行于 Windows 操作系统下（适用于 Windows 3. X、Windows 95、Windows 98、Windows 2000、Windows XP、Windows NT 等）；③对模型提供多种分析方法；④可以进行模型真实性检验。

(2) Vensim PLE 仿真建模的一般过程。利用 Vensim PLE 建立仿真模型的一般过程如图 6-1 所示。

(3) Vensim PLE 的用户界面。Vensim 的用户界面如图 6-2 所示。

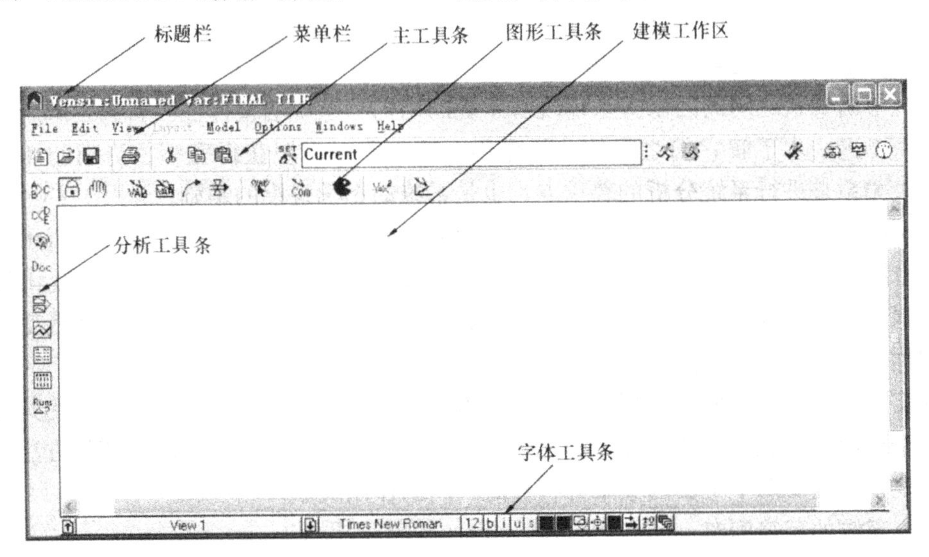

图 6-2　Vensim PLE 的用户界面

其中，主工具条、图形工具条和分析工具条中的按钮含义见表 6-1。

Vensim PLE 用户界面主工具条、图形工具条和分析工具条中的按钮含义 **表 6-1**

主工具条		图形工具条		分析工具条	
按 钮	含 义	按 钮	含 义	按 钮	含 义
SET	调整模拟参数		锁 定		原因树
Current	设置数据文件名		移 动		结果树
	开始模拟	VAB	定义非状态变量		循 环
	自动变参模拟		定义状态(流位)变量	Doc	文 档
	真实性检验		创建因果关系箭头		原因图
	模型建立窗口		创建流率变量		图 形
	输出窗口		重复变量		模拟结果列表(横向)
	控制窗口	Com	注 释		模拟结果列表(竖向)
			删除	Runs	运行比较
			建方程		
			参考模式		

本章下面的讨论分析，将基于 Vensim PLE 的使用进行。

第二节 系统动态学的几个基本概念

一、系统的因果关系

系统中诸要素之间的因果关系体现着系统的结构和系统的整体性。若只了解系统的构成要素而不进一步了解它们之间的关联作用，则不能对系统获得完整、清晰的印象。因此，因果关系是进行系统分析的着重点，也是系统动态学建模的基础。

系统动态学用箭线表示两个要素之间的因果关系，称为因果链，如图 6-3 所示。设有 A、B 两个因素，它们之间关系如果是 A 变化 ΔA，将引起 B 变化 ΔB，两者变化量是同符号，则称其为正因果链（图 6-3*a*）；若 A 变化 ΔA，将引起 B 变化 $-\Delta B$，两者变化量异号，则称其为负因果链（图 6-3*b*）。

在实际工作中，我们在分析判断系统要素之间因果关系的正负性时，往往受其他相关因素的干扰而迷惑难辩或者遗漏要素之间的反作用。对此，应采取暂时隔离的方法，抛开其他因素，仅仅对两个考察因素来分析彼此之间的作用关系。

二、系统的反馈回路

系统的因果反馈回路，是系统诸要素间一系列的因果链串接闭合而成的回路。图 6-4

是这样两个反馈回路的示例。

诸因素之间既然形成反馈回路，从回路整体来说，就无法分辩谁是因，谁是果，这就是反馈回路的特征。

反馈回路主要有两种类型：负反馈回路与正反馈回路。

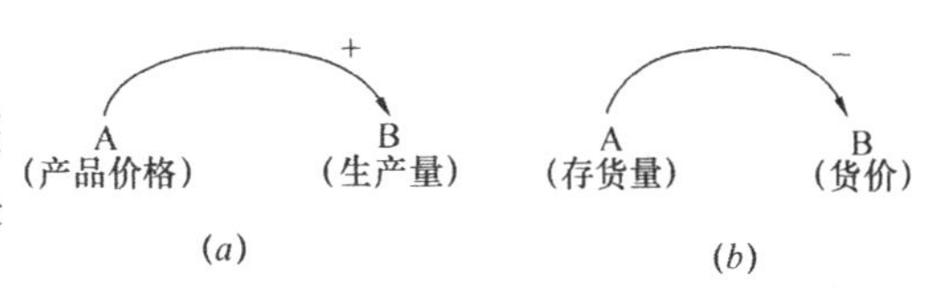

图 6-3　因果链

(a) 正因果链；(b) 负因果链

1. 负反馈回路

如图 6-4 (a)，当库存量离目标的差额大时，会导致订货率的增加。而订货率的增加，又使得库存量加大，尽而使上述差额缩小，愈来愈接近于 0 而使库存量接近目标值。

判断一个反馈回路是否是负反馈回路的简便规则是：当反馈回路中存在奇数个负因果链时，此反馈回路为负反馈回路。

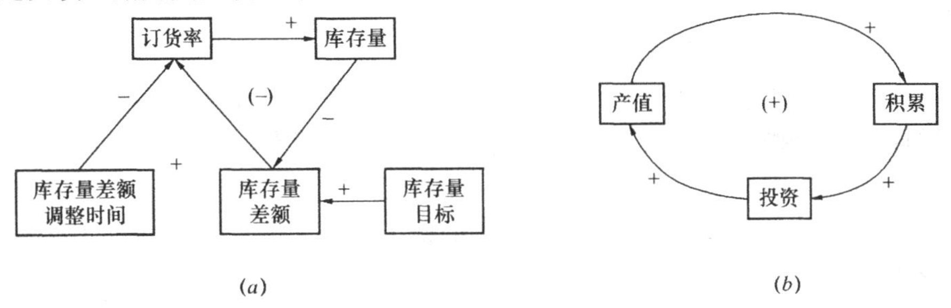

图 6-4　因果反馈回路

(a) 负反馈回路；(b) 正反馈回路

2. 正反馈回路

如图 6-4(b)，设每年以产值的一定百分比提供积累，则产值增加，导致积累增加，而积累增加，又使投资增加，尽而使产值增加。显然，积累、产值和投资均是指数增长，系统产生了一种自我强化的作用。具有这样特性的反馈回路即为正反馈回路。

判断一个反馈回路是否是正反馈回路的简便规则是：当反馈回路中存在零或偶数个负因果链时，此反馈回路为正反馈回路。

3. 系统总体特征的体现

一个系统总是由若干个因果反馈回路构成，其中往往既有正反馈回路，也有负反馈回路。系统中正负反馈回路结合的结果，由于正反馈的强化作用与负反馈的抑制作用往往并不相等，因此，系统总的行为就会显示稳定与发展间的交互现象。当正反馈作用较强时，系统显示发展、成长（或衰退）的行为，而当负反馈作用较强时，系统显示趋于稳定的行为。

图 6-5(a)是一个简单的描述某城市就业状况的因果关系图。该图中有两个反馈回路，分别如图 6-5(b)和图 6-5(c)所示。图 6-5(b)是一个正反馈回路。该回路表明，当城市的就业机会增多时，就会吸引更多的移民迁入该城市，并因此使劳动力人数增加，劳动力人数增多最终会使该城市的工作岗位基数加大，其结果是使就业机会进一步增多。然而，就业机会不会无限制地增长，当就业机会增长到一定程度时，图 6-5(c)所示的负反馈回路的抑制作用就会充分表现出来。该回路表明，当城市的就业机会增多时，就会吸引更多的移民迁入该城市，并因此使劳动力人数增加，而劳动力人数增多需要占据更多的工作岗位，

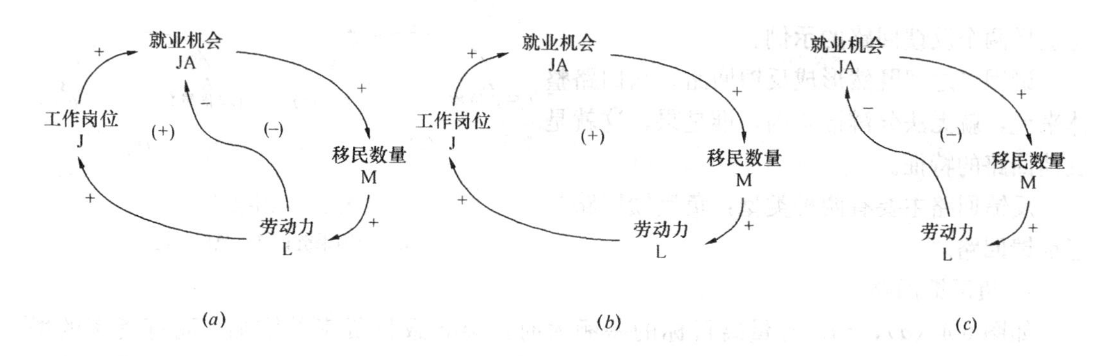

图 6-5 某城市就业状况的因果关系图

(a) 总图；(b) 增加就业就会的正反馈回路；(c) 抑制就业的负反馈回路

从而使就业机会减少。

图 6-6 给出了某企业销售系统的因果关系图。该系统由 5 个反馈回路构成。其中图左部的正反馈回路表明了企业某种新产品投放市场后逐渐提高销售额的情形。任何有经验的人都可想到，即使是抛开产品质量这一严重影响销售额的因素，争取到的订货单数也不可能无止境地增加，因而这个正反馈回路的作用不可能永远占主导地位。当工厂的产量不能及时用来满足订单的订购量时，就会出现订单的积压，若这积压量增大时，图右部的负反馈回路就要发挥作用，供货信誉就会下降而影响订单量，抑制订单量的增加。由此可见，由于这两个正负反馈回路的交互作用，再加上其他几个反馈回路的作用，会使企业的产品销售额呈现波动振荡而逐渐趋向稳定于企业的生产能力。当然，以上分析只是针对图示因素讨论所得，实际情况要复杂得多。

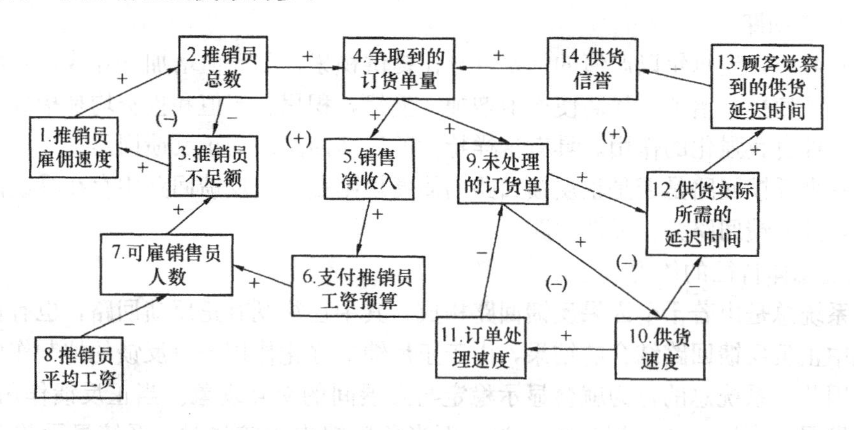

图 6-6 销售系统因果关系图

三、流位变量和流率变量

流位变量和流率变量是反馈回路的基本要素。

1. 流位变量

流位变量也称状态变量，用以描述系统在任一特定时刻的状态，它积累了系统内行动的结果。图 6-4(*a*) 中的库存量就是一个流位变量。

流位变量的现时值是由前一时点的值加上前一时点至现时点的时间间隔乘以单位时间的流位变化率，它不涉及任何其他流位变量的值。

判断一个变量可否设置为流位变量，重要的办法是假定整个系统停止运行时，该变量是否仍然保持着停止时点以前所积累下来的状态值。若状态值并未消失仍可觉察，则这类变量就可以定为流位变量。另外，还可以根据变量的性质和量纲来判断。流位变量是一个累积量，直接关联着能表示该流位变量变化率的一个或多个因素，因而其量纲往往是单名数，但个别也可能例外。

2. 流率变量

流率变量表示流位变化的快慢程度，图 6-4（a）中的订货率，就是一个流率变量，一般来说，流率并不是指瞬时变化率，也不是指任何一段时间内的平均变化率，而是指所研究系统的动态行为中所取的时间单位或模拟时间间隔范围内变化率的平均值。这是因为在经济社会系统中，流率变量的瞬时值难以一一测度记录下来，而且测度一个变化率本来也总要一段时间；任何一段时间内的平均变化率对模拟要求可能不符，也没有实际意义。

流率变量原则上不能直接作用于另一个流率变量，因而作用于流率变量的只能是流位变量、常数、辅助变量或某种函数。在特殊情况下，若不歪曲系统因果关系，也允许两个流率变量互相直接作用。

判断流率变量的办法，一般也是假定整个系统停止运行时，根据变量的状态予以确定。若代表某些变量的因素已经消失或不能被觉察，这些变量就是流率变量。与此同时，还要看是否有相关的流位变量，如果没有直接的流位变量，则该变量也可能被设定为辅助变量。

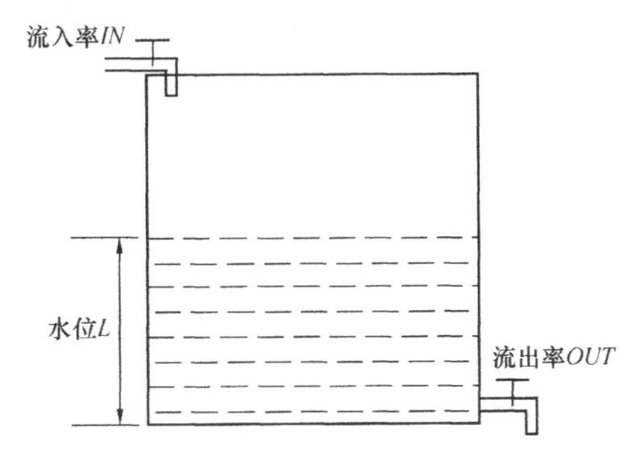

图 6-7 流位、流率变量形象示意图

图 6-7 形象地表述了流位变量、流率变量及其相互关系。图中，水箱里的水位 L 就是一个流位变量，它的现时值是由前一时点的值加上前一时点至现时点的时间间隔乘以单位时间的流位变化率（流入率 IN 与流出率 OUT 之差），水位的值在任何时间都可以观察到。流入率 IN 与流出率 OUT 是流率变量，它们直接作用于水位 L 这一流位变量，表示着水位变化的快慢程度。

第三节 系统动态学流图及方程

一、系统动态学流图

1. 流图的作用

作为系统动态学模型基础的系统因果关系反馈回路图，虽然适用于决策人员对系统的结构、功能和行为的定性分析，但却不便于编写系统动态学数模方程，因而不能明确地表示系统诸要素的数学意义以及彼此之间数量关系。绘制系统动态学流图，就是为弥补上述缺陷而采取的一个重要步骤。在因果关系反馈回路图的基础上绘制出系统动态学流图，可以明确且完整地表示系统的物流、信息流和反馈作用的全貌，并可由此直接编写出系统动态学的数模方程。如果系统问题不很复杂或者系统分析人员较有经验，往往也可以经过一番思考后直接绘制出系统流图，而不必经由因果反馈图。

在绘制系统动态学流图之前，必须收集、整理有关系统诸要素及其相互关系的数据资料，并且考虑好如何设置变量（特别是流位变量和流率变量）、参数、常数和有关的函数。此外，还必须考虑对因果反馈图作出必要的补充和完善，使之既能完整地显示出系统应有的因果关系反馈回路以及系统各模块的正确衔接结构，又能表示出系统诸因素的数学意义及其数量关系概念。

总之，系统动态学流图的作用在于给系统分析人员提供一份便于编写系统动态学数模方程的蓝图、进一步搜集数据的依据，以及具体设计系统动态模拟实验方案的构思模型。

2. 流图中采用的符号

为了绘制系统动态学流图，需要采用一些专门规定的符号。表 6-2 列出了一些流图中通用的符号。

流图中通用的符号　　**表 6-2**

表征内容	符　号	说　明
流位变量	▭	描述系统状态的某一因素的累积数
流率变量	⧖→	某一因素的变化速率
辅助变量	○	某一因素的数量有时变性，但概念上不是累积性和速率性的
函　数	⊖	某一因素或变量符合某种函数的变化规律
常　数	—	某一因素在研究系统中其值是不变的
外生变量	◎	不受系统制约的外部因素
物质流	——→	物质实体流动的路径及方向
信息流	- - -→	信息流动的路径及方向
源点或汇点	⬭	物质流的起源与汇集点
图内未定义的变量	[　]	未包含在上述符号范围内的变量

在 Vensim PLE 中，对辅助变量、函数、常数、外生变量的符号已经不加区分，对物质流和信息流也不加区分。

3. 流图的绘制

根据表 6-2 给定的流图符号，可将图 6-6 所示的因果关系反馈回路图加工整理成为图 6-8 所示的系统流图。显然，该图所显示的信息反馈作用更加完善和具体，它是对图 6-6 的完善与具体化，主要体现在以下几个方面：

(1) 添设了必要的辅助因素 *CU*、*PI*、*ST*、*OER*、*CDR*、*DRT* 等，其作用是为了系统要素便于数量化和参与计算。

(2) 设定了三个流位变量。*ST* 用来表示任何时刻都存在的推销员人数；*COR* 是为了考察产销关系而设置的积压未能发货的订货单数；*DDT* 指被顾客觉察到的交货延迟时间，这是一种市场反馈信息，是在市场上积累形成且客观存在的变量，它将直接影响到工

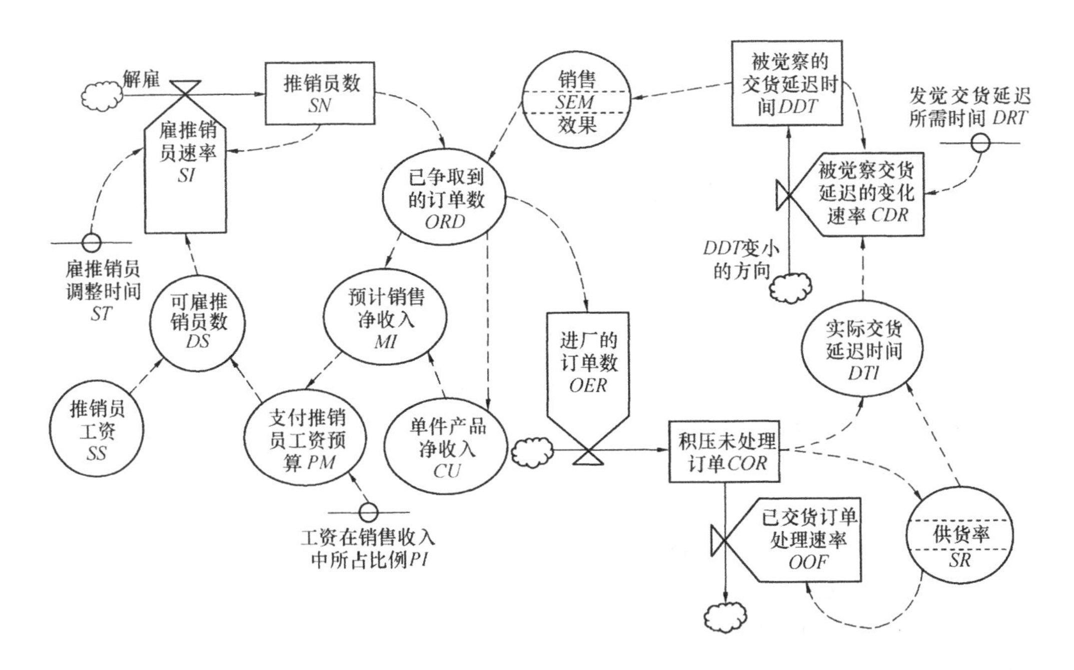

图 6-8 某工厂销售系统的系统流图

厂的信誉即销售效果，它又受实际交货延迟的影响，若实际交货延迟变得更小，则 *DDT* 会变小。

（3）对三个流位变量设置了相应的流率变量。对 *SN* 设置了 *SI*，作为雇佣推销员的决策因素；对 *DDT* 设置了其影响的变化率 *CDR*；而 *CDR* 将取决于实际交货延迟 *DTI*、被觉察的交货延迟 *DDT* 和时间因子 *DRT*。

（4）设置了表函数。供货率 *SR* 在生产能力允许的条件下将随着积压未发货的订单数的增加而增加，并表现为一种非线性关系，如表 6-3 所示；推销效果 *SEM*（件/人·月）与 *DDT* 反向变化，也表现为非线性关系，如表 6-4 所示。

SR 与 COR 的非线性关系（最大生产能力为 13800） **表 6-3**

COR	<3000	3000	6000	9000	12000	15000	18000	21000	24000	27000	30000
SR	*COR*	3000	5100	7200	9000	10500	11700	12600	13200	13500	13800

SEM 与 DDT 的非线性关系 **表 6-4**

DDT	0	0.5	1.0	1.5	2.0	2.5	3.0
SEM	1000	900	700	500	300	200	100

作为对照，图 6-9 给出了采用 Vensim PLE 绘制的工厂销售系统的流图。

二、系统动态学方程

数学方程式是任何定量计算所必须采用的工具，系统动态学也不例外。系统动态学对系统的模拟分析，也是借助于一系列数学方程式进行的。这种数学方程式，被称为系统动态学方程。流位变量方程、流率变量方程和辅助变量方程是系统动态学方程的主要部分。

1. 流位变量方程（*L* 方程）

对图 6-10 所示的流位变量，流位变量方程可写成如下格式：

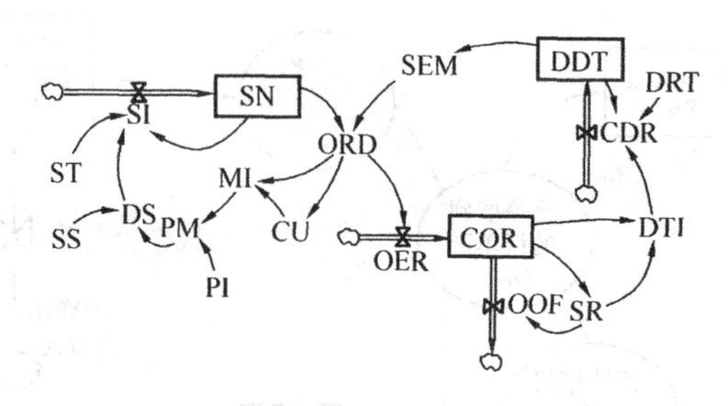

图 6-9　采用 Vensim 绘制的某工厂销售系统的系统流图

$$L \cdot K = L \cdot J + (DT)(IN \cdot JK - OUT \cdot JK)$$

式中　　L——流位变量名；

$L \cdot K$——在时间 K 计算的流位新流位值；

$L \cdot J$——前一时刻 J 的流位值；

DT——时刻 J 和 K 的间隔，在流位变量方程中必须含有它；

IN——加入 L 的流率；

$IN \cdot JK$——在 JK 间隔内增加的流率值；

OUT——从 L 中减出的流率；

$OUT \cdot JK$——在 JK 间隔内减少的流率值。

方程中时间表达方式的实际意义，如图 6-11 所示。

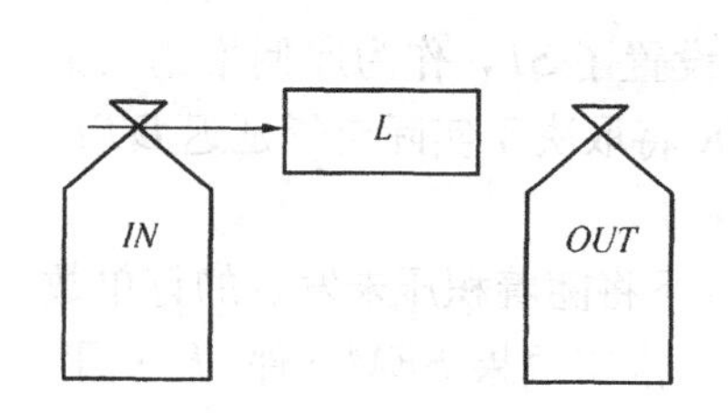

图 6-10　某流位变量

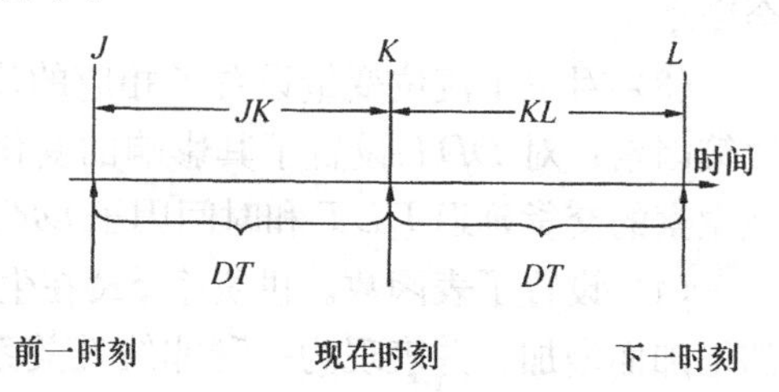

图 6-11　系统动态学方程中的时间表达方式

2. 流率变量方程（R 方程）

如前所述，作用于流率变量的可以有流位变量、常数、辅助变量或某种函数，因此，流率变量方程的基本形式为：

$R \cdot KL = f$(流位变量，常量，辅助变量，函数)（R 为流率变量名）

显然，流率方程不像流位方程那样具有固定的表达形式，其右端比较自由。需要注意的是流率方程中不应含有计算的时间间隔 DT，右端一般也没有流率变量。

流率 R 的值是对正在进行计算的时刻 K 以后立即出现的间隔 KL 来说的，因而左端写为 $R \cdot KL$。

3. 辅助变量方程（A 方程）

当流率方程非常复杂时，可以引进辅助变量，将复杂的 R 方程分解为 N 个较为简单的辅助方程。有时，为了更为清楚地反映系统结构，往往用辅助变量来表示一些独立的概念或转化因素。

辅助变量方程的基本形式为：

$A \cdot KL = f$(流位变量，常数，辅助变量，流率变量，函数)（A 为辅助变量名）

除上述三种方程外，系统动态学模型中还会出现用于定义打印输出增补变量的 *S* 方程，设置变量初值的 *N* 方程，为变量或系统因素设置常数、参数值的 *C* 方程，为使用表函数设置的 *T* 方程等。方程的类型、表达形式及其用法，因采用的仿真软件不同而有所区别，读者可参阅有关的专门书籍，这里不再详述。

Vensim PLE 中的系统动态学方程，对流位变量方程有了一种新的表达方式，并略去了所有方程中的时标。例如，对于图 6-9 给出的系统流图，主要的系统动态学方程如下：

```
SN= INTEG (SI,5)                            (流位变量方程,初值为 5)
ORD=SEM * SN                                (辅助变量方程)
MI= CU * ORD                                (辅助变量方程)
CU=IF THEN ELSE(ORD<2000,19.2 ,19.4)        (辅助变量方程,该方程使用了 IF THEN ELSE
                                            函数,含义是 ORD<2000 时,CU 取 19.2,否则
                                            取 19.4)
PM=MI * PI                                  (辅助变量方程)
PI=0.15                                     (辅助变量方程)
DS= PM/SS                                   (辅助变量方程)
SS=900                                      (设置常数方程)
SI=(DS-SN)/ST                               (流率变量方程)
ST=5                                        (设置常数方程)
OER=ORD                                     (辅助变量方程)
COR= INTEG (OER-OOF,1000)                   (流位变量方程,初值为 1000)
OOF=MAX( SR ,0 )                            (辅助变量方程,该方程使用了 MAX 函数,含
                                            义是 OOF 取 SR 和 0 两者中的最大值)
SR=WITH LOOKUP (COR,([(0,0)-(30000,13800)],(0,0),(3000,3000),(6000,5100),
    (9000,7200),(12000,9000),(15000,10500),(18000,11700),(21000,12600),
    (24000,13200),(27000,13500),(30000,13800) ))(辅助变量方程,采用 WITH LOOKUP 设置
    表函数)
DTI=COR/SR                                  (辅助变量方程)
CDR=(DTI-DDT)/DRT                           (流率变量方程)
DRT=2                                       (设置常数方程)
DDT=INTEG(CDR,1)                            (流位变量方程,初值为 1)
SEM=WITH LOOKUP (DDT,([(0,0)-(3,1000)],(0,1000),(0.5,900), (1,700),
    (1.5,500),(2,300),(2.5,200),(3,100) ))  (辅助变量方程,采用 WITH LOOKUP 设置表
                                            函数)
```

第四节　系统的典型结构及其行为

系统动态学研究的系统一般都比较庞大、复杂，但将其分解划开，总不外乎是一些基本的典型结构。对这些典型结构的特性和行为加以剖析，有助于深入了解全系统的特征和行为。

一、正反馈系统

正反馈系统是以正反馈回路为基础构成的。正反馈系统具有“雪球滚动效应”，它既能

产生“良性循环”，也能产生“恶性循环”。图 6-4(*b*)、图 6-5(*b*)和图 6-12(*a*)是“良性循环”的示例，图 6-12(*b*)和图 6-12(*c*)则是“恶性循环”的示例。

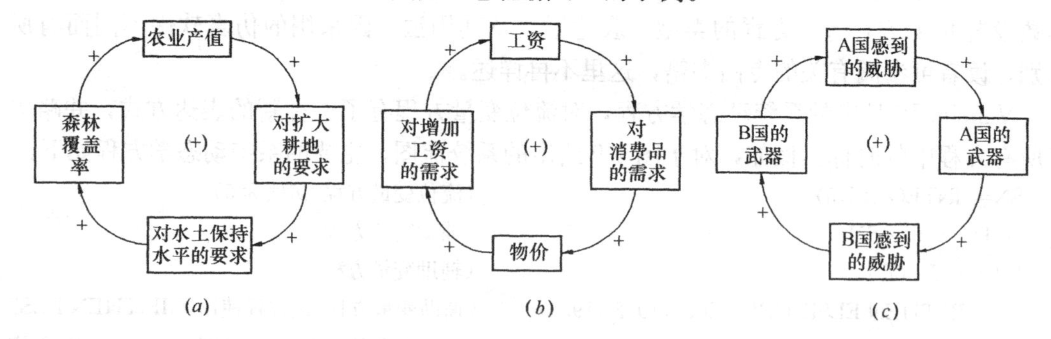

图 6-12 正反馈系统举例

(*a*) 农业系统；(*b*) 工资物价系统；(*c*) 军备竞赛系统

对图 6-4(*b*)的正反馈回路，相应的系统流图如图 6-13 所示。设初始的工业产值为 2，投资率为 100%，产出率为 200%，积累率为 40%，则其系统动态学方程可以表述为：

投资＝积累×投资率

投资率＝1

产出率＝2

工业产值＝ INTEG (＋投资×产出率，2)

积累＝工业产值×积累率

积累率＝0.4

对该系统 10 年的运行情况进行模拟，其结果如图 6-14 所示。显然，工业产值、积累、投资的增长均呈指数型，体现了正反馈系统自我强化的这一基本特征。

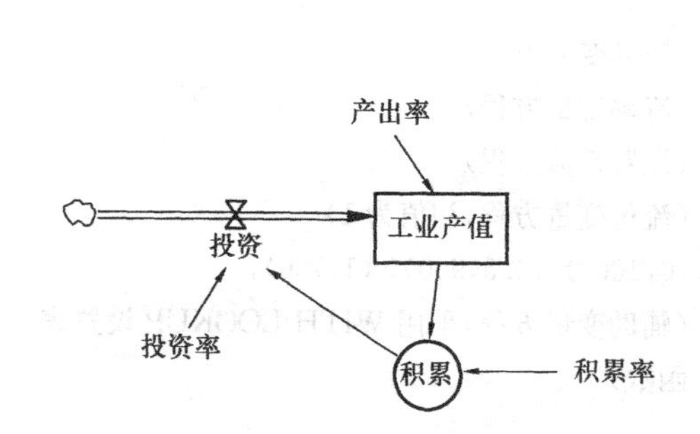

图 6-13 某投资系统流图

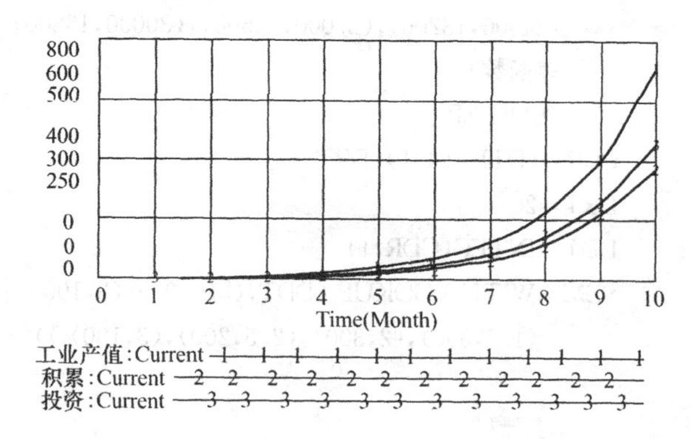

图 6-14 某投资系统的模拟结果

二、负反馈系统

1. 一阶负反馈系统

负反馈回路中只含有一个流位变量的系统称为一阶负反馈系统。负反馈系统的主要行为是自我调节、自我寻找系统设定的目标。一个简单的负反馈系统必须含有 4 个基本要素：系统的状态，即用流位变量表达的要素；给系统状态设定的目标，即期望的系统状态；系统状态同期望值的偏差；决策及其行为，即为缩小偏差所采取的措施，实际上就是用现实流位变量的反馈信息来控制流率变量，以便使流位变量达到设定的目标值。因此，负反馈系统与正反馈系统相比，主要区别是前者含有实际系统状态与目标的偏差，系统目标是人为设定的，与系统本身的要素不构成因果关系，而偏差则同其他要素构成因果关系。偏差的大小和方向决定着系统状态需要纠偏而采取的改变流率变量的大小和方向的行动。

图 6-15 是根据图 6-4(*a*) 绘制的一阶负反馈系统的流图。系统状态目标——“期望库存量”设定为常数，设其值为 6000；表示系统状态的流位变量为“库存量”，设其初值为 1000，“库存量”同“期望库存量”的偏差“库存量差额”作为辅助变量，它是决策的依据；偏差影响流率变量——“订货率”，它是旨在纠正系统偏差的决策；设定的常数“差额调整时间”是确定每一次改变偏差的间隔时间，设其值为 5d。则相应的系统动态学方程可以表达为：

差额调整时间＝5

订货率＝库存量差额/差额调整时间

库存量＝ INTEG (订货率，1000)

库存量差额＝库存量目标－库存量

库存量目标＝6000

对该系统 20d 的运行情况进行模拟，其结果如图 6-16 所示。显然，系统具有自动寻求目标的趋势。

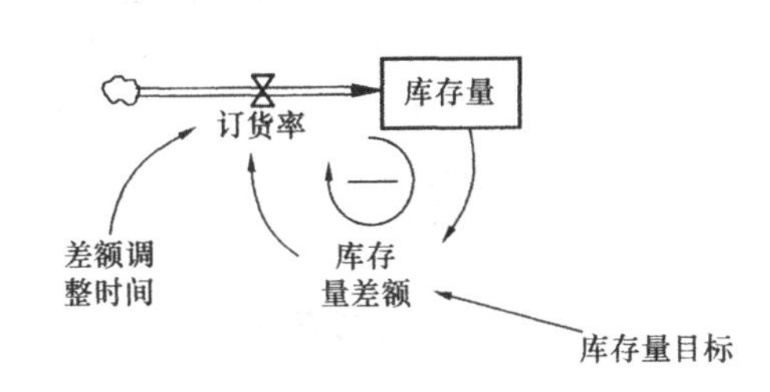

图 6-15　某一阶负反馈系统流图

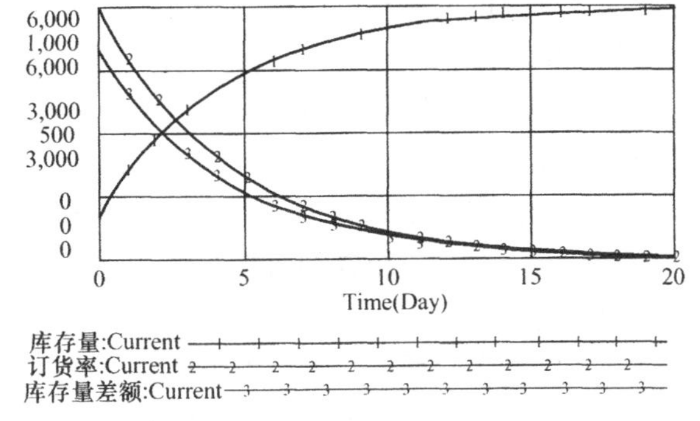

图 6-16　某一阶负反馈系统的模拟结果

2. 二阶负反馈系统

若在负反馈回路中有两个串接的流位变量，则称其为二阶负反馈系统。例如对图 6-4(*a*) 所示的库存系统加以扩充，增加订好货量和进货率等项因素，则相应的因果反馈关系图和模型流图如图 6-17 所示。

显然，这是一个有两个流位变量的负反馈系统。相应的系统动态学方程为：

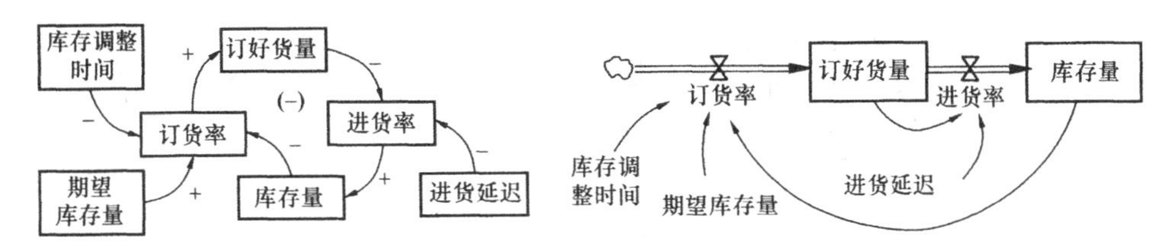

图 6-17　某二阶负反馈系统因果反馈关系图和模型流图

订好货量＝ INTEG（订货率－进货率，10000）

订货率＝（期望库存量－库存量）/库存调整时间

进货率＝订好货量/进货延迟

库存量＝ INTEG（进货率，1000）

现假定有关初始条件为：订好货量＝10000，期望库存量＝6000，库存量＝1000，进货延迟＝10d，库存调整时间＝5d，则经过模拟计算可绘出图 6-18。

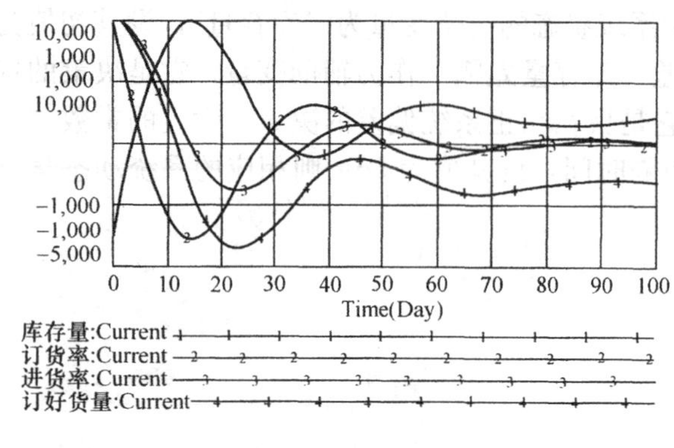

图 6-18　某二阶负反馈系统的行为曲线

从图 6-18 的四个变量变化曲线可以看出：

（1）库存量不能向一阶负反馈系统那样单调地增长到目标，而是围绕目标值出现振荡，最终趋近于目标，这是因为影响库存量的进货率和订货率的延迟所致。

（2）从库存量曲线与订货率和进货率曲线的对比中可以看出，当库存量已达到目标值时，订货和进货活动仍在进行，说明系统在寻找目标过程中，对于偏差的调节有过冲现象。

三、S 增长系统

综合上述正反馈系统和负反馈系统，可以设计一种 S 增长系统。这一系统可以描述现实世界里比较常见的一类现象，即系统在最初阶段，由慢而快地逐渐增长，当增长率达到某一峰值后即变得愈来愈小。最终呈现一种相对平衡状态，稳定于某一项固定值，如图 6-19 所示。各种动、植物的自然生长繁殖，人类智力增长，以及某些经济变量的增长，都具有上述特征。

在系统动态模型设计中，当遇到这种现象时，可以将其设计成在前期表现为正反馈系统行为，而在后期表现为负反馈系统行为的系统，如图 6-20 所示，其系统动态学方程可以表述为：

L＝INTEG（RT，）

RLT＝IF THEN ELSE（L<AA，BB×L，CC×（GL－L））

RT＝RLT

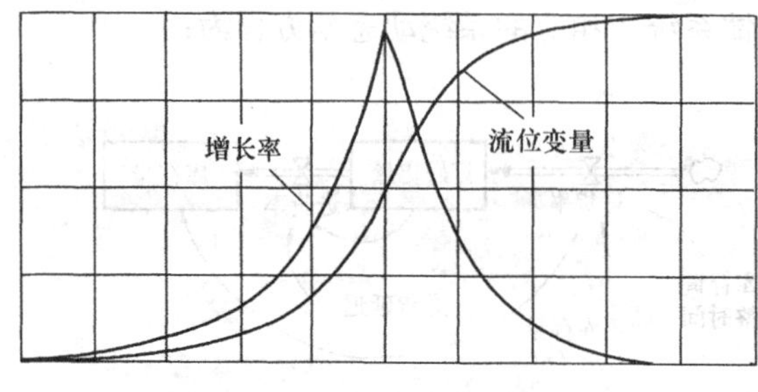

图 6-19　S 增长系统特性曲线图

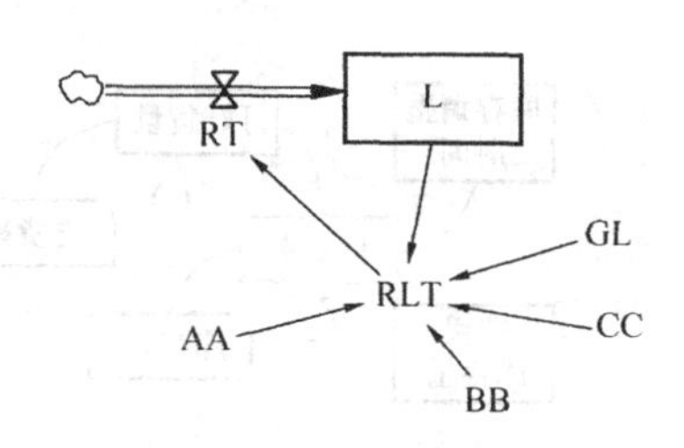

图 6-20　S 增长系统流图

其中：L_0为 L 的初始值，AA 为设定的增长率 RT 达到最大时的 L 值，BB 为正反馈行为阶段的指数增长的递增比率常数，CC 为负反馈行为阶段的差异调整份额常数。

RLT 计算式中的条件，也可以按实际需要，设定为其他认为适当的形式。

四、系统中的延迟现象

1. 延迟的概念

信息反馈系统中之所以呈现各种动态特性，最主要的原因是系统中存在延迟现象。在现实系统中，无论是物流还是信息流，从其输入到响应总是不可避免地会有或长或短的延迟。比如，订货后延迟到货，国民收入延迟体现购买力，固定资产投资延迟发挥其投资效益等。因此，延迟是系统中的一个重要结构因素，它的存在将决定系统的行为特征，必须予以注意。

在设计系统模型时，出于简捷实用的原则，也不能处处都考虑延迟。一般是对诸多延迟现象加以比较，只考虑那些延迟时间较长，对系统动态行为影响较显著的延迟，而对其他时间较短的延迟予以忽略，以使模型适当简化。能够适当地表达和处理现实系统中的延迟现象，尽可能使模型接近现实，这是系统动态学的独到之处。

某变量对于控制它的变量的变化，不能立即（及时）响应，需要经过一段时间的滞后才能响应，这一现象称为延迟。从本质上讲，延迟是表示系统中流入率转换为流出率的一种过程。在一个动态系统中，每一瞬间的流出率不等于流入率，这就意味着在这一输入到输出的转换过程中含有一种延迟输送量；当流入率大于流出率时延迟输送量就会逐渐增多，反之就会逐渐减少。从这个意义上讲，延迟也是一种特殊形态的流位变量。与一般流位变量所不同的是，延迟的流出率仅受延迟量的影响，而与外在的因素无关。

在系统动态学中，处理延迟的方式是使用指数延迟，即延迟的流出率同延迟流位变量成比例变化。这种方式使用简便，而且相当符合一般的实际系统的延迟规律。

2. 一阶指数延迟

图 6-21 表示的是一阶指数延迟。它是由一个累积量和一个流出量所组成，延迟流位变量 DLEV 是用来吸收流入率 IN 和流出率 OUT 间的差值，而流出率 OUT 是由 DLEV 和平均延迟时间 DEL 所决定的。

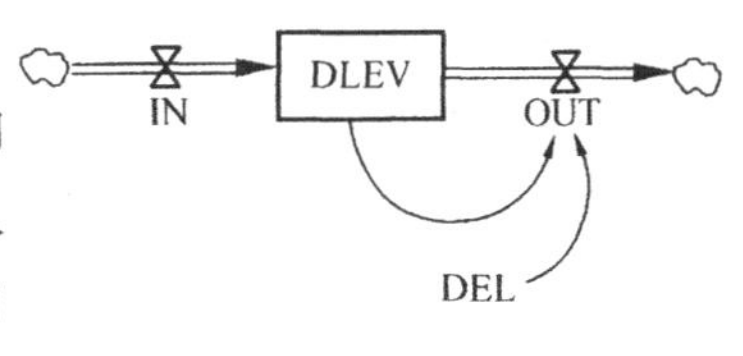

图 6-21　一阶指数延迟流图

图 6-21 中所示的延迟方式只是用来解释延迟过程，但在绘制系统流图时使用起来太麻烦，实际应用中可采用一阶指数延迟函数 DELAY1I 来表示。DELAY1I 的函数形式为：DELAY1I（IN，DEL，$DLEV_0$）。

为了考察延迟的作用和行为，假定图 6-21 所示的延迟流图中，初始状态 DLEV=0，IN=0，OUT=0；到时刻 1，阶跃输入 IN=5，设每一流入发生在每周期初，而流出发生在每周期末，平均延迟 DEL=2。则相应的系统动态学方程为：

DEL=2

DLEV= INTEG (IN−OUT,0)

IN=STEP(5,1)

OUT=DLEV/DEL

经模拟计算，可绘出图 6-22，从中可以看出，到了大约第 10 周期后，系统才进入稳定状态，即 IN=OUT，在此之前，流出率总小于流入率，即呈现了延迟作用。到达动态

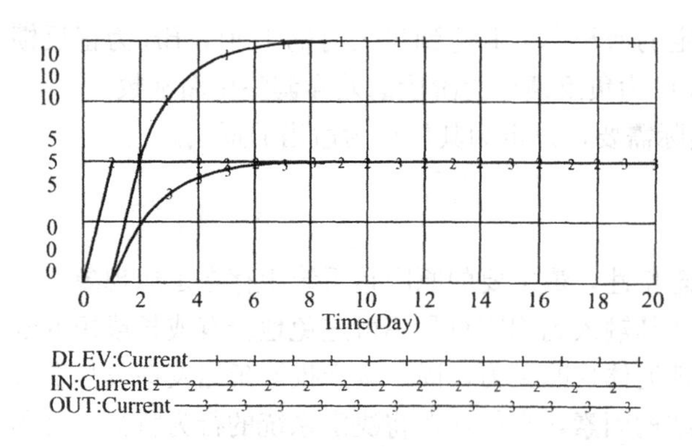

图 6-22　一阶指数延迟的系统行为

平衡所需的时间比延迟时间常数大得多。

若采用 DELAY1I 函数，相应的系统动态学方程为：

DLEV=DELAY1I(IN,2,0)

IN=STEP(5,1)

3. 高阶指数延迟

如果许多个一阶指数延迟首尾串接，就形成高阶指数延迟系统，如图 6-23 所示，是一个三阶指数延迟。

假定系统的初始状态和输入情况与图 6-21 相同，延迟总时间 DEL=6，D1=D2=D3=DEL/3=2，则经计算分析可知，系统达到动态平衡的时间将更长。参见图 6-24。

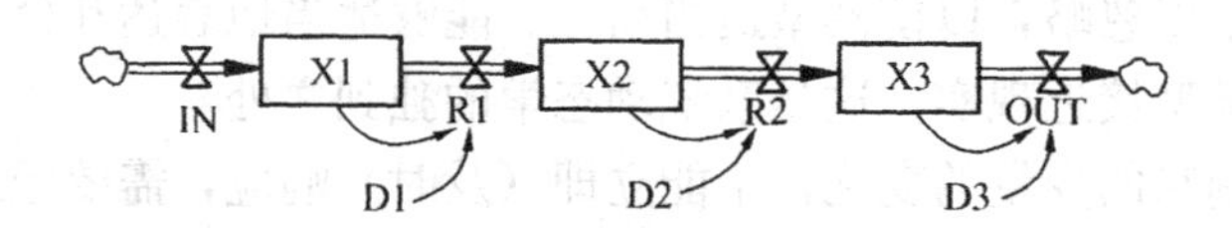

图 6-23　三阶指数延迟流图

实际应用中可采用三阶指数延迟函数 DELAY3I 来表示。DELAY3I 的函数形式为：DELAY3I（IN，DEL，$DLEV_0$）。

4. 信息流延迟的处理

在实际系统中，也会发生信息流的延迟。通常表现为：把过去一系列时间的变量值加以平均，获得一次指数平滑值，来反映变量的特征，作为决策的依据。根据指数平滑预测方法，对某一预测对象，若在时刻 T 的实际值为 V_t，预测值为 F_t，平滑系数为 α，则在 $T+1$ 时刻的预测值 $F_{t+1}=F_t+\alpha(V_t-F_t)$。

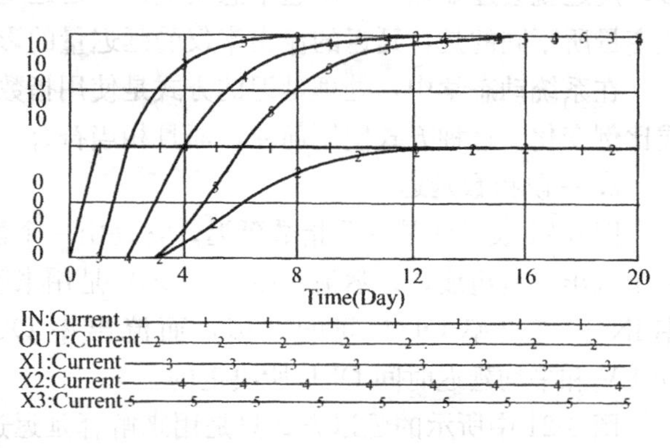

图 6-24　三阶指数延迟的系统行为

设 S 为欲平滑变量的当前值，A 为其平滑值，T 为信息延迟时间，$1/T$ 为指数平滑系数，则可有：$A \cdot K = A \cdot J + DT(1/T)(S \cdot J - A \cdot J)$。

实际应用中可采用一阶或三阶平滑函数 SMOOTHI 和 SMOOTH3I 来表示信息流的延迟。

第五节　系统动态学应用举例

一、问题的描述与研究目的

1. 问题的描述

本节选取美国 Michael R·古德曼著，王洪斌、张军、王建华译的《系统动态学学习指南（Study Notes in System Dynamics）》一书练习 12 中给出的住宅和人口模型作为原问题，使用 Vensim 软件进行了重新建模和分析计算。具体问题描述如下：

（1）假设有一个面积固定不变的旅游城镇。除了吸引游客的地理位置、气候、娱乐设施外，可利用的住宅数量是决定迁入这个城镇人口的主要因素。

（2）只要住宅的供应量能够满足住宅的需求量，人们便会迁入这一城镇。这个城镇的各种优越条件吸引人们迁入，每年迁入人口的正常速度是常住人口的 14.5%。

（3）常住居民由于各种原因也将以每年 2%的正常速度迁出该城镇。

（4）如果该城镇的住宅充足，将使房屋购买价格和房屋租金下降，为人们选择合适的住宅提供了更多的机会，从而导致每年移民的正常迁入率将大于 14.5%，同时每年的 2%的正常迁出率也会进一步下降。当住宅发生短缺时，将产生与上述情况相反的结果。这时计划迁入该城镇的移民由于不愿承担无住房的风险而取消迁入的计划；另外常住居民则由于难以寻找合适的住房而以更高的速度迁出该城镇。

（5）准备迁入的移民需要 5 年时间才能觉察到可利用住宅数量的变化。

（6）人口的变化除受迁入和迁出该城镇的人口流影响外，还受该城镇人口老化特征产生的每年 0.25%人口净死亡速度的影响。

（7）住宅建设既依赖于在此城镇可利用的住宅数量，也依赖于该城镇可利用的土地数量。

（8）只要该地区有充足的土地可以利用，就可以不断地建设新住宅。在此条件下，每年的住宅建设速度等于现有住宅数量的 12%。当住宅市场供不应求时，住宅建设企业为了满足要求则会加快建设住宅的速度；当住宅市场供过于求时，住宅建设企业将削减新住宅的建设量。

（9）当用于住宅建设的土地全部被占用时，住宅建设将停止。

（10）由于住宅的平均寿命大约为 50 年，所以每年住宅的拆除率为 2%。

2. 研究目的

（1）绘制因果关系图。根据上述问题的描述，绘制出这一住宅和人口问题的因果关系图。该因果关系图中只需要包含有表示回路所必需的变量即可。

（2）绘制流图。根据绘制出的因果关系图．画出相对应的系统动态学流图。

（3）编写系统动态学方程。根据系统流图，写出相应的系统动态学方程，并对每个方程做出简要说明。

（4）模型行为及分析。仿真模型并分析仿真结果；对图表函数和重要参数进行适当的灵敏度分析；检查模型的行为是否合理；简要地说明模型的行为和模型假设产生现有行为的原因，简要地评价这个模型的使用价值。

二、绘制因果关系图

1. 人口子模型

根据问题描述（1），在面积固定不变的城镇中，只有两个因素控制迁入移民的数量：一个是在该地区整个生命周期中假定不会发生变化的自然条件，另一个是随着人口和住宅数量变化而变化的可利用的住宅数量。图 6-25 是与其变量相对应的包含一个负反馈回路的因果关系图。该回路中包括三个变量：人口、可利用的住宅和迁入的人口。回路中的迁入的人口保持着人口与住宅之间的平衡。由于在系统中尚未确切定义住宅的供应量，可以暂且把住宅看成为一个外生变量。另外，外部因素决定的变量——自然条件的吸引力也未包含在回路之中。

根据问题描述（2），在人口和迁入的人口之间需要加入从人口直接指向迁入的人口的正因果链。而可利用的住宅数量依赖于由人口决定的住宅需求量和实际住宅供应量，如图6-26所示。

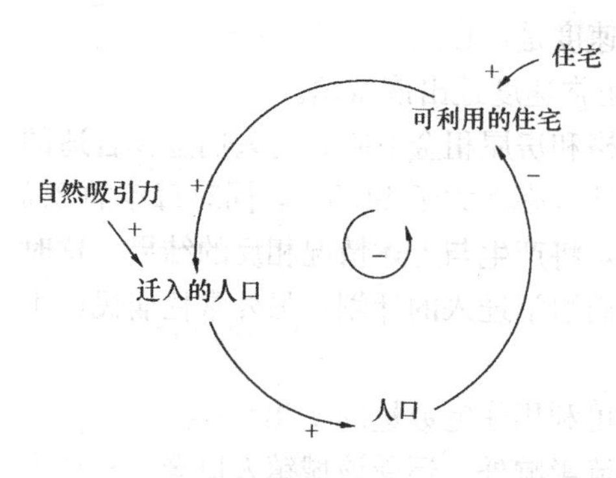

图6-25　基本的迁入人口——可利用住宅回路

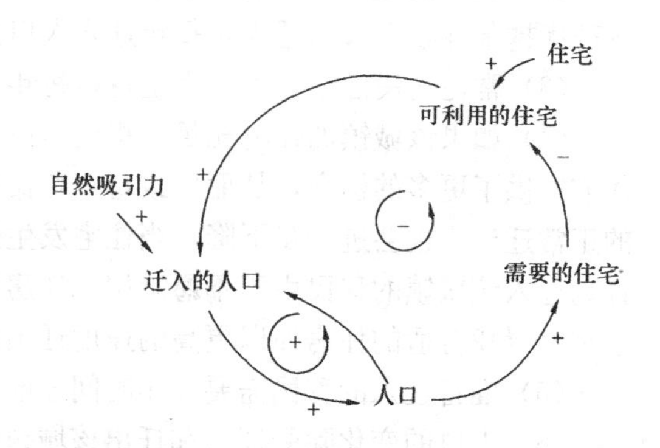

图6-26　加入人口——迁入人口因果链的因果关系图

根据问题描述（3），在模型中增加了在人口和迁出的人口之间形成的反馈回路，如图6-27所示。

根据问题描述（4），可建立可利用的住宅同迁出移民及迁入移民之间的因果联系，这种联系是通过可利用的住宅数量产生的吸引力变量实现的。如图6-28所示，住宅吸引力变量以正号形式依赖于可利用的住宅量，并以正号形式作用于迁入的人口，以负号形式作用于迁出的人口。

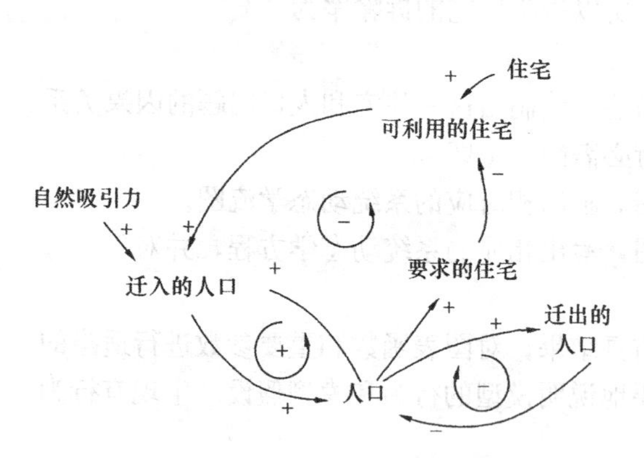

图6-27　加入迁出移民回路后的因果关系图

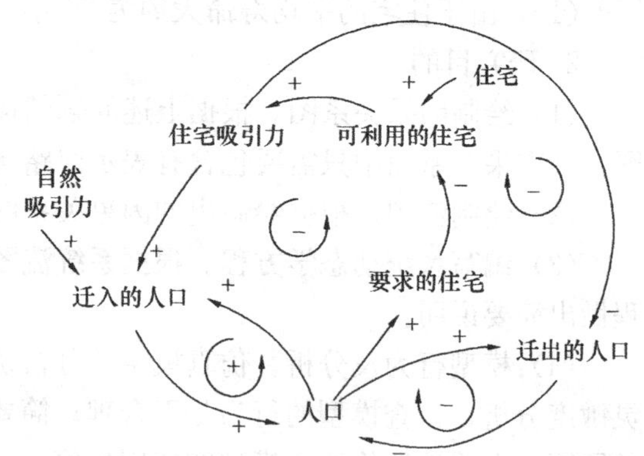

图6-28　加入住宅吸引力变量后的因果关系图

根据问题描述（5），需要在住宅吸引力变量和迁入的人口变量之间加入一个认识过程的延迟。这里假设这一城镇的常住居民可以随时掌握有关住宅变化的信息，所以在迁出的人口变量和住宅吸引力变量之间不需要加入认识过程的延迟。图6-29中给出了这个延迟的表达形式。

根据问题描述（6），还需要在人口模型中加入人口净死亡速度回路，参见图6-29。

图 6-29 表明，完整的人口子模型是由四个负反馈回路和一个正反馈回路组成的。

2. 住宅建设子模型

根据问题描述（7），有两个影响住宅建设速度的因素：可利用的住宅数量和可利用的土地数量。根据推理可知，可利用住宅的增加和可利用土地数量的减少（占用土地数量的增加）都会降低住宅的建设速度；而住宅建设速度的增加将导致住宅量的增加，如图 6-30 所示。

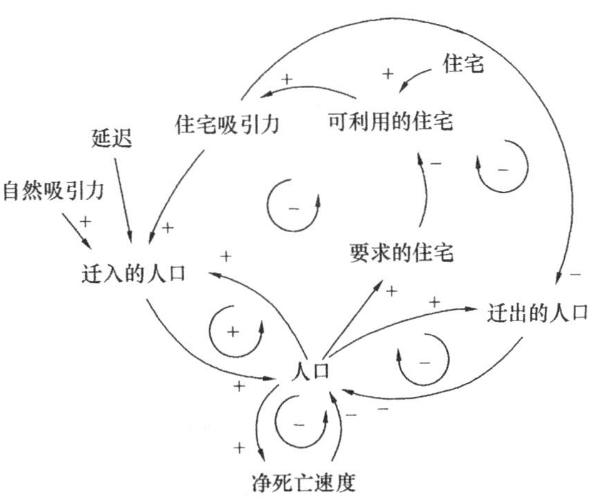

图 6-29　完整的人口子模型

根据问题描述（8），需要在图 6-30 中加入一条从住宅到建设速度的正因果链。图 6-31 是根据新要求绘制的因果关系图，在该图还包含有从住宅到可利用的住宅的正因果链。而关于住宅建设企业建设量的描述，实际上体现了该城镇中住宅建设企业的决策过程，不需要对因果关系图进行修改。

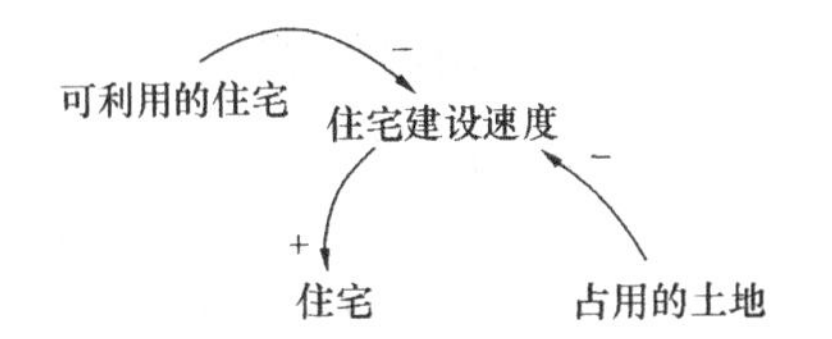

图 6-30　住宅建设中的基本因素

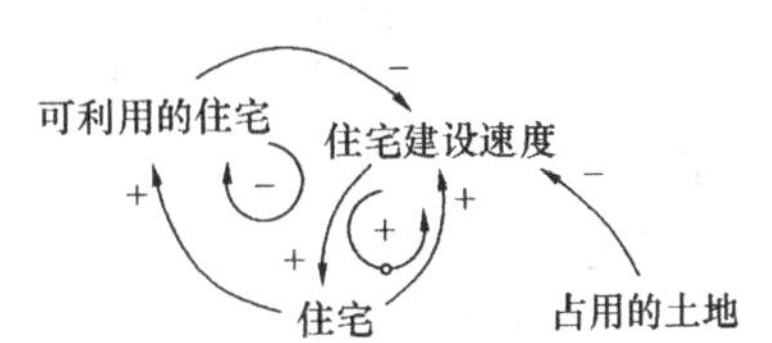

图 6-31　加入住宅到住宅建设速度因果链后的因果关系图

根据问题描述（9），需要在图 6-31 中加入一条从住宅到占用的土地的正因果链。为了更清楚地说明可利用土地的总面积，还必须对因果关系图做一些必要的改动。引入土地占用系数变量，这个系数等于住宅占用的土地面积与可利用土地总面积之比。图 6-32 给出了上述改动。

根据问题描述（10），需要在住宅子模型中加入一个拆除回路，如图 6-33 所示。

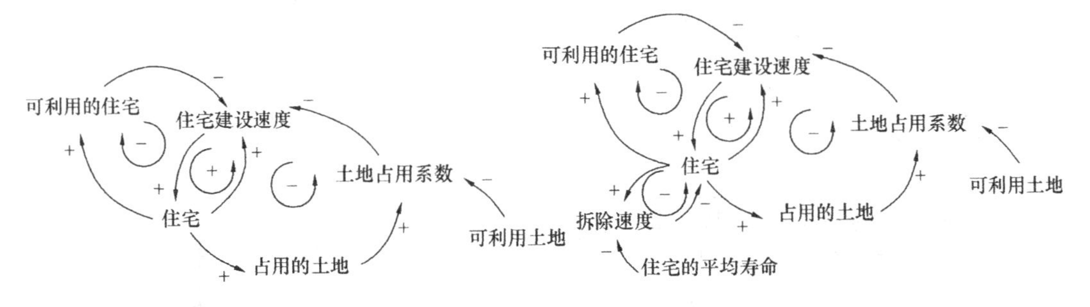

图 6-32　加入土地占用系数回路后的因果关系图　　图 6-33　加入拆迁回路后的因果关系图

图 6-33 表明，完整的住宅子模型是由一个正反馈回路和三个负反馈回路组成的。

图 6-34 是这个模型的完整的因果关系图，图中的人口子模型和住宅子模型是通过变量可利用的住宅连接在一起的。各回路和它们各自的正负符号表明了模型的假设。后面的

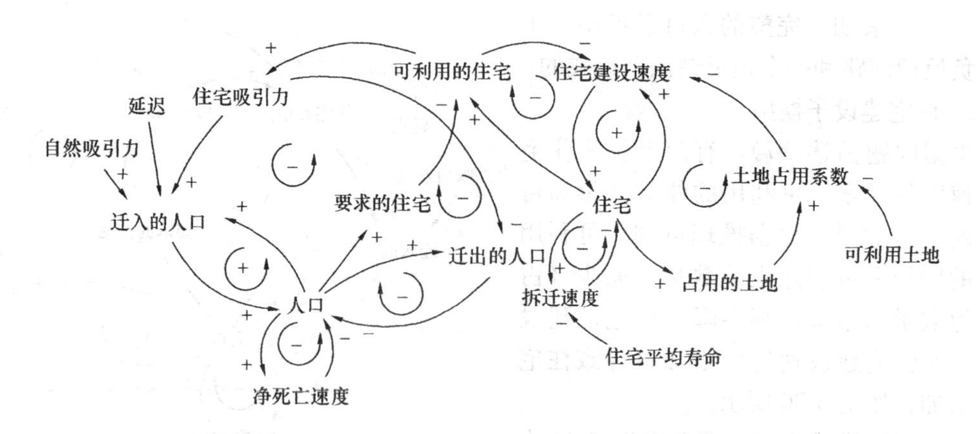

图 6-34　完整的住宅子模型和人口子模型因果关系图

流图及对应的方程将进一步清楚地说明这些假设和它们之间的联系。

三、绘制系统动态学流图

1. 绘制系统动态学流图的基本方法

(1) 确定系统中的流位变量。确定流位变量的原则是，在因果回路中具体表现积累过程的变量都是流位变量。人口和住宅变量很显然具有上述特征。另一种确定流位变量的原则是，假设系统在瞬间全部冻结，所有的行动和活动全部停止，此时仍能度量或计算的那些量不是流位变量，便是辅助变量（流位变量的函数）或常量。在冻结住宅——人口系统后，系统中留下的可度量的实质性变量有；人口和住宅。像土地占用系数（住宅数和不变的土地面积的函数）等可计算变量将被作为辅助变量考虑。

(2) 确定流率变量。一旦确定出流位变量、辅助变量和常量，就可以将系统中的其他变量确定为流率变量。可以用一种简便的方法检查所确定出的流率变量的正确性。因为只有流率变量能够改变流位变量，所以任何可以直接影响流位变量的变量都必须是流率变量。

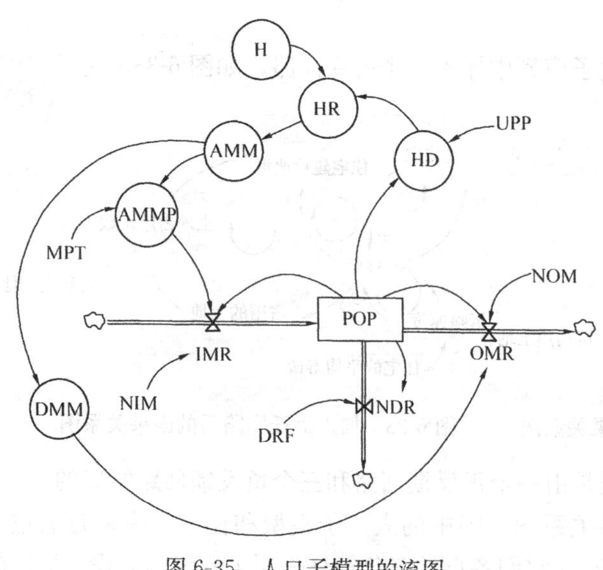

图 6-35　人口子模型的流图

2. 人口子模型流图的绘制

根据图 6-29 给出的人口子模型因果关系图，可绘出图 6-35 所示的人口子模型流图。

图 6-35 中使用的变量含义及相关说明如下：

POP——人口。它是本系统的两个流位变量之一，同时作用于迁入移民的速度、迁出移民的速度和净死亡速度三个流率变量。

IMR——迁入移民的速度。IMR 为流率变量，它增大了人口 POP 的数量。IMR 是流位变量 POP 和其他变量的函数。

OMR——迁出移民的速度。OMR 为流率变量，它减少了人口 POP 的数量。OMR 也是流位变量 POP 和其他变量的函数。

NDR——净死亡速度。NDR 为流率变量，它减少了人口 POP 的数量。NDR 也是流位变量 POP 和其他变量的函数。

NIM——移民正常迁入率，其值设定为常数。

NOM——移民正常迁出率，其值设定为常数。

DRF——净死亡率，其值设定为常数。

HD——住宅需求量。它和人口 POP 成比例，在模型中作为辅助变量考虑。

UPP——人均需要住宅。

HR——住宅供求比例系数。为了简便起见，将连接本模型中两个流位变量的可利用住宅变量重新定义为住宅供求比例系数 HR，其值等于住宅数量与住宅需求量之比。HR 能够反映出该城镇住宅市场供需情况的大致指标。诸如租金和购买住房的价格、住宅占用率，或在获得合适住宅过程中所需延迟时间等其他指标，将需要加入其他辅助结构来表示。对于这个模型中的流位变量来说，住宅供求比例系数方程基本可以说明其供求关系：比例系数小于 1，说明住房供不应求；比例系数大于 1，说明住房供过于求；比例系数等于 1，说明住宅数量和住宅需求量之间达到了供需平衡。

AMM——对移民的吸引力变量。从人口子模型的因果关系图中可以看到，对移民的吸引力变量 AMM 依赖于住宅供求比例系数 HR。AMM 与 HD 之间呈现出一种非线性关系，这种关系可以用一个图表函数说明，在下面编写系统动态学方程时，将对此进行详细说明。

AMMP——AMM 变化的延迟。根据前面的问题描述，随着住宅供求比例系数 HR 的变化，这一城镇对移民的吸引力将变得大于或小于“正常吸引力”。在吸引力变量或系数随着住宅情况的变化而变化时，每年 14.5%的正常移民迁入率也随之增大或随之减少。了解上述变化的延迟 AMMP 就是在这一过程中发生的。

MPT——了解 HR 变化所需要的时间，其值设定为常数。

DMM——移民迁出系数。移民迁出系数 DMM 等于吸引力系数 AMM 的倒数，它调节移民迁出速度 OMR。当这一城镇能够提供更多的住宅时，该城镇对移民就会有更大的吸引力。因此相对正常情况来说，在一定时期中便会有更多的移民迁入并会减少移民迁出量；当住宅紧张时，则会发生相反的情形。

3. 住宅子模型流图的绘制

根据图 6-33 给出的住宅子模型因果关系图，可绘出图 6-36 所示的住宅子模型流图。

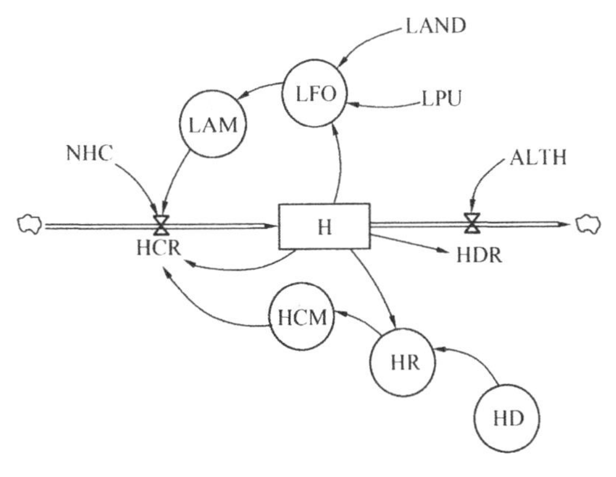

图 6-36 住宅子模型的流图

图 6-36 中使用的变量含义及相关说明如下：

H——住宅。它是本系统的两个流位变量之一，同时作用于住宅建设速度 HCR、住宅拆除速度 HDR 两个流率变量，并对土地占用系数 LFO 和住宅供求比例系数 HR 产生影响。

HCR——住宅建设速度。HCR为流率变量，它的作用是增加住宅H。HCR是流位变量H和其他变量的函数。

HDR——住宅拆除速度。HDR为流率变量，它的作用是减少住宅H。HDR也是流位变量H和其他变量的函数。

NHC——正常的住宅建设率，其值设定为常数。

ALTH——住宅的平均寿命，其值设定为常数。

LFO——土地占用系数。LFO为辅助变量，它是流位变量H和土地总面积LAND与单位住宅平均占地面积LPU两个常数的函数。

LAND——土地总面积。

LPU——单位住宅平均占地面积。LPU包括住宅自身占用的土地和所有必需的服务设施、道路和人行道占用的土地，其值设定为常数。

LAM——可利用土地系数。LAM和LFO之间存在有非线性关系。LFO用类似于吸引力系数的方式改变LAM。由于LFO远小于1，LAM的值近似等于1，因此对正常建设速度没有影响。在编写系统动态学方程时将对此详细讨论。

NHC——正常的年建设率。其值设定为常数。

HCM——住宅建设系数。住宅建设速度HCR通过住宅建设系数HCM与住宅供求比例系数HR联系在一起。HCM能够简单地调节正常建设速度，此速度的上升或下降能够反映由HR所表示的住宅供求情况。由于HCM在住宅状况可能的变化范围内同HR不存在线性关系，因而也需用一个图表函数加以描述。

图6-37给出了这个模型的完整流图。

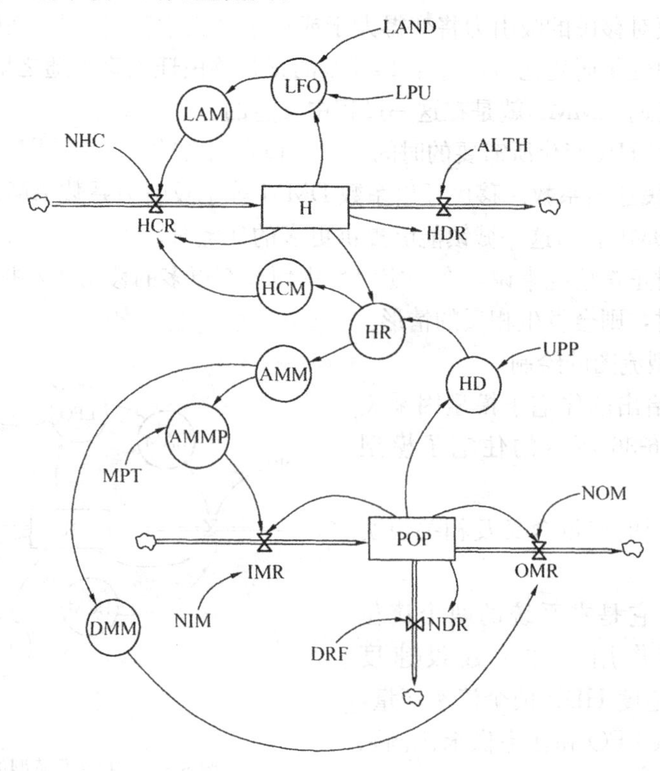

图6-37 人口—住宅模型的完整流图

四、编写系统动态学方程

1. 人口子模型

首先给出流位变量 POP 的初值、相关的常数值和函数关系。

流位变量 POP 的初值为 30 人。

根据问题的描述和相关假定，设置常数如下：正常移民迁入率 NIM 为 0.145；正常的移民迁出率 NOM 为 0.02；净死亡率 DRF 为 0.0025；假设平均 3 个人需要占用一套舒适的住房，或者说每个人需要占用三分之一套住房，因此 UPP 的值为 0.33；了解 HR 变化所需要的时间 MPT 为 5 年。

吸引力系数 AMM 与住宅供求比 HR 的关系如图 6-38 所示（图中，Input 为 HR，Output 为 AMM）。当 HR 等于 1 时，AMM 也等于 1，此时每年移民迁入率为 14.5%。当住宅需求量超过可利用住宅量时，由于住宅紧张，而使 AMM 开始下降并趋近于零。当住宅供过于求时，由于住宅价格较低并且移民对住宅有较多的选择机会，而吸引更多移民迁入该地区。但一旦剩余超过 25%，AMM 则会发生饱和现象。也就是说，越来越多的剩余住宅不能对移民产生越来越大的吸引力。图表函数中曲线的斜率在穿过限定点（HR=1，AMM=1）时呈现最大斜率，这是因为在这一区域中，移民对可利用住宅的变化最敏感。

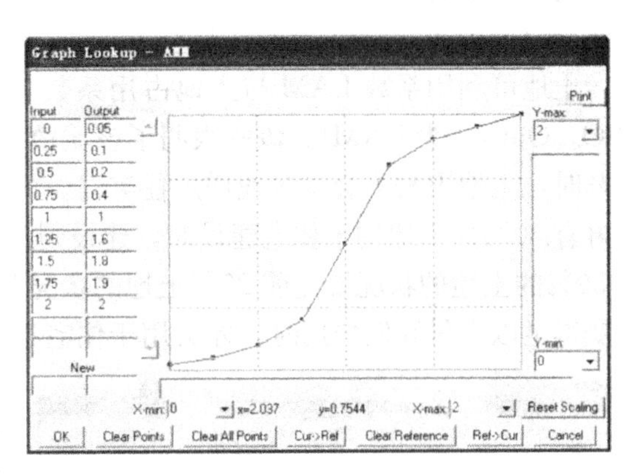

图 6-38 AMM 与 HR 的关系

由此，可写出如下系统动态学方程：

```
POP= INTEG (IMR-NDR-OMR,30)
IMR=NIM * AMMP * POP
NIM=0.145
AMMP=SMOOTH( AMM ,MPT)
AMM =WITH LOOKUP (HR,([(0,0)-(2,2)],
        (0,0.05),(0.25,0.1),(0.5,0.2),(0.75,0.4),(1,1),(1.25,1.6),(1.5,1.8),(1.75,
      1.9),(2,2) ))
MPT=5
DMM=1/AMM
OMR=NOM * DMM * POP
NOM=0.02
NDR=POP * DRF
DRF=0.025
```

2. 住宅子模型

首先给出流位变量 H 的初值、相关的常数值和函数关系。

住宅 H 的流位值是住宅建设速度 HCR 和住宅拆除速度 HDR 在随时间推移过程中的纯累积。在这里，假设一个使住宅供求比例系数等于 1 的住宅 H 的初值为 10 套。

根据问题的描述和相关假定，设置常数如下：正常的住宅建设率 NHC 为 0.12；假设平均三个人需要占用一套住房，则 UPP 为 0.33；平均每套住宅的占地面积 LPU 为 1 英亩；该城镇可用于住宅开发的土地总面积 LAND 为 1500 英亩；住宅的平均寿命为 50 年。

住宅建设系数 HCM 与住宅供求比 HR 的关系如图 6-39 所示（图中，Input 为 HR，Output 为 HCM）。当 HR 等于 1 时，住宅建设系数对 HCR 没有重要的影响，假设 LAM 也等于 1，每年的住宅建设率仍将为 12%。当实际住宅比住宅需求量多 25%时，住宅建设系数 HCM 将大幅度下降，最终趋近于零。在另一极端的情况下，当住宅需求量远大于可利用的住宅时，住宅建设受到激励而增加。假设在存在可利用土地的情况下，住宅建设企业会以最大速度进行建设，其速度可为正常建设速度的 2.5 倍，或者说建设率为 30%。

土地可利用系数 LAM 与土地占用系数 LFO 的关系如图 6-40 所示（图中，Input 为 LFO，Output 为 LAM）。该图表明了该城镇自然条件的特性。当土地面积被建筑物占用 25%时，土地因素不会过多地增加住宅建设的费用，也不能对住宅建设产生很大的影响。当再有 50%的土地用于住宅建设时，建设则需要有附加的开发项目和资金。一般情况下，后 50%的土地的状况要比前 25%土地的状况差。最后所剩的 25%土地只有在对土地的需求变得足以支付开发费用时，才会用于住宅建设。

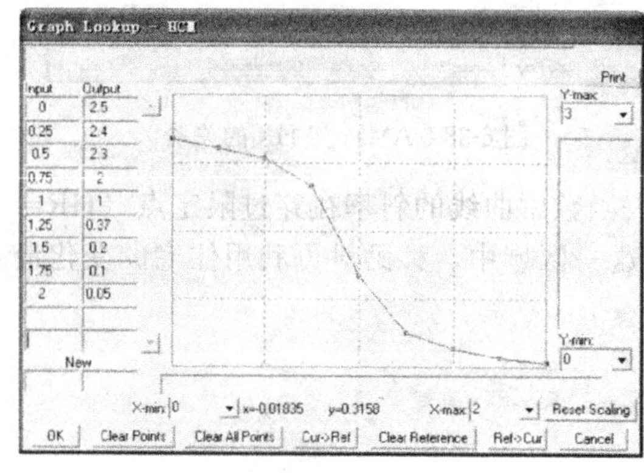

图 6-39 HCM 与 HR 的关系

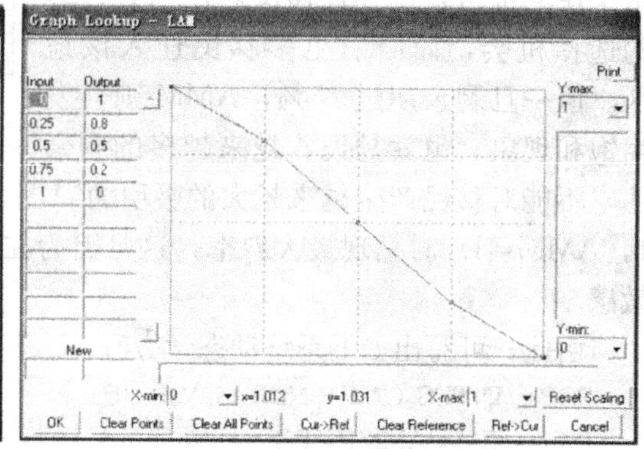

图 6-40 LAM 与 LFO 的关系

由此，可写出如下系统动态学方程：

H= INTEG (HCR－HDR,10)

HCR=NHC * HCM * LAM * H

NHC=0.12

HCM = WITH LOOKUP (HR,([(0,0)－(2,3)],
(0,2.5),(0.25,2.4),(0.5,2.3),(0.75,2),(1,1),(1.25,0.37),(1.5,0.2),(1.75,0.1),(2,0.05)))

HR= H/HD

HD=POP * UPP

UPP=0.33

LAM = WITH LOOKUP (LFO,([(0,0)－(1,1)],(0,1),(0.25,0.8),(0.5,0.5),(0.75,0.2),(1,0)))

LFO=H * LPU/LAND

LPU=1

LAND=1500

HDR=H/ALTH

ALTH=50

五、模型行为及其分析

1. 标准情况下的模型行为

为确保模型的仿真结果能够达到平衡状态，确定模型的运行时间等于100年，比该城镇75年的生命周期长25年。计算机每一年进行一次仿其运算。在图形输出中，需要绘出住宅和人口两个流位变量、住宅建设速度和住宅拆除速度、移民迁入速度和移民迁出速度、住宅供求比例系数和土地占用系数。

在上述标准条件下的仿真运行结果存贮在RUN1文件中，其输出图形如图6-41所示。

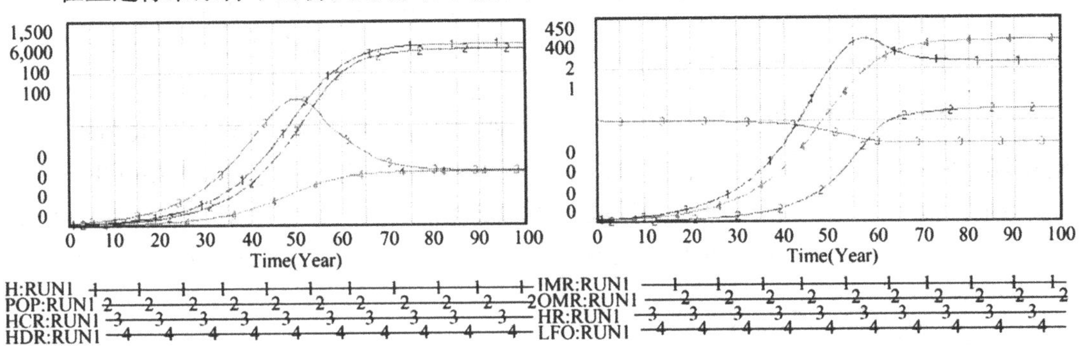

图6-41 标准情况下的仿真运行结果

仿真运行结果表明，该城镇发展变化过程将分为三个明显的阶段。

在前50年中，系统呈现快速增长和发展特性。在这一时期住宅供求比例系数略小于1，表明该城镇实际住宅数量与住宅需求量基本持平。同时，移民迁入量和住宅建设数量呈指数增长形式，而移民迁出数量相对较小。在这一时期中，涉及人口、住宅建设和移民的正反馈回路在系统中起主导作用。

在50到70年之间系统处于过渡阶段。在此阶段中，建设速度在达到最大值之后，随着可利用土地的减少和建筑业对住宅建设的限制而出现下降趋势。这时住宅数量仍继续增加，但增加速度是逐渐减慢的。在这里由于住宅供求比例系数下降，所以在某种程度上阻碍了移民的迁入，并加快了移民的迁出速度。此时，尽管住宅的需求量很大（HR小于1)，但由于土地的限制作用，建设速度仍继续下降，直到建设速度恰好等于拆除速度（重新建设）时为止。在这个阶段中含有土地因素的负反馈回路在系统中起主导作用。

在最后平衡阶段，住宅数量保持在1346单位左右，比该城镇实际可容纳建筑物的数量1500单位少154单位；人口大约在5625人左右。

2. 人口子模型的灵敏度分析

模型中最引人注目的行为是由住宅供求比例系数的变化引起的，住宅供求比例系数描述了住宅拥挤以及短缺的程度。在过渡阶段中，住房供求比例系数HR不断下降，并取得数值为0.725的最终平衡值。在这里出现的27.5%描述了在模型中假设的过分拥挤的状况。实际上，一旦土地限制作用使住宅水平达到平衡状态，那么该城镇肯定会丧失对移民的吸引力，从而减少移民迁入量并增加移民迁出量。因此，移民净迁入量恰好能够补偿每年 0.25%的人口死亡数。只有当吸引力系数 AMM 不断下降并低于 1 时，这种平衡状态才会发生。AMM 小于 1 意味着住宅供求比例系数必定小于 1。

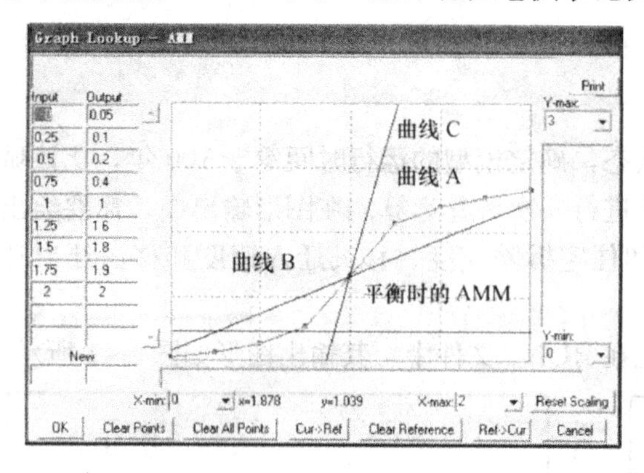

图 6-42　重新绘制的 AMM 曲线

图 6-42 给出了重新绘制的 AMM 曲线，在图中可以看到，与 HR 的平衡值 0.725 相对应的 AMM 值是 0.38（正常的曲线 A 与平衡时的 AMM 的交点）。不管曲线的形状如何，系统若要取得平衡，AMM 必须降至 0.38。如果假设可利用的住宅对移民只有很小的影响，那么住宅供求比例系数 HR 的平衡值将小于 0.725。在图 6-42 中，曲线 B 说明了这种可能性，这是一条不太敏感的 AMM 曲线。为了取得必需的 AMM 的平衡值，HR 值将下降到 0.50。曲线 C 说明了一条灵敏度很高的 AMM 曲线的影响。在这种假设条件下，HR 的平衡值近似等于 0.85。平衡点右侧图表函数的形状不影响 HR 的平衡值。当住宅供求比例系数 HR 等于 1 时，人口出现增长趋势，为了使 AMM 取得平衡值，HR 必须降为小于 1 的值。

3. 住宅子模型的灵敏度分析

相对而言，本模型的行为对住宅子模型中参数和图表函数的变化反应不敏感。改变正常的住宅建设率 NHC 或住宅的平均寿命 ALTH 只能加快或减慢住宅的净增长速度，但基本的 S 型增长模式是不能改变的。不管人口对建设的压力（高需求）多大，也不管建筑业对建筑表示出多么大的乐观或悲观前景，土地控制回路都将始终控制建设速度。

仿真运行 2（RUN2）给出了 NHC 增加一倍，即从每年 12%增至 24%时所产生的结果，其输出图形如图 6-43 所示。从仿真运行 2 的结果中可以看出，住宅供求比例系数在前 30 年中都是大于 1 的。然而，在土地限制回路开始控制增长时，高速增长的建设速度开始迅速下降。由于移民觉察延迟的存在，移民流不能迅速改变它的增长趋势。在住宅供求比例系数达到其平衡值 0.78 以前，人口数量出现了微小的超调量。相对正常建设速度的冒险政策简单地将模型的 80 年增长周期缩短为 60 年。

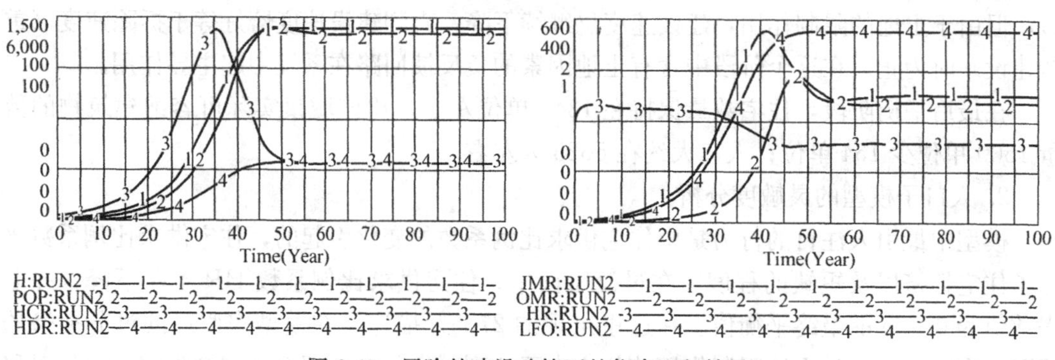

图 6-43　冒险的建设政策下的仿真运行结果

为试验相对保守的住宅建设政策的影响，可以改变住宅建设系数图表函数，如图6-44所示。在出现剩余住宅的情况下，建设系数同正常曲线中的值相比略有减小。然而，在住宅十分短缺的情况下，也绝不会使正常建设速度增加25%以上，这一决策原则不同于标准曲线中可能使正常建设速度增加150%的决策原则。

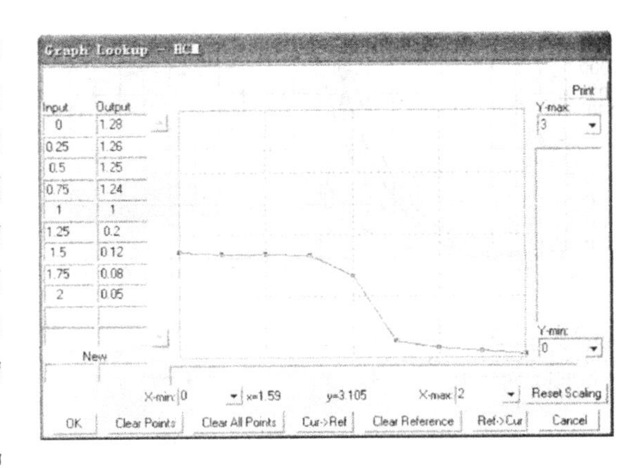

图 6-44　重新绘制的 HCM 曲线

仿真运行 3（RUN3）仿真了这种建设政策，其输出图形如图 6-45 所示。在执行这种政策后，住宅增长比前两种运行情况要慢了，因此，限制了人口的增长，消除了人口的超调量。住宅供求比例系数 HR 在大约 40 年中都为大于 0.9 的值，而后过渡到平衡值 0.73。在这次仿真运行中，80 年后出现的住宅和人口的平衡状态反映了标准运行中的稳态曲线。

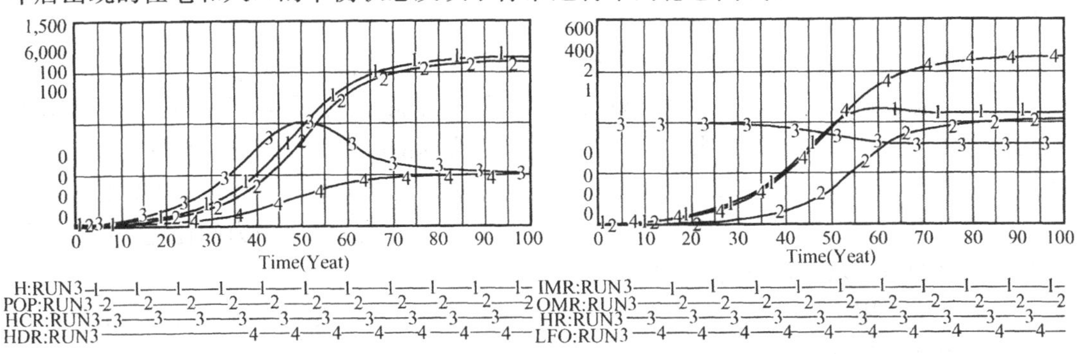

图 6-45　保守的建设政策下的仿真运行结果

再假设用于住宅建设的土地具有完全相同的地质条件。只有土地极度不足时，住宅建设才会迅速停止。图 6-46 绘出了重新假定的土地可利用系数 LAM 曲线。

仿真运行 4（RUN4）仿真了在土地地质条件完全相同的条件下的模型行为，其输出图形如图 6-47 所示。在最初的 45 年的发展过程中，由于土地对增长没有起到限制作用，因此人口和住宅都能以稍高于正常值的速度自由增长。然而在后来的 15 年内，建设速度急剧下降，住宅水平也很快进入平衡状态。和仿真运行 2（RUN2）一样，由于移民在了解住宅供求情况时存在 5 年的了解延迟，因此移民流不能立刻对迅速平衡的住宅量作出相应的反应。人口数量超过了平衡后的住宅量。在住宅停止增长以后，人

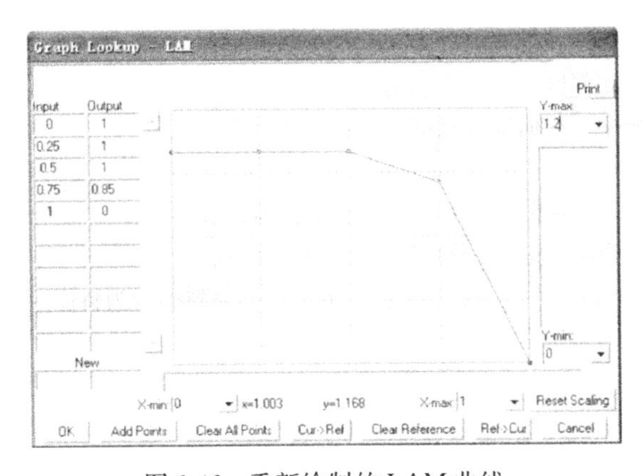

图 6-46　重新绘制的 LAM 曲线

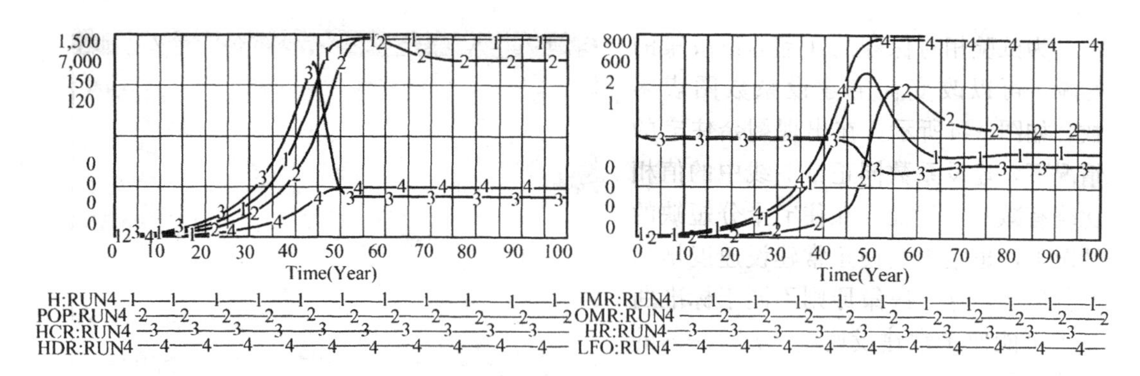

图 6-47　改变 LAM 的后仿真运行结果

口数量又经过 20 年时间才达到平衡值。

在仿真运行 4（RUN4）中的住宅数量和人口数量的平衡值大于标准仿真运行（RUN1）中的平衡值，表明建筑业能够在建设速度下降到等于拆除速度之前建设更多的住宅。如果把住宅的平均寿命 ALTH 增至 75 年或 100 年，也会取得同样的平衡状态。以这样的增长方式，不论是改变 LAM，还是改变 ALTH，都将允许社会在初期得到迅速的发展，但其发展过程中一定会发生重大的转变。

虽然这个住宅——人口模型相对来说是一个简单的结构模型，但是它能够说明许多重要的动态概念。在增长过程中，该城镇具有吸引移民的能力。但是，当土地限制因素开始制约住宅建设速度时，该城镇则会丧失在住宅条件方面的吸引力。最终，拆除速度与建设速度达到平衡，住宅水平进入稳定状态。当住宅条件对可能的移民和该城镇的常住人口完全丧失吸引力时，人口也会同样进入稳定状态。相对来说，没有吸引力的住宅条件完全能够减小人口的净迁入流，使之恰好抵消自然死亡人数。

在本例中，用于住宅建设的可利用土地为有限量的假设支配着系统的行为，并使系统产生了 S 型增长模式。

在明确定义模型目标的情况下，可以将这个住宅——人口模型进行改进或扩展，使之成为一个可行的城市管理工具。

思 考 题 与 习 题

1. 了解系统动态学研究问题的基本方法。
2. 如何确定和表达系统要素间因果关系？
3. 什么叫反馈回路？反馈回路有哪些类型？如何区分？
4. 解释流位与流率的概念。在实际系统分析中，如何划分流位变量和流率变量？
5. 熟记系统流图所用的专门符号。
6. 结合实际工作，利用 Vensim 设计一个正反馈系统，并分析该系统的行为特征。
7. 结合实际工作，利用 Vensim 设计一个负反馈系统，并分析该系统的行为特征。
8. 了解 S 增长系统的设计原理，利用 Vensim 设计一个 S 增长系统，并分析该系统的行为特征。
9. 了解系统延迟的概念及其表达方式。

第七章　系统综合评价

第一节　概　　述

一、系统综合评价的概念

系统综合评价是系统分析中复杂而又重要的一个工作环节。它是利用价值概念来评定一个系统，或者来评定不同系统之间的优劣。在这里，价值是一个综合的概念，一般可以理解为“有用性”、“重要性”或“可接受性”。

作为一个综合概念，价值本身包含着可分性，即系统价值可以分成很多相互联系着的因素，称为价值因素，它们共同决定着系统总的价值。这种可分性要求我们在评价系统的价值时，必须借助于一套能够反映系统价值特征的指标体系进行。

系统总是在一定环境条件下存在的，因此所使用的价值都是相对价值，亦即在特定的技术环境、信息环境、需求环境、社会环境、自然环境等作用下的价值。根据这一概念，必须要根据系统所处的实际环境来评定各个价值因素的量值。

系统综合评价要考虑到系统的价值结构。系统是由各种资源按某一特定任务而形成的一个整体，因而系统的价值自然决定于所投入的资源（包括人力、材料、资金、设备、技术和时间等）。研究系统的价值结构基本上就是分析系统的价值和投入资源的关系。

系统的价值和投入资源的关系，一般表现为非线性和突变性。

1. 非线性结构

一般来说，增加所投入的某种资源，会增加系统的总价值，两者之间存在着非线性的关系，如图 7-1 所示。图 7-1 中，A 点为下临界点。当投入的资源小于 A 点时，则建不成系统，因而不能提供价值。A 到 B 为缓慢增长区，系统价值随资源的增加而缓慢增长；B 到 C 为良好增长区，系统价值随资源的增加而显著增长；C 到 D 为饱和增长区，此区域的价值增长率呈下降趋势；D 为上临界点，资源投入量达到此点后，系统价值达到最大值，继续投入资源将无任何意义。显然，B 到 C 是一个特别值得注意的区域。

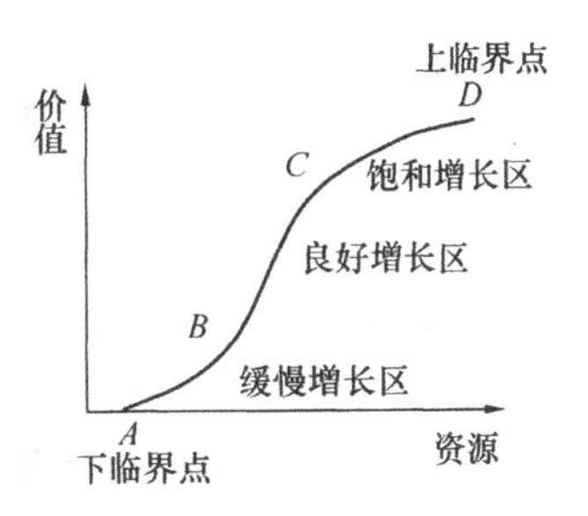

图 7-1　非线性价值结构

2. 突变性结构

有时当投入某种新的资源，或者是所投入的资源突破某一临界值时，会引起价值曲线的突然变化，这种情况称为价值的突变性（或阶跃性）。实际上，可以把阶跃性看作是非线性的特殊情况，这种现象在系统分析中具有重要的实际意义。

典型的价值阶跃曲线如图 7-2 所示。一个系统设计包含的价值阶跃阶数常常被作为评价该系统水平完善程度的重要参数。

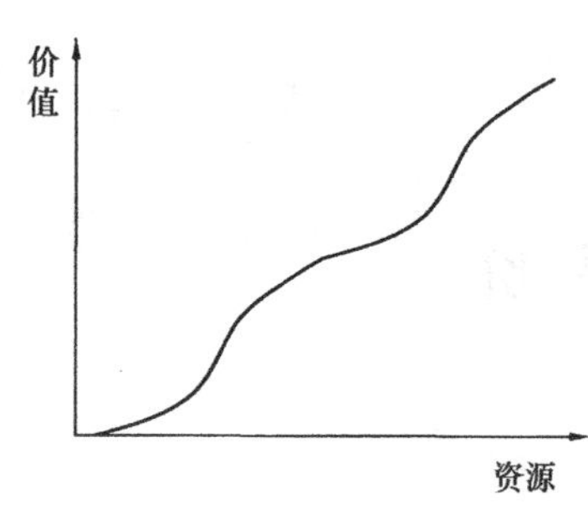

图 7-2　阶路性价值结构

二、系统综合评价的原则

为了搞好系统综合评价，有些基本原则是必须遵守的。这些原则是：

1. 客观性

系统综合评价的目的是为了决策，因此，评价的好坏直接影响着决策的正确与否。所以必须保证系统综合评价的客观性。为此需要注意：①保证评价资料的全面性和可靠性；②防止评价人员的倾向性；③评价人员的组成要有代表性，不能只邀请单方面人员参加，而且要保证评价人员有自由表态的可能，他们的行动不受任何压力；④要保证专家人数的比例。

2. 可比性

系统替代方案在保证实现系统的基本功能上要有可比性和一致性。不能强调“一俊遮百丑”，个别功能的突出或方案的新内容多，只能说明其相关方面，不能代替其他方面的得分；更不能搞“陪衬”方案，从而失去评价的真意。

3. 系统性

评价指标要成系统，要包括系统所涉及的一切方面。而且对定性问题也要有恰当的评价指标，以保证评价不出现片面性。

4. 政策性

系统评价指标必须与国家的方针、政策、法令的要求相一致，不允许有相背和疏漏之处。

三、系统综合评价指标体系的制订

系统综合评价指标体系是由若干个单项评价指标组成的整体，它应反映出所要解决问题的各项目标要求。指标体系要全面、合理、科学，基本上能为有关人员和部门所接受。

评价指标体系通常要考虑以下几个方面：

1. 政策性指标

这类指标用以描述政府的方针、政策、法令，以及法律约束和发展规划等方面的要求。它对国防或国计民生方面的重大项目或大型系统尤为重要。

2. 技术性指标

包括产品的性能、寿命、可靠性、安全性、结构、工艺，工程项目的地质条件、设施、设备、建筑物、运输等技术方面的要求。

3. 经济性指标

包括方案成本、利润和税金、投资额、流动资金占用率、投资回收期、固定资产利用率、经济潜力以及地方性的间接收益等方面的要求。

4. 社会性指标

主要指社会福利、社会节约、综合发展、劳动保护、污染、生态环境、减少公害、就业机会等方面的要求。

5. 资源性指标

用以描述系统工程项目中所涉及的物资、人力、能源、水源、土地等方面的限制条件。

6. 时间性指标

主要针对工程进度、时间节约、项目周期等方面的要求。

7. 其他

指不包括在上述指标范畴中的具体项目所特有的某些指标。

第二节　系统综合评价的方法

一、优缺点列举法

这种方法是针对评价项目，详细列举各方案的优缺点，分析能否克服其缺点。再根据各方案优缺点的对比，选择最优方案。

该法灵活简便，可全面考虑问题，但评价比较粗糙，缺乏定量依据。

二、功效系数法

设系统有 m 个方案，n 个评价指标，每个方案的每一项指标都有一定的“功效系数”。设第 i 个方案第 j 项评价指标的功效系数为 d_{ij}，则该方案总的功效系数 d_i 由式（7-1）确定。

$$d_i = \sqrt[n]{\prod_{j=1}^{n} d_{ij}} \quad (i = 1, 2, \cdots, m) \tag{7-1}$$

对比各方案的总功效系数 d_i，最大者为最优方案。

关于 d_{ij} 的取值，有如下约定：$d_{ij}=1$ 表明指标效果最好，$d_{ij}=0$ 则表征效果最差。可用线性插值方法，确定介于最好、最差效果中间状态的功效系数。通常，$d_{ij}\leqslant 0.3$ 表示不可接受，$0.3<d_{ij}\leqslant 0.4$ 为边缘状态，$0.4<d_{ij}\leqslant 0.7$ 为可接受但效果稍差状态，$0.7<d_{ij}\leqslant 1$ 为可接受而又效果好的状态。

例如，某构件厂的生产情况可用下列指标来衡量：

R_1——日产量，一般不允许低于 500 件，能达到 1000 件最好；

R_2——成本降低率，不能低于 2%，达到 5%最好；

R_3——合格品率，不能低于 70%。

该厂目前分别采用两种方案生产，经抽样检查有如下结果：

方案 1：$R_1=600$，$R_2=3.5\%$；$R_3=75\%$；方案 2：$R_1=570$，$R_2=4\%$；$R_3=80\%$。

试判别应采用哪种生产方案。

根据评价标准和实际抽样检查情况，进行如下分析：

对指标 R_1，设定 $R_1=500$ 所对应的功效系数为 0.3，$R_1=1000$ 所对应的功效系数为 1；对指标 R_2，设定 $R_2=0.02$ 所对应的功效系数为 0.3，$R_2=0.05$ 所对应的功效系数为 1；对指标 R_3，设定 $R_3=0.7$ 所对应的功效系数为 0.3，$R_3=1$ 所对应的功效系数为 1。采用线性插值方法，分别求出两个方案的功效系数：

方案 1：　$d_{11}=0.3+\dfrac{600-500}{1000-500}\times 0.7=0.44$　$d_{12}=0.3+\dfrac{0.035-0.02}{0.05-0.02}\times 0.7=0.65$

$$d_{13}=0.3+\frac{0.75-0.7}{1-0.7}\times 0.7=0.42 \quad d_1=\sqrt[3]{0.44\times 0.65\times 0.42}=0.49$$

方案 2：$d_{21}=0.40$；$d_{22}=0.77$；$d_{23}=0.53$；$d_2=0.55$

比较 d_1 和 d_2，可知方案 2 为最优方案。

三、加法评分法和连乘评分法

这两种方法首先都是将评价指标按照达到的程度分成若干等级，分别确定各等级的评分标准，然后对各方案按各评价指标评定等级，再将其得分相加（相乘），比较和（积）的大小，并按该值由大到小的顺序排列方案的优劣。

例如，某建筑公司在一个工程项目的施工中有 A、B、C 三种施工方案可选择。为评价方案的优劣，提出了工期、成本、质量、施工难易程度四个评价指标。试用加法评分法或连乘评分法来评价各方案。

评价计算过程列于表 7-1。

加法评分法和连乘评分法算例　　表 7-1

评价指标			评价方案		
内容	评价等级	评分标准	A 方案	B 方案	C 方案
工期	提前	2		2	
	合同工期	1	1		1
成本	低	3			
	中	2	2		
	高	1		1	1
工程质量	好	3			3
	一般	2		2	
	差	1	1		
施工难易程度	简单	3			3
	一般	2		2	
	复杂	1	1		
加法评分总分			5	7	8
连乘评分总分			2	8	9

根据表 7-1 的计算结果，可以决定方案的优劣顺序为：C 方案最好，B 方案次之，A 方案较差。

四、成本效益分析评价法

一个方案的评价项目虽然很多，但往往可以归纳为两类：一类是花费类，如投资、材料、人力等，称为成本目标；另一类是效益类，如产量、利润等，称为效益目标。前者希望越小越好，后者希望越大越好。用这两个目标来评价方案，即为成本效益分析评价法，它是企业系统中经常运用的一种方法。

成本——效益的评价有三种准则：

1. 最有效准则

这一准则要求在一定成本目标下，使效益目标达到最大值。例如，在图 7-3 中，当成本取 2 时，因 $A>B$，故而方案 1 为优。

2. 最经济准则

这一准则要求在一定的效益目标下，使成本目标达到最小值。例如，在图 7-3 中，当效益取 7 时，因 $C<D$，故方案 2 为最优。

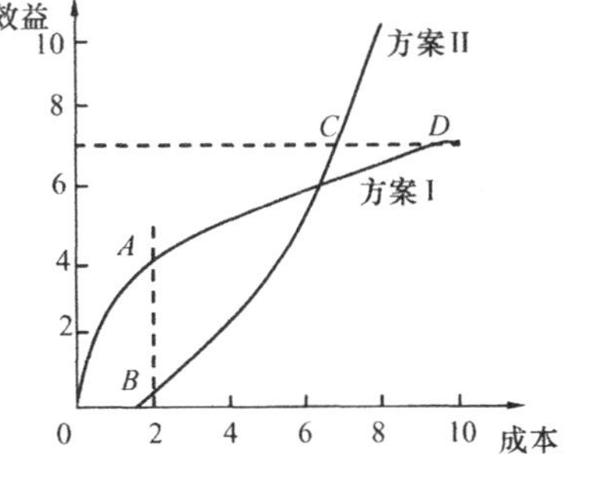

图 7-3　成本效益分析评价图

3. 效本比准则

这一准则以效益对成本之比最大者为最优方案。例如以图 7-3 中，如果要求成本不超过 2，方案Ⅰ效本比=4/2=2，方案Ⅱ效本比 0.2/2=0.1，故方案Ⅰ最优。

五、技术经济价值评价法

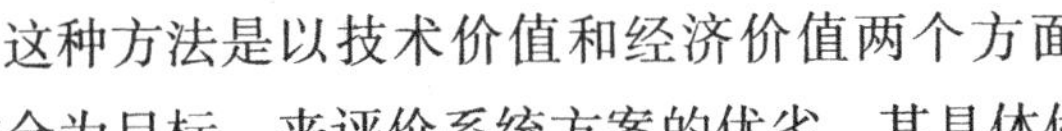

这种方法是以技术价值和经济价值两个方面的最优结合为目标，来评价系统方案的优劣。其具体做法为：

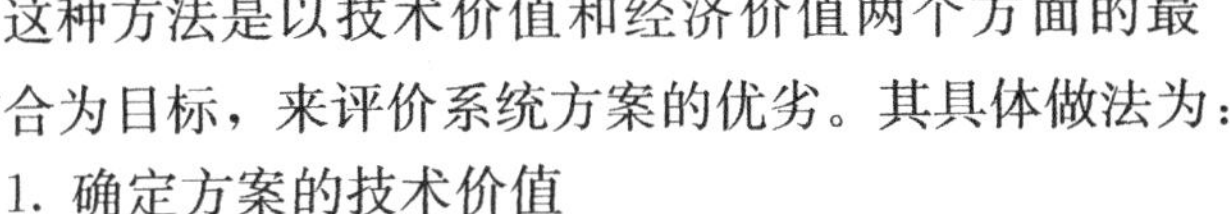

1. 确定方案的技术价值

为确定方案的技术价值，需先设想一个理想方案，并按方案达到理想的程度给出分值，再以此为基准，对各方案的技术要求确定分值，则技术价值可由式（7-2）求出。

$$X=\frac{\sum P}{\sum P_{max}} \tag{7-2}$$

式中　X——技术价值；

$\sum P$——方案各评价项目分值之和；

$\sum P_{max}$——理想状态得分之和。

2. 确定方案的经济价值

经济价值主要考虑费用，其计算公式为：

$$Y=\frac{H_0-H}{H_0} \tag{7-3}$$

式中　Y——经济价值；

H_0——原成本；

H——新方案预计成本。

3. 技术经济价值计算

技术经济价值是技术价值与经济价值的综合，其公式为：

$$K=\sqrt{XY} \tag{7-4}$$

式中　K——技术经济价值，其余符号同上。

例如，对某工程项目的三种施工方案用技术经济评价法进行评价。

首先给出方案达到理想的不同程度的得分，如表 7-2 所列。然后对各方案的技术要求确定分值，并计算技术价值，如表 7-3 所列。

方案达到理想的程度划分　　　　**表 7-2**

序　号	方案达到理想的程度	给分值	序　号	方案达到理想的程度	给分值
1	很好	4	4	勉强过得去	1
2	好	3	5	不能满足要求	0
3	过得去	2			

技术价值计算表　　表 7-3

技术评价项目	理想方案	A方案	B方案	C方案
工程质量	4	3	2	1
施工难易程度	4	1	3	2
工期	4	2	3	1
施工均衡度	4	4	1	3
总分$\sum P$	16	10	9	7
技术价值	1.00	0.625	0.5625	0.4375

假定该项目工程的预算成本为 230 万元，A、B、C 三个方案分别可降低成本 2%、2.5%、3%，则其经济价值分别为：$Y_A=0.02$，$Y_B=0.025$，$Y_C=0.03$。

由此可计算各方案的技术经济价值为：

$$K_A=\sqrt{0.625\times 0.02}=0.112$$

$$K_B=\sqrt{0.5625\times 0.025}=0.119$$

$$K_C=\sqrt{0.4375\times 0.03}=0.115$$

显然，方案 B 的技术经济价值最高，为最佳方案。

六、加权评分法

当存在多个评价因素，而各因素在系统中所起的作用又不等同时，可采用加权评分法。

这种方法首先是根据评价项目的不同重要度，给之以不同的权数，然后确定各方案对不同评价因素的分值，最后再求出综合评价值。

1. 确定权数的方法

(1) 逐对比较法。A、B 两因素比较，若 A 比 B 重要则 A 得 1 分，B 得 0 分；A 自身比较，得 1 分。将各因素的得分相加并进行归一化处理，即可得到相应的权数。下面仍用前述的建筑工程项目施工方案选择例，来确定各评价指标的权数，详见表 7-4。

采用逐对比较法确定权数　　表 7-4

评价因素	判定										合计	权数
	1	2	3	4	5	6	7	8	9	10		
工期	1	1	1	1							4	0.4
成本		0			1	0	1				2	0.2
质量			0			1		1	1		3	0.3
施工难易程度				0			0		0	1	1	0.1
合计											10	1

(2) 柯隶法。首先根据相邻两个因素的重要性对比，确定出相应的暂定重要性系数，对 n 个评价因素，共可确定出 $n-1$ 个暂定重要性系数。设定第 n 个评价因素的修正重要性系数（一般可取为 1），逐项递推求出各因素的修正重要性系数：第 i 个评价因素的修正重要性系数等于该因素的暂定重要性系数与第 $i+1$ 个评价因素的修正重要性系数的乘积。最后对修正重要性系数进行归一化处理，即得到各因素的权数。对前述的建筑工程项目施

工方案选择例，采用柯隶法确定各评价指标权数的过程，如表7-5所示。

采用柯隶法确定权数　　**表7-5**

评价因素	暂定重要性系数	修正重要性系数	权数（上列/6.66）
工期	7/4	2.33	0.35
成本	2/3	1.33	0.20
工程质量	2/1	2.00	0.30
施工难易程度	—	1.00	0.15
合计	—	6.66	1.00

（3）判断矩阵法。详见第三节。

（4）最小平方法。n个指标成对比较，共需比较$n(n-1)/2$次。设指标i对指标j的相对重要性的估计值为a_{ij}，并近似为其权数比W_i/W_j，则有：

$$A=\begin{bmatrix} a_{11} & a_{12} & \cdots & a_{1n} \\ a_{21} & a_{22} & \cdots & a_{2n} \\ \vdots & \vdots & \cdots & \vdots \\ a_{n1} & a_{n2} & \cdots & a_{nn} \end{bmatrix} \approx \begin{bmatrix} W_1/W_1 & W_1/W_2 & \cdots & W_1/W_n \\ W_2/W_1 & W_2/W_2 & \cdots & W_2/W_n \\ \vdots & \vdots & \cdots & \vdots \\ W_n/W_1 & W_n/W_2 & \cdots & W_n/W_n \end{bmatrix}$$

如果决策人对$a_{ij}(i,j=1,2,3,\cdots,n)$的估计一致，则有：

$$a_{ij}=\frac{1}{a_{ji}} \quad a_{ij}=a_{ik}a_{kj}$$

且总有$a_{ii}=1(i=1,2,3,\cdots,n)$。若估计不一致，则只有：

$$a_{ij}=\frac{W_i}{W_j}$$

一般来说，总有：$a_{ij}W_j-W_i\neq 0$，但可以选择一组权$(W_1,W_2,\cdots,W_n)$使其误差平方和最小，即：

$$\min\left\{Z=\sum_{i=1}^{n}\sum_{j=1}^{n}(a_{ij}W_j-W_i)^2\right\}$$

其中：$\sum_{i=1}^{n}W_i=1 \quad W_i>0(i=1,2,\cdots,n)$。构造拉格朗日函数：

$$L=\sum_{i=1}^{n}\sum_{j=1}^{n}(a_{ij}W_j-W_i)^2+2\lambda(\sum_{i=1}^{n}W_i-1)$$

对W_l微分得到：

$$\frac{\partial L}{\partial W_l}=2\sum_{i=1}^{n}(a_{il}W_l-W_i)\cdot a_{il}-2\sum_{j=1}^{n}(a_{lj}W_j-W_l)+2\lambda=0$$
$$(l=1,2,\cdots,n)$$

此式和$\sum_{i=1}^{n}W_i=1$构成了$n+1$个非齐次线性方程组，有$n+1$个未知数，故可求得一组唯一的解。写成矩阵形式有：$BW=m$。

其中：

$$B=\begin{bmatrix}\sum_{\substack{i=1\\i\neq 1}}^{n}a_{i1}^2+n-1 & -(a_{12}+a_{21}) & \cdots & -(a_{1n}+a_{n1})\\ -(a_{21}+a_{12}) & \sum_{\substack{i=1\\i\neq 2}}^{n}a_{i2}^2+n-1 & \cdots & -(a_{2n}+a_{n2})\\ \vdots & \vdots & \cdots & \vdots\\ -(a_{n1}+a_{1n}) & -(a_{n2}+a_{2n}) & \cdots & \sum_{\substack{i=1\\i\neq n}}^{n}a_{in}^2+n-1\end{bmatrix} \tag{7-5}$$

$$W=(w_1,w_2,\cdots,w_n)^{\mathrm{T}}$$
$$m=[-\lambda,-\lambda,\cdots,-\lambda]^{\mathrm{T}}$$

例如：有三个评价指标，指标间相对重要性的估计值矩阵为：

$$A=\begin{bmatrix}1 & 1/3 & 1/2\\ 3 & 1 & 3\\ 2 & 1/3 & 1\end{bmatrix}$$

试采用最小平方法确定三个评价指标的权数。

由式（7-5）可以得出：

$$B=\begin{bmatrix}3^2+2^2+3-1 & -\left(\frac{1}{3}+3\right) & -\left(\frac{1}{2}+2\right)\\ -\left(\frac{1}{3}+3\right) & \left(\frac{1}{3}\right)^2+\left(\frac{1}{3}\right)^2+3-1 & -\left(3+\frac{1}{3}\right)\\ -\left(2+\frac{1}{2}\right) & -\left(\frac{1}{3}+3\right) & \left(\frac{1}{2}\right)^2+3^2+3-1\end{bmatrix}=\begin{bmatrix}15 & -3\frac{1}{3} & -2\frac{1}{2}\\ -3\frac{1}{3} & 2\frac{2}{9} & -3\frac{1}{3}\\ -2\frac{1}{2} & -3\frac{1}{3} & 11\frac{1}{4}\end{bmatrix}$$

$$由\begin{cases}\begin{bmatrix}15 & -3\frac{1}{3} & -2\frac{1}{2}\\ -3\frac{1}{3} & 2\frac{2}{9} & -3\frac{1}{3}\\ -2\frac{1}{2} & -3\frac{1}{3} & 11\frac{1}{4}\end{bmatrix}\cdot\begin{bmatrix}w_1\\ w_2\\ w_3\end{bmatrix}=\begin{bmatrix}-\lambda\\ -\lambda\\ -\lambda\end{bmatrix}\\ w_1+w_2+w_3=1\end{cases}$$ 解出：$W^{\mathrm{T}}=[0.1735\quad 0.6059\quad 0.2206]$。

2. 方案的评分

仍用前述的建筑工程项目施工方案选择问题为例，说明方案的评分方法。

（1）确定评分标准。根据各项评价指标可能出现的不同结果，确定相应的得分值。具体如表 7-6 所示。

确 定 评 分 标 准 表 7-6

指标 \ 得分	5	4	3	2	1
工期	提前 60 天	提前 30 天	合同工期	拖期 10 天	拖期 20 天
成本	降低 5%	降低 4%	降低 3%	降低 2%	降低 1%
质量	国家奖	省级优质工程	市级优质工程	一般优质工程	合格
施工难易程度	很容易	容易	一般	较难	难

(2) 确定方案实现指标的实际情况。具体如表 7-7 所示。

各方案实现指标情况 **表 7-7**

方案＼指标	工期	成本	质量	施工难易程度
A	提前 60 天	降低 3%	省级优质工程	很容易
B	合同工期	降低 5%	市级优质工程	一般
C	拖期 20 天	降低 3%	国家奖	很难

(3) 方案打分。根据各方案实现指标的实际情况（表 7-7），对照评分标准（表 7-6），即可直接给出各方案对应各项评价指标的得分。具体结果见表 7-8。

(4) 综合评价计算。设有 n 个评价因素（a_1，a_2，…，a_n），其相应的权数为（W_1，W_2，…，W_n），并有 m 个评价对象（A_1，A_2，…A_m），评价对象 A_i 相应于评价因素 α_j 的分值 S_{ij}。则 A 的综合价值 S_i 可用式（7-6）计算。

$$S_i = \sum_{j=1}^{n} W_j S_{ij} (i = 1,2,\cdots m) \tag{7-6}$$

对前述的建筑工程项目施工方案选择例，采用柯隶法确定的权数，综合评价的计算过程如表 7-8 所示。

综 合 评 价 计 算 **表 7-8**

方案＼指标	工期	成本	工程质量	施工难易程度	综合评价值
权数	0.35	0.20	0.30	0.15	
A	5(1.75)	3(0.60)	4(1.20)	5(0.75)	1.75+0.60+1.20+0.75=4.30
B	3(1.05)	5(1.00)	3(0.90)	3(0.45)	1.05+1.00+0.90+0.45=3.40
C	1(0.35)	3(0.60)	5(1.50)	1(0.15)	0.35+0.60+1.50+0.15=2.60

表 7-8 中，括号内的数字表示权重与相应分值的乘积。根据该表的计算，最优方案为方案 A。

七、相互影响分析法

当各替代方案相互有影响时，可采用相互影响评价法进行综合评价。

首先，将通过加权评分法求出的综合评价值 S_i 用百分数表示，即：

$$S'_i = \frac{S_i}{\sum_{j=1}^{m} S_j} \tag{7-7}$$

其次，确定各评价对象之间的相互影响系数（干涉系数）β_{ij}，该值表示由于方案 j 的存在对方案 i 的影响程度（干涉度）。如果由于方案 j 的存在对方案 i 有促进影响，则 β_{ij} 取正值；反之则取负值。但是一般 $\beta_{ij} \neq \beta_{ji}$。影响系数一般固定取 2 的指数函数值 1、2、4、8 等。

确定 β_{ij} 后，应对原评价值 S'_i 进行修正，修正的评价值采用式（7-8）计算。

$$S''_i = \frac{1}{2}\left[S'_i + \frac{\sum_{j=1}^{m} \beta_{ij} S'_i}{\sum_{i=1}^{m}\sum_{j=1}^{m} \beta_{ij} S'_i} \times 100\%\right] \tag{7-8}$$

例如，对于前述的某建筑工程项目的三个施工方案，其初始的综合评价值 S_i 为 4.3、3.4 和 2.6。根据影响程度确定它们之间的相互影响系数值为：$\beta_{12}=2$，$\beta_{13}=-4$，$\beta_{21}=0$，$\beta_{23}=4$，$\beta_{31}=2$，$\beta_{32}=0$。则 S''_i 的计算如表 7-9 所示。

相互影响评价计算　　表 7-9

S_i	S'_i	评价对象	41.75 A	33.01 B	25.24 C	$\sum_{j=1}^{3}\beta_{ij}S'_i$	$\frac{(7)}{149.52}\times100$	(2)+(8)	$S''=\frac{(9)}{2}$
(1)	(2)	(3)	(4)	(5)	(6)	(7)	(8)	(9)	(10)
4.30	41.75	A	—	2/66.02	−4/−100.96	−34.94	−23.37	18.38	9.19
3.40	33.01	B	0/0	—	4/100.96	100.96	67.52	100.53	50.265
2.60	25.24	C	2/83.50	0/0	—	83.5	55.85	81.09	40.545
10.30	100	—	—	—	—	149.52	100	200	100

此时的最优方案发生了改变，方案 B 成为最优方案。

八、相关数法

相关树法是评价目的树中各水平目的重要性的一种方法，也是评价下层各目的在整体系统中所处地位的定量方法。

设目的树第 i 水平层共有 n 个项目（I_1，I_2，…I_n），评价这些项目的基准有 m 个（a_1，a_2，…a_m），k 基准的评价系数为 q_k（$k=1$，2，…m）。则相关树法的矩阵表格如表 7-10 所列。

相关树法的矩阵表格　　表 7-10

评价基准	评价系数	目的树水平层次项目（i）				
		I_1	I_2	I_3	…	I_n
a_1	q_1	S_1^1	S_2^1	S_3^1	…	S_n^1
a_2	q_2	S_1^2	S_2^2	S_3^2	…	S_n^2
…	⋮	⋮	⋮	⋮	⋮	⋮
a_m	q_m	S_1^m	S_2^m	S_3^m	…	S_n^m
相关数		r_i^1	r_i^2	r_i^3	…	r_i^n

表 7-10 中，各评价基准的评价系数应满足：

矩阵中的各要素 S_j^k，表示对评价基准 k 在评价项目 j 栏所给的评分数值，应使：

$$\sum_{j=1}^{n} S_j^k = 1$$

r_i^j 为第 i 水平层中评价项目第 j 栏的评价，称为相关数。它通过式（7-9）求出：

$$r_i^j = \sum_{k=1}^{m} q_k S_j^k,\ \sum_{j=1}^{n} r_i^j = 1 \tag{7-9}$$

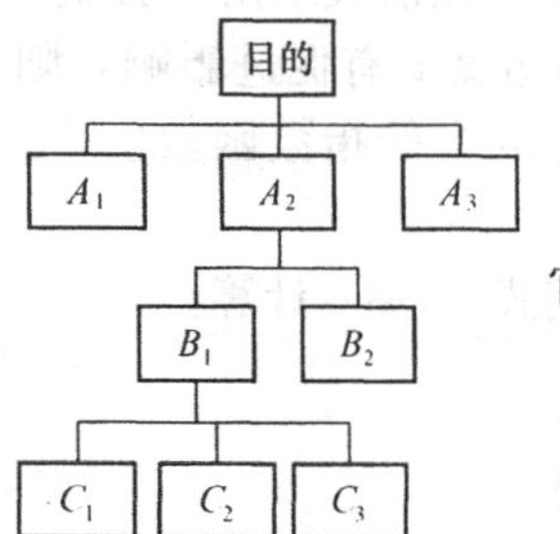

图 7-4　某目的树

根据此相关数，可评价某一水平层次中某一目的在整体中所处的地位。例如，某目的树有四层结构，如图 7-4 所示。设总目的的综合评价值为1，则最低水平层 C_2 的综合评价值 $R(C_2)$ 可通过如下计算确定：

总目的的综合评价值=1

A 水平层中 A_2 的综合评价值：$R(A_2)=r(A_2)$

B 水平层中 B_i 的综合评价值：$R(B_1)=R(A_2)\cdot r(B_1)=r(A_2)\cdot r(B_1)$

所以，$R(C_2)=R(B_1)\cdot r(C_2)=r(A_2)\cdot r(B_1)\cdot r(C_2)$

进一步举例说明如下：某地下商场发生火灾时安全避难的相关数如图7-5所示。对第一层目标，需要从生命安全、财产安全、社会安定三个方面进行评价；对第二层目标，除了上述三个方面外，还要考虑设备费用和火灾现场构造的复杂程度。试确定第一层、第二层各目标的重要度。

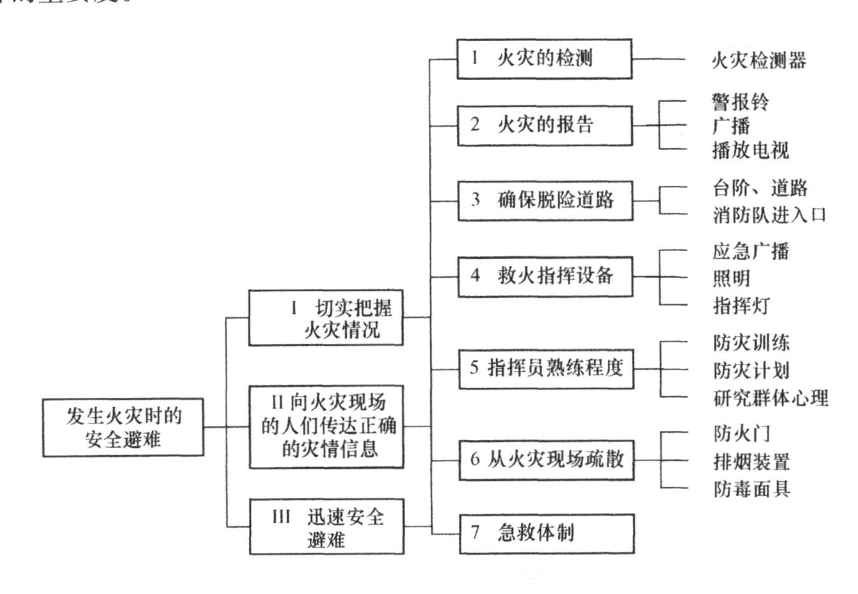

图7-5　某地下商场发生火灾时安全避难的相关树

第一级目标的重要度评价如表7-11所列。

第一级目标重要度评价表　　　　表7-11

目标＼评价指标	生命安全	财产安全	社会安定	合计
指标权数	0.7	0.1	0.2	1.0
Ⅰ切实把握火灾情况	0.15	0.30	0.20	$r_1^1=0.7\times0.15+0.1\times0.3+0.2\times0.2=0.175$
Ⅱ向火灾现场的人们传达正确的灾情信息	0.15	0.30	0.10	$r_1^2=0.7\times0.15+0.1\times0.3+0.2\times0.1=0.155$
Ⅲ迅速安全避难	0.70	0.40	0.70	$r_1^3=0.7\times0.7+0.1\times0.4+0.2\times0.7=0.67$
合计	1.00	1.00	1.00	

第二级目标中，目标1火灾的检测、目标2火灾的报告在相应的目标层次中只有一个目标，故有：$r_2^1=1$，$r_2^2=1$。其余5个目标的重要度评价如表7-12所列。

综合相关数的计算如表7-13所列。

第二级目标重要度评价表 表 7-12

评价指标 目标　　指标权数	生命安全 0.50	财产安全 0.05	社会安定 0.05	设备费用 0.20	现场构造复杂程度 0.20	合计 1.00
3 确保脱险道路	0.26	0.35	0.20	0.25	0.28	$r_2^3=0.2635$
4 救火指挥设备	0.25	0.35	0.32	0.25	0.28	$r_2^4=0.2645$
5 指挥员熟练程度	0.25	0.10	0.08	0.17	0.15	$r_2^5=0.1980$
6 从火灾现场疏散	0.12	0.10	0.32	0.25	0.15	$r_2^6=0.1610$
7 急救体制	0.12	0.10	0.08	0.08	0.14	$r_2^7=0.1130$

综 合 相 关 数 的 计 算 表 7-13

第一级目标		第二级目标		综合相关数
目标内容	相关数	目标内容	相关数	
Ⅰ 切实把握火灾情况	0.175	1 火灾的检测	1.0000	0.175
Ⅱ 向火灾现场的人们传达正确的灾情信息	0.155	2 火灾的报告	1.0000	0.155
Ⅲ 迅速安全避难	0.67	3 确保脱险道路	0.2635	0.176
		4 救火指挥设备	0.2645	0.177
		5 指挥员熟练程度	0.1980	0.133
		6 从火灾现场疏散	0.1610	0.108
		7 急救体制	0.1130	0.076

九、综合评判法

这是运用模糊集合理论对模糊系统进行评价的一种方法。在现实世界中，大量的现象是难以用精确的数字来描述的，而是具有某些不分明性。如产品质量的好、较好、一般、较差和差等，就没有严格的数量界限，对于这类具有不分明性的系统的评价，综合评判法是一种常用而且有效的方法。下面举例说明综合评判法的应用。

某一建设项目有两种规划方案，欲应用综合评判法，对此两方案进行评价。

首先要确定评判等级，考虑按满意、比较满意、不太满意、不满意四个等级来衡量。因而可有如下评判集：

$$E=\{满意，比较满意，不太满意，不满意\}$$

然后设置出评判因素，本例考虑从造价高低、功能好坏、造型优劣、环境协调等四个方面来评定。故因素集为：

$$F=\{造价，功能，造型，环境\}$$

接着要确定权分配。对于多因素判断对象，我们对诸因素的考虑并不是等同的，即不同因素要有不同的权数。

确定权分配，除采用前述几种方法外，还可采用专家评分法。这种方法首先是约请一些精通业务、经验丰富、有远见卓识的专家，请他们根据自己的见解，给出各因素重要性的百分数，然后对专家意见进行归纳、分析，便可确定各因素的权重。对本例涉及的四项指标，约请十位专家进行评分的结果列于表 7-14。

专家评分确定权重 表 7-14

评判因素	造价	功能	造型	环境	合计
得分	300	400	200	100	1000
权重	0.3	0.4	0.2	0.1	1.0

由此可确定权数分配集 $\widetilde{W}=\{0.3, 0.4, 0.2, 0.1\}$，它是因素集 F 上的一个模糊子集。

确定权分配后，要进行单因素评判，该评判结果是评判集 E 上的一个模糊子集。

对方案一的单因素评判结果如下：

造价 $\widetilde{R}_1=(0.6 \quad 0.3 \quad 0.1 \quad 0)$

功能 $\widetilde{R}_2=(0.5 \quad 0.3 \quad 0.1 \quad 0.1)$

造型 $\widetilde{R}_3=(0.2 \quad 0.3 \quad 0.4 \quad 0.1)$

环境 $\widetilde{R}_4=(0.2 \quad 0.3 \quad 0.2 \quad 0.3)$

则其单因素评价矩阵为：

$$\widetilde{R}_1=\begin{bmatrix} 0.6 & 0.3 & 0.1 & 0 \\ 0.5 & 0.3 & 0.1 & 0.1 \\ 0.2 & 0.3 & 0.4 & 0.1 \\ 0.2 & 0.3 & 0.2 & 0.3 \end{bmatrix}$$

同理，方案二的单因素评价矩阵为：

$$\widetilde{R}_2=\begin{bmatrix} 0.5 & 0.3 & 0.2 & 0 \\ 0.3 & 0.4 & 0.2 & 0.1 \\ 0.2 & 0.3 & 0.3 & 0.2 \\ 0.4 & 0.1 & 0.3 & 0.2 \end{bmatrix}$$

在单因素评判的基础上，还需进行多因素综合评判，可采用下式计算：

$$\widetilde{S}=\widetilde{W}\cdot\widetilde{R}$$

这是一种模糊矩阵运算，其运算规则为：

$$S_j=\max_j\{\min_i[w_i, r_{ij}]\}$$

将有关数据代入，得到如下结果：

方案一：$\widetilde{S}_1=(0.4 \quad 0.3 \quad 0.2 \quad 0.1)$

方案二：$\widetilde{S}_2=(0.3 \quad 0.4 \quad 0.2 \quad 0.2)$

归一化处理后，$\widetilde{S}_2=(0.272 \quad 0.364 \quad 0.182 \quad 0.182)$

将 $\widetilde{S}_1$ 与 $\widetilde{S}_2$ 比较，可看出方案一优于方案二。

第三节 层次分析法（AHP）

在进行社会、经济以及经营管理等方面的系统分析时，常常面临的是一个由相互关联、相互制约的众多因素构成的复杂系统，这给系统分析带来了不少麻烦和困难。借助层次分析法，不仅可以简化系统分析和计算，把一些定性因素加以量化，使人们的思维过程变成数学化，而且还能帮助决策者保持思维过程的一致性。

一、层次分析法的基本步骤

运用层次分析法进行系统分析时，首先要把系统层次化。根据系统的性质和总目标，把系统分解成不同的组成因素。并按照各因素之间的相互关联，以及隶属关系划分成不同层次的组合，构成一个多层次的系统分析结构模型，最终计算出最低层的诸因素相对于最高层（系统总目标）相对重要性权值，从而可以确定诸方案的优劣排序。层次分析法大体可分为五个步骤：

1. 建立层次结构模型

在充分了解所要分析的系统后，把系统中的各因素划分成不同层次，再用层次框图描述层次的递阶结构以及因素的从属关系。对于决策问题，通常可以分为下面几类层次：

（1）最高层。表示解决问题的目的，即 AHP 所要达到的目标。

（2）中间层。表示采用某种措施或政策来实现目标所涉及的中间环节，一般又可分为策略层、准则层等。

（3）最低层。表示解决问题的措施或政策。

上述各层次之间也可以建立子层次，子层次从属于主层次中的某个因素，又与下一层次因素有联系。

上一层次的单元可以与下一层次的所有单元都有联系，也可以只与其中的部分单元有联系。前者称为完全的层次关系，后者称为不完全的层次关系。

图 7-6 给出了一个建筑企业选择投标项目决策的层次结构模型。

A 层是最高层，其下设有包含三项准则的准则层，A 与 B 构成了完全层次关系。

B_i（$i=1$，2，3）与 C 之间均为不完全层次关系。

C 层的元素 C_6 也存在一子层次，包括 C_{61} 和 C_{62} 两个因素。

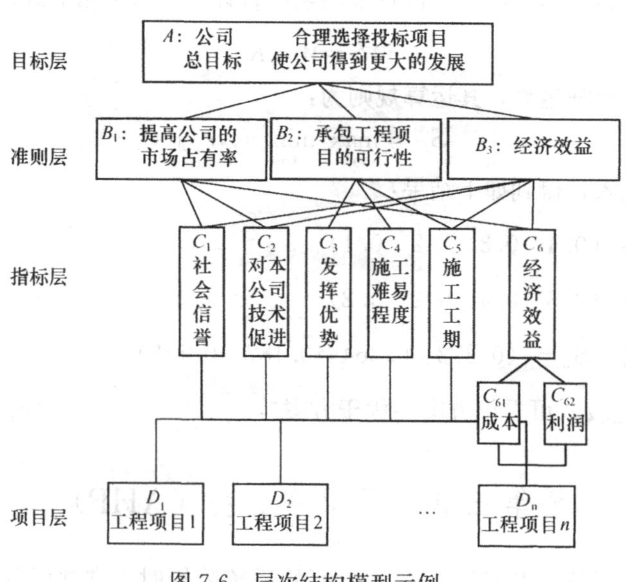

图 7-6　层次结构模型示例

指标层 C 与项目层 D 之间为完全的层次关系。

2. 构造判断矩阵

AHP 要求决策者对每一层次各元素的相对重要性给出判断，这些判断用数值表示出来，就是判断矩阵。构造判断矩阵是 AHP 关键的一步。

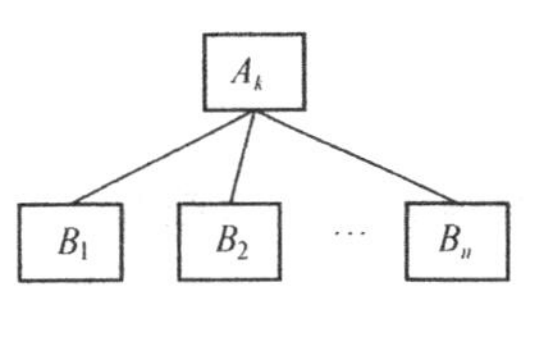

图 7-7　某系统层次结构

对图 7-7 所示的层次结构，其判断矩阵的形式如下：

$$B=\begin{bmatrix} b_{11} & b_{12} & \cdots & b_{1n} \\ b_{21} & b_{22} & \cdots & b_{2n} \\ \vdots & \vdots & \vdots & \vdots \\ b_{n1} & b_{n2} & \cdots & b_{nn} \end{bmatrix}$$

式中，b_{ij} 表示对于 A_k 而言，B_i 对 B_j 的相对重要性。这些重要性用数值来表示，其含义为：

1——B_i 与 B_j 具有相同的重要性；

3——B_i 比 B_j 称微重要；

5——B_i 比 B_j 明显重要；

7——B_i 比 B_j 强烈重要；

9——B_i 比 B_j 极端重要。

它们之间的数 2、4、6、8 表示上述两相邻判断的中值。倒数则是两对比项颠倒的结果。

显然，对于判断矩阵有：$b_{ii}=1, b_{ij}=1/b_{ji}(i,j=1,2,\cdots,n)$。这样，对于 n 阶判断矩阵，仅需对 $n(n-1)/2$ 个元素给出数值，便可将全部矩阵填满。

判断矩阵中的数值是根据数据资料、专家意见和决策者的认识加以综合平衡后得出的，衡量判断矩阵适当与否的标准是矩阵中的判断是否具有一致性。

一般而言，如果判断矩阵有：$b_{ij}=b_{ik}/b_{jk}(i,j,k=1,2,\cdots,n)$，则称判断矩阵具有完全的一致性。但由于客观事物的复杂性和人们认识上的多样性，有产生片面性的可能，因而要求每个判断矩阵都具有完全的一致性是不现实的，特别是对于因素多、规模大的问题更是如此。为检查 AHP 得的结果是否基本合理，需要判断矩阵进行一致性的检验，这种检验通常是结合排序步骤进行的。

3. 层次单排序

层次单排序是指：根据判断矩阵计算针对上一层某单元而言，本层次与之有联系的各单元之间重要性次序的权值。它是对层次中所有单元针对上一层次而言的重要性进行排序的基础。

层次单排序可以归结为计算判断矩阵的特征根和特征向量的问题。即对于判断矩阵 B，计算满足 $BW=\lambda_{max}W$ 的特征根和特征向量。这里，λ_{max} 为 B 的最大特征根，W 为对应于 λ_{max} 的规范化特征向量。W 的分量 W_i 即是对应于单元单排序的权值。

可以证明，对于 n 阶判断矩阵，其最大特征根为单根，且 $\lambda_{max}\geqslant n$，λ_{max} 所对应的特征向量均由非负数组成。特别是当判断矩阵具有完全一致性时，$\lambda_{max}=n$，除 λ_{max} 外，其余特征根均为 0。

为检验判断矩阵的一致性，需要计算它的一致性指标 $CI=\frac{\lambda_{max}-n}{n-1}$。显然，当判断矩阵具有完全一致性时，$CI=0$。

此外，还需确定判断矩阵的平均随机一致性指标 RI。对于1～9阶矩阵，RI 的取值如表7-15所示。

不同阶数 RI 的取值 **表7-15**

阶数 n	1	2	3	4	5	6	7	8	9
RI	0.00	0.00	0.58	0.90	1.12	1.24	1.32	1.41	1.45

对于1、2阶判断矩阵，RI 只是形式上的，因为根据判断矩阵的定义，1、2阶判断矩阵是完全一致的。当阶数大于2时，判断矩阵的一致性指标 CI 与同阶的平均随机一致性指标 RI 的比称为判断矩阵的随机一致性比例，记为 CR。当 $CR=CI/RI\leqslant 0.10$ 时，认为判断矩阵有满意的一致性，否则需调整判断矩阵，再行分析。

4. 层次总排序

利用同一层次中所有层次单排序的结果，就可以计算针对上一层次而言，本层次所有单元重要性的权值，这就是层次总排序。层次总排序需要从上到下，逐层顺序进行。对于最高层，其层次单排序即为总排序。假定上一层所有单元 A_1，A_2，$\cdots A_m$ 的层次总排序已完成，得到的权值分别为 a_1，a_2，$\cdots a_m$，与 a_i 对应的本层次单元 B_1，B_2，$\cdots B_n$ 单排序的结果为：$(b_1^i, b_2^i, \cdots, b_n^i)^{\mathrm{T}}$。这里，若 B_j 与 A_i 无联系，则有 $b_j^i=0$。相应的层次总顺序计算如表7-16所示。

层次总排序表 **表7-16**

层次 B	层次 A				B层次总排序
	A_1	A_2	…	A_m	
	a_1	a_2	…	a_m	
B_1	b_1^1	b_1^2	…	b_1^m	$\sum_{i=1}^{m} a_i b_1^i$
B_2	b_2^1	b_2^2	…	b_2^m	$\sum_{j=1}^{m} a_i b_2^j$
⋮	⋮	⋮	⋮	⋮	⋮
B_n	b_n^1	b_n^2	…	b_n^m	$\sum_{j=1}^{m} a_i b_n^j$

显然：$\sum_{j=1}^{n}\sum_{i=1}^{m} a_i b_j^i = 1$

5. 一致性检验

为评价层次总排序计算结果一致性，需要计算与层次单排序类似的检验量，即 CI（层次总排序的一致性指标）、RI（层次总排序的随机一致性指标）和 CR（层次总排序的随机一致性比例），其计算公式分别为：

$$CI=\sum_{I-1}^{n} a_i(CI_i) \quad RI=\sum_{I-1}^{n} a_i(RI_i) \quad CR=\frac{CI}{RI}$$

式中，CI_i为与a_i对应的B层次中判断矩阵的一致性指标，RI_i为与a_i对应的B层次判断矩阵的随机一致性指标。

与层次单排序一样，当$CR \leqslant 0.10$时，即可认为层次总排序的计算结果具有满意的一致性，否则需对本层次的各判断矩阵进行调整，再次进行分析。

二、判断矩阵特征向量与最大特征根的计算

AHP计算的根本问题是确定判断矩阵的最大特征根及其对应的特征向量。线性代数中给出了求解这一问题的精确算法。但当判断矩阵数比较高时，精确算法计算比较繁杂，因而在实际工作中，一般多采用一些比较简便的近似算法。下面给出两种近似算法。

1. 方根法

方根法的计算步骤是：

（1）计算判断矩阵B每一行元素的乘积M_i

$$M_i = \prod_{j=1}^{n} b_{ij} \quad (i = 1,2,\cdots,n)$$

（2）计算M_i的n次方根$\overline{W}_i$

$$\overline{W}_i = \sqrt[n]{M_i} \quad (i = 1,2,\cdots,n)$$

（3）对向量$\overline{W}=(\overline{W}_1，\overline{W}_2，\cdots，\overline{W}_n)^{\mathrm{T}}$进行归一化处理

$$W_i = \frac{\overline{W}_i}{\sum_{j=1}^{n} \overline{W}_j} \quad (i = 1,2,\cdots,n)$$

则$W = (W_1,W_2,\cdots,W_n)^{\mathrm{T}}$即为所求的特征向量。

（4）计算判断矩阵的最大特征根λ_{max}

$$\lambda_{max} = \frac{1}{n}\sum_{i=1}^{m} \frac{(BW)_i}{W_i}$$

式中　$(BW)_i$表示向量BW的第i个元素。

2. 和积法

和积法的计算步骤为：

（1）对判断矩阵的每一列进行归一化处理，相应元素记为$\overline{b}_{ij}$

$$\overline{b}_{ij} = \frac{b_{ij}}{\sum_{k=1}^{n} b_{kj}} \quad (i,j = 1,2,\cdots,n)$$

（2）将每一列经过归一化后的判断矩阵元素按行相加，得到向量$\overline{W}=(\overline{W}_1，\overline{W}_2，\cdots，\overline{W}_n)^{\mathrm{T}}$

$$\overline{W}_i = \sum_{j=1}^{n} \overline{b}_{ij} \quad (i = 1,2,\cdots,n)$$

（3）对向量$\overline{W}$再进行归一化处理

$$W_i = \frac{\overline{W}_i}{\sum_{i=1}^{n} \overline{W}_i} \quad (i = 1,2,\cdots,n)$$

得到的向量 W 即为特征向量。

(4) 计算判断矩阵的最大特征值 λ_{max}，其方法与方根法相同。

三、层次分析法应用举例

1. 问题的提出——层次分析模型的建立

某工程项目经理部为搞好施工管理，对如何提高施工效果问题进行了深入研究，并归纳出图 7-8 所示的系统层次结构模型。

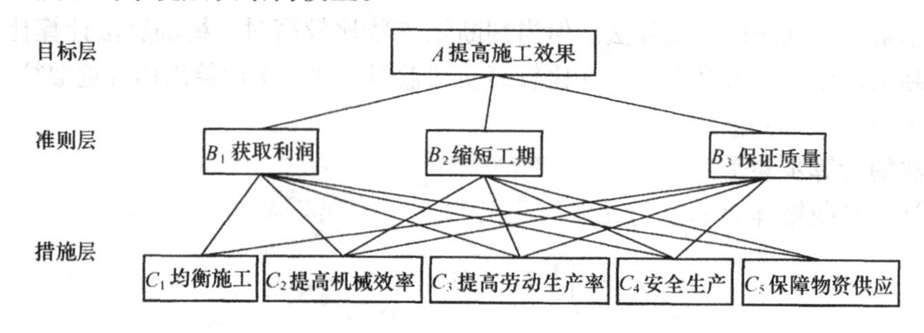

图 7-8　施工效果的层次结构模型

该模型共分为三个层次，第一层为目标层，它规定了本问题研究的总目标是提高施工效果。第二层为准则层，为了达到提高施工效果这一目标，必须根据获取利润、缩短工期、保证质量三个准则来进行。第三层为措施层，包括均衡施工、提高机械效率、提高劳动生产率、安全生产、保障物资供应等 5 项措施。

2. 建立判断矩阵

通过征询有关专家意见，并由项目经理综合权衡后，得出各判断矩阵如下：

(1) 判断矩阵 $A-B$

A	B_1	B_2	B_3
B_1	1	1/5	1/3
B_2	5	1	3
B_3	3	1/3	1

(2) 判断矩阵 B_1-C

B_1	C_1	C_2	C_3	C_4	C_5
C_1	1	3	5	4	7
C_2	1/3	1	3	2	5
C_3	1/5	1/3	1	1/2	3
C_4	1/4	1/2	2	1	3
C_5	1/7	1/5	1/3	1/3	1

(3) 判断矩阵 B_2-C

B_2	C_1	C_2	C_3	C_4
C_1	1	1/7	1/3	1/5
C_2	7	1	5	3
C_3	3	1/5	1	1/3
C_4	5	1/3	3	1

(4) 判断矩阵 B_3-C

B_3	C_1	C_2	C_3	C_4
C_1	1	5	3	1/3
C_2	1/5	1	1/3	1/7
C_3	1/3	3	1	1/5
C_4	3	7	5	1

3. 层次单排序

若用方根法进行计算，对判断矩阵 $A-B$，其计算过程如表 7-17 所示。

方根法计算表 **表 7-17**

A	B_1 B_2 B_3	每行对应元素乘积	计算 3 次方根	W_i=上列/3.8717	BW
B_1	1 1/5 1/3	1×1/5×1/3=0.0667	0.4055	0.105	0.318
B_2	5 1 3	5×1×3=15	2.462	0.637	1.937
B_3	3 1/3 1	3×1/3×1=1	1	0.258	0.783
合计		—	3.8717	1.000	—

由此可求得：

$$\lambda_{max} = \sum_{i=1}^{n} \frac{(AW)_i}{nW_i} = \frac{1}{3}\left(\frac{0.318}{0.105} + \frac{1.937}{0.637} + \frac{0.783}{0.258}\right) = 3.035$$

$$CI = \frac{\lambda_{max} - n}{n-1} = \frac{3.035-3}{3-1} = 0.0175$$

查 $n=3$ 时 RI 值（表 7-15），得 $RI=0.58$，则

$CR=\frac{CI}{RI}=\frac{0.0175}{0.58}=0.0302$，表明判断矩阵 $A-B$ 具有较好的一致性。

按同样的计算方法，对判断矩阵 B_1-C，有：

$W=(0.491\quad 0.232\quad 0.092\quad 0.118\quad 0.046)^T$，$\lambda_{max}=5.128$，$CI=0.032$，$RI=1.12$，$CR=0.0286<0.1$。

对判断矩阵 B_2-C，有：

$W=(0.055\quad 0.564\quad 0.118\quad 0.263)^T$，$\lambda_{max}=4.117$，$CI=0.039$，$RI=0.9$，$CR=0.043<0.10$。

对判断矩阵 B_3-C，有：

$W=(0.263\quad 0.055\quad 0.118\quad 0.564)^T$，$\lambda_{max}=4.117$，$CI=0.039$，$RI=0.9$，$CR=0.043<0.10$。

由于各判断矩阵的 CR 值均小于 0.1，可以认为它们均有满意的一致性。

若采用和积法进行计算，对判断矩阵 $A-B$，其计算过程如表 7-18 所示。

和积法计算法 **表 7-18**

				每列归一化			按行相加	归一化
A	B_1	B_2	B_3	$\overline{B}_1$	$\overline{B}_2$	$\overline{B}_3$	$\overline{W}_i$	W_i
B_1	1	1/5	1/3	0.1111	0.1304	0.0769	0.3184	0.106
B_2	5	1	3	0.5556	0.6522	0.6923	1.9001	0.633
B_3	3	1/3	1	0.3333	0.2174	0.2308	0.7815	0.261
合计	9	1.5333	4.3333	1.0000	1.0000	1.0000	3.0000	1.000

比较表7-17与表7-18的W_i列，显然二者相差甚少。因而，在实际工作中，可任选其中的一种方法进行计算。

4. 层次总排序

$A-B$的层次总排序即为相应的层次单排序，$B-C$的层次总排序计算过程如表7-19所示。

层次总排序计算表　　　　表7-19

层次B / 层次C	B_1	B_2	B_3	层次C总排序
	0.105	0.637	0.258	
C_1	0.491	0.000	0.263	0.105×0.49+0.637×0+0.258×0.263=0.119
C_2	0.232	0.055	0.055	0.105×0.232+0.637×0.055+0.258×0.055=0.074
C_3	0.092	0.564	0.118	0.105×0.092+0.637×0.564+0.258×0.118=0.399
C_4	0.138	0.118	0.564	0.105×0.138+0.637×0.118+0.258×0.564=0.235
C_5	0.046	0.263	0.000	0.105×0.046+0.637×0.263+0.258×0=0.172

5. 一致性检验

按照前面介绍的层次总排序一致性检验方法，得知满足一致性要求。

根据上述计算结果可知，为提高工程项目的施工效果，所提出的一种措施的优先次序为：

(1) C_3——提高劳动生产率，权值为0.399；

(2) C_4——安全生产，权值为0.235；

(3) C_5——保障物资供应，权值为0.172；

(4) C_1——均衡施工，权值为0.119；

(5) C_2——提高机械效率，权值为0.074。

第四节　数据包络分析

数据包络分析（Data Envelopment Analysis，简称DEA）是运筹学、管理科学和数理经济学交叉研究的一个新领域。它是由Charnes和Cooper等人于1978年开始创建的。DEA使用数学规划模型，评价具有多个输入和多个输出的“部门”或“单位”（称之为决策单元，Decision Making Units，简记为DMU）间的相对有效性（称为DEA有效）。根据对各DMU观察的数据判断DMU是否为DEA有效，本质上是判断DMU是否位于生产可能集的“前沿面”上。生产前沿面是经济学中生产函数向多产出情况的一种推广，使用DEA方法和模型，可以确定生产前沿面的结构，因此又可将DEA方法看作是一种非参数的统计估计方法。另外，使用DEA对DMU进行效率评价时，可以得到很多在经济学中具有深刻经济含义和背景的管理信息，因而，DEA领域的研究吸引了众多的学者。

一、C^2R模型

假设有n个DMU，每个DMU都有m个输入和s个输出。第j个DMU的输入、输出记为(x_j, y_j)，其中$x_j=(x_{1j}, x_{2j}, \cdots, x_{mj})^T>0$，$y_j=(y_{1j}, y_{2j}, \cdots, y_{sj})^T>0$。

若第j_0个DMU对应的输入、输出分别为$x_{j_0}=x_0$，$y_{j_0}=y_0$，评价DMU$-j_0$的DEA

模型 C^2R 为如下的一个分式规划：

$$\begin{cases}\max \dfrac{u^T y_0}{v^T x_0} \\ \dfrac{u^T y_j}{v^T x_j} \leqslant 1, j=1,2,\cdots,n \\ u \geqslant 0, v \geqslant 0, u \neq 0, v \neq 0\end{cases} \tag{7-10}$$

其中 $v=(v_1,v_2,\cdots,v_m)^T$，$u=(u_1,u_2,\cdots,u_s)^T$ 分别为 m 个输入和 s 个输出的权系数。做一个 Charnes-Cooper 变换

$$t=\frac{1}{v^T x_0}>0, \omega = tv, \mu = tu$$

可将分式形式的模型（7-10）化为一对互为对偶的线性规划模型

$$(P)\begin{cases}\max \mu^T y_0 = V_0 \\ \omega^T x_j - \mu^T y_j \geqslant 0, j=1,2,\cdots,n \\ \omega^T x_0 = 1 \\ \omega \geqslant 0, \mu \geqslant 0\end{cases} \quad (D)\begin{cases}\min \theta \\ \sum\limits_{j=1}^{n} x_j \lambda_j \leqslant \theta x_0 \\ \sum\limits_{j=1}^{n} y_j \lambda_j \geqslant y_0 \\ \lambda_j \geqslant 0, j=1,2,\cdots,n, \theta \in E^1\end{cases} \tag{7-11}$$

式（7-11）中各约束可以通过加上一个松弛变量（约束≤情形）或减去一个剩余变量（约束≥情形），化成等式约束。

下面通过一个建筑公司评价的一个片段作为数值例子，以加强对模型的直观理解。设有 4 家建筑公司，其输入、输出指标及有关数据如表 7-20 所示。

四家建筑公司的输入输出数据表　　表 7-20

公司名称	A	B	C	D
技术投入	1951	1992	1944	2013
设备投入	6859	6359	6658	7242
人员投入	4653	19018	4095	899
施工面积	27675	26062	65850	1317
利润总额	3277	2539	4746	840

评价 A 公司相对有效性的规划问题（D）为：

$$\begin{cases}\min \theta \\ 1951\lambda_1 + 1992\lambda_2 + 1944\lambda_3 + 2013\lambda_4 + s_1^- = 1951\theta \\ 6859\lambda_1 + 6359\lambda_2 + 6658\lambda_3 + 7242\lambda_4 + s_2^- = 6859\theta \\ 4653\lambda_1 + 19018\lambda_2 + 4095\lambda_3 + 899\lambda_4 + s_3^- = 4653\theta \\ 27675\lambda_1 + 26062\lambda_2 + 65850\lambda_3 + 1317\lambda_4 - s_1^+ = 27675 \\ 3277\lambda_1 + 2539\lambda_2 + 4746\lambda_3 + 840\lambda_4 - s_2^+ = 3277 \\ \text{所有变量非负}\end{cases}$$

模型（7-11）的两个线性规划模型是一对互为对偶的问题。有下面定义。

定义 1　若 P 的最优目标值 $V_0=1$，称 DMU－j_0 为弱 DEA 有效（V_0 称为效率指数）。

定义 2　若 P 存在最优解 ω^0，μ^0 满足 $\omega^0>0$，$\mu^0>0$，$\mu^0 y_0=1$，则称 DMU－j_0 为 DEA 有效。

根据线性规划的对偶理论，可以得到关于 DEA 有效的等价定义。

定义 3　若 D 的任意最优解 θ^0，λ_j^0，$j=1$，2，…，n 都满足

$$\theta^0=1,\sum_{j=1}^{n} x_j\lambda_j^0=\theta^0 x_0,\sum_{j=1}^{n} y_j\lambda_j^0=y_0$$

则称 DMU－j_0 为 DEA 有效。

二、生产可能集的公理体系和 DEA 模型的扩充

设某种活动的投入量为 $x=(x_1, x_2, \cdots, x_m)^{\mathrm{T}}$，产出量为 $y=(y_1, y_2, \cdots, y_s)^{\mathrm{T}}$，于是可用点（$x$，$y$）表示该生产活动。考虑 n 个决策单元，对应的生产活动分别为（x_j，y_j），$j=1$，2，…，n。我们的目的是根据所观察到的生产活动，去估计生产可能集，并确定哪些决策单元的生产活动是相对有效的。

在数理经济学中，生产可能集为 $T=\{(x,y)\mid \text{投入}\ x\in E_+^m,\text{可产出}\ y\in E_+^s\}$。关于生产可能集 T，有如下的一些公理。

公理 1（凸性）　生产可能集为凸集。即若 $(x,y)\in T,(\hat{x},\hat{y})\in T$,则对于 $\forall\alpha\in[0,1]$,均有 $\alpha(x,y)+(1-\alpha)(\hat{x},\hat{y})\in T$。

公理 2(无效性)　若 $(x,y)\in T,\hat{x}\geqslant x,\hat{y}\leqslant y$,则 $(\hat{x},\hat{y})\in T$。

公理 3(平凡性)　$(x_j,y_j)\in T,j=1,2,\cdots,n$。

公理 4a(锥性)　若 $(x,y)\in T,\alpha\geqslant 0$,则 $\alpha(x,y)\in T$。

公理 4b(压缩性)　若 $(x,y)\in T,0\leqslant\alpha\leqslant 1$,则 $\alpha(x,y)\in T$。

公理 4c(扩张性)　若 $(x,y)\in T,1\leqslant\alpha$,则 $\alpha(x,y)\in T$。

公理 5(最小性)　生产可能集 T 是所有满足公理 1～3 或满足公理 1～3 和公理 4a～4c 中某一个的最小集合。

对于生产可能集 T，当满足公理 1～3 和 4a 及 5 时，有

$$T_{\mathrm{C^2R}}=\left\{(x,y)\left|\sum_{j=1}^{n} x_j\lambda_j\leqslant x,\sum_{j=1}^{n} y_j\lambda_j\geqslant y,\lambda_j\geqslant 0,j=1,2,\cdots,n\right.\right\}$$

当 T 满足公理 1～3 和 5 时，有

$$T_{\mathrm{BC^2}}=\left\{(x,y)\left|\sum_{j=1}^{n} x_j\lambda_j\leqslant x,\sum_{j=1}^{n} y_j\lambda_j\geqslant y,\sum_{j=1}^{n}\lambda_j=1,\lambda_j\geqslant 0,j=1,2,\cdots,n\right.\right\}$$

当 T 满足公理 1～3 和 4b 及 5 时，有

$$T_{\mathrm{FG}}=\left\{(x,y)\left|\sum_{j=1}^{n} x_j\lambda_j\leqslant x,\sum_{j=1}^{n} y_j\lambda_j\geqslant y,\sum_{j=1}^{n}\lambda_j\leqslant 1,\lambda_j\geqslant 0,j=1,2,\cdots,n\right.\right\}$$

当 T 满足公理 1～3 和 4c 及 5 时，有

$$T_{\mathrm{ST}}=\left\{(x,y)\mid\sum_{j=1}^{n} x_j\lambda_j\leqslant x,\sum_{j=1}^{n} y_j\lambda_j\geqslant y,\sum_{j=1}^{n}\lambda_j\geqslant 1,\lambda_j\geqslant 0,j=1,2,\cdots,n\right\}$$

由此得到 4 个最具代表性的 DEA 模型：$\mathrm{C^2R}$（Charnes 等人，1978），$\mathrm{BC^2}$（Banker，1984），FG（Färe 和 Grosskopf，1985），ST（Seiford 和 Thrall，1990）。可以统一地写成如下模型：

$$\begin{cases}\min\theta \\ \sum_{j=1}^{n} x_j\lambda_j \leqslant \theta x_0, \sum_{j=1}^{n} y_j\lambda_j \geqslant y_0 \\ \delta_1\left(\sum_{j=1}^{n} \lambda_j + \delta_2\,(-1)^{\delta_3}\lambda_{n+1}\right) = \delta_1 \\ \lambda_j \geqslant 0, j = 1,2,\cdots,n,n+1,\theta \in E^1\end{cases} \tag{7-12}$$

参数 δ_1，δ_2，δ_3 的取值为 0 或 1，不同的取值对应的模型如表 7-21 所示。

不同参数下对应的 DEA 模型 **表 7-21**

参数取值	$\delta_1=0$	$\delta_1=1,\delta_2=0$	$\delta_1=\delta_2=1,\delta_3=0$	$\delta_1=\delta_2=\delta_3=1$
对应模型	C^2R	BC^2	FG	ST

类似于 C^2R 模型，也可以类似地定义其他模型的弱 DEA 有效、DEA 有效等概念，此处从略。

三、DEA 有效性的判定及 DMU 在相对有效面上的投影——以 C^2R 为例

在检验 DMU$-j_0$的 DEA 有效性时，如果直接从线性规划模型（7-10）进行判断，不是很方便。为此，引入一个非阿基米德无穷小量 ε（ε>0 可看成比任何大于 0 的数都小的量），由模型 D 可以构建具有非阿基米德无穷小量ε 的 DEA 模型 $D^{\varepsilon}_{C^2R}$

$$D^{\varepsilon}_{C^2R}\begin{cases}\min[\theta-\varepsilon(\hat{e}^{T}s^{-}+e^{T}s^{+})] \\ \sum_{j=1}^{n} x_j\lambda_j + s^{-} = \theta x_0 \\ \sum_{j=1}^{n} y_j\lambda_j - s^{+} = y_0 \\ \lambda_j \geqslant 0, j = 1,2,\cdots,n, s^{+}\geqslant 0, s^{-}\geqslant 0, \theta \in E^1\end{cases} \tag{7-13}$$

其中 $\hat{e}=(1，1，\cdots，1)^{T}\in E^{m}$，$e=(1，1，\cdots，1)^{T}\in E^{s}$

利用此模型，可以一次判断出 DMU$-j_0$是 DEA 有效，还是弱 DEA 有效，还是非 DEA 有效。事实上，存在一个正数ε（实际中取足够小的正数即可），下面定理成立：

定理 1 若 $D^{\varepsilon}_{C^2R}$的最优解 θ^0 满足 $\theta^0=1$，则 DMU$-j_0$为弱 DEA 有效；若在弱 DEA 有效的同时还满足 $s^{-0}=0$，$s^{+0}=0$，则 DMU$-j_0$为 DEA 有效。

定义 4 考虑 DMU$-j_0$对应的带有非阿基米德无穷小ε 的对偶规划问题 $D^{\varepsilon}_{C^2R}$，设其最优解为 λ^0，s^{-0}，s^{+0}，θ^0，令 $\hat{x}_0=\theta^0 x_0-s^{-0}$，$\hat{y}_0=y_0+s^{+0}$，称（$\hat{x}_0$，$\hat{y}_0$）为 DMU$-j_0$对应的（$x_0$，$y_0$）在 DEA 相对有效平面的“投影”。

有下面定理：

定理 2 设（$\hat{x}_0$，$\hat{y}_0$）为 DMU$-j_0$对应的（x_0，y_0）在 DEA 相对有效面上的投影，则（$\hat{x}_0$，$\hat{y}_0$）所代表的新的决策单元相对于原来的 n 个决策单元来说，是 DEA 有效的。

DMU$-j_0$在 DEA 相对有效面上的投影，实际上为改进非有效的 DMU$-j_0$提供了一个可行方案，同时也指出了非有效的原因。对具体的 DMU$-j_0$作更细致的分析，可为主管部门提供更多的管理信息。

为直观计，以单输入单输出情况说明 DEA 有效性的经济意义。我们先考虑生产函数

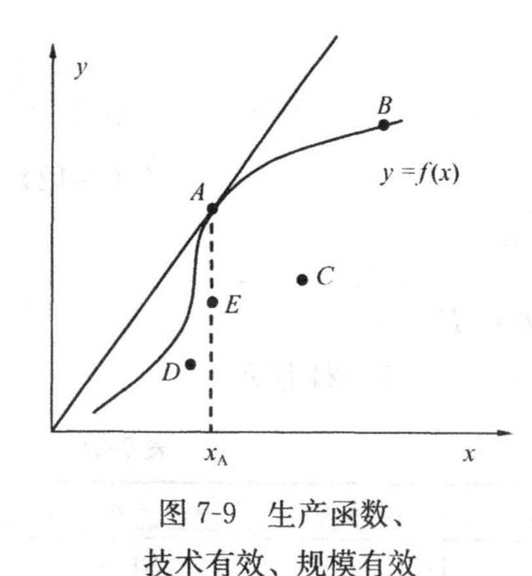

图 7-9　生产函数、技术有效、规模有效

的概念。生产函数一般如图 7-9 所示，是一个增函数。生产函数 $y=f(x)$ 表示生产处于最理想状态时，投入量为 x 时所能获得的最大产出量为 y。因此，生产函数上的点（x，y）所代表的决策单元（例如 A，B）处于"技术有效"的理想状态。

点 A 把函数分成两部分。A 点的左面，函数"加速上升"，说明增加投入量可以使产出有较高的增加。这一区间称为规模收益递增阶段。在 A 点的右面，则是规模收益递减阶段，增加投入量带来的产出增加效率不高。因此，A 点所代表的投入规模最为适当，即 A 点所代表的决策单元，既是技术有效，又是规模有效。点 B 所代表的决策单元是技术有效的，却不是规模有效的。点 C 所代表的决策单元则是非有效的。

现在我们看 C^2R 模型下 DEA 有效性的经济含义。检验 DMU$-j_0$的 DEA 有效性，即是考虑规划问题。

$$(D)\begin{cases}\min\theta = V_0\\ \sum_{j=1}^{n} x_j\lambda_j \leqslant \theta x_0\\ \sum_{j=1}^{n} y_j\lambda_j \geqslant y_0\\ \lambda_j \geqslant 0, j=1,2,\cdots,n\end{cases}$$

由于 (x_0, y_0) 位于生产可能集 T 内，由

$$T_{C^2R} = \left\{(x,y)\middle| \sum_{j=1}^{n} x_j\lambda_j \leqslant x, \sum_{j=1}^{n} y_j\lambda_j \geqslant y, \lambda_j \geqslant 0, j=1,2,\cdots,n\right\}$$

可以看出，规划问题 D 致力于在生产可能集 T 内，保持产出 y_0不变，同时将投入量 x_0按照同一比例 θ 尽量减少。如果投入量 x_0不能按照相同的比例减少，规划问题 D 达到最优值 1。在单输入、单输出情况下，DEA 有效既是技术有效的，同时也是规模有效的。

对于多输入、多输出的 C^2R 评价问题，我们研究如下形式的式（7-14）给出的 DEA 模型（P'）和（D'）。这是将标准的 C^2R 模型的目标函数 $\max u^T y_0/v^T x_0$ 改为 $\min v^T x_0/u^T y_0$，再经过 Charnes-Cooper 变换而得到的。

$$(P')\begin{cases}\min\omega^T x_0 = V_{P'}\\ \omega^T x_j - \mu^T y_j \geqslant 0, j=1,\cdots,n\\ \mu^T y_0 = 1\\ \omega \geqslant 0, \mu \geqslant 0\end{cases}\qquad (D')\begin{cases}\max\alpha = V_{D'}\\ \sum_{j=1}^{n} x_j\lambda_j + s^- = x_0\\ \sum_{j=1}^{n} y_j\lambda_j - s^+ = \alpha y_0\\ \lambda_j \geqslant 0, j=1,\cdots,n, s^+ \geqslant 0, s^- \geqslant 0\end{cases} \tag{7-14}$$

对模型（P'）和（D'）可类似定义 DEA 有效性及弱有效性，且两种定义完全等价。一切相关定理也相应成立。（D'）与（D）在形式上的区别表现在（D'）致力于在生产可

能集 T 内，保持投入 x_0不变，同时将产出量 y_0按同一比例 α 尽量增大。

设（D'）的最优解为 $\lambda^* = (\lambda_1^*, \lambda_2^*, \ldots, \lambda_n^*), s^{-*}, s^{+*}, \alpha$，已经证明，当所评价的 DMU$-j_0$位于规模收益递增阶段时（如图 7-9 中点 D 所在区域），$\sum_{i=1}^{n} \lambda_i^* < 1$；当 DMU$-j_0$ 位于规模收益递减阶段时(如图 7-9 中 C 点所在区域)，$\sum_{i=1}^{n} \lambda_i^* > 1$；当 DMU$-j_0$ 具有恰当的投入规模时(如图 7-9 中的点 A,点 E)，$\sum_{i=1}^{n} \lambda_i^* = 1$。

又可证明，当 $\lambda^0, s^{-0}, s^{+0}, \theta^0$ 为规划问题（D）的最优解，当 $\sum_{j=1}^{n} \lambda_j^0/\theta^0 = 1$ 时，DMU$-j_0$具有恰当的投入规模，当 $\sum_{j=1}^{n} \lambda_j^0/\theta^0 < 1$ 时，DMU$-j_0$的规模收益为递增；当$\sum_{j=1}^{n} \lambda_j^0/\theta^0 > 1$ 时，DMU$-j_0$的规模收益为递减。

下面我们用一个单输入、单输出例子做进一步说明，相应的数据列于表 7-22。

单输入、单输出决策单元有效性分析　表 7-22

	A	B	C
输入	2	4	5
输出	2	1	3.5

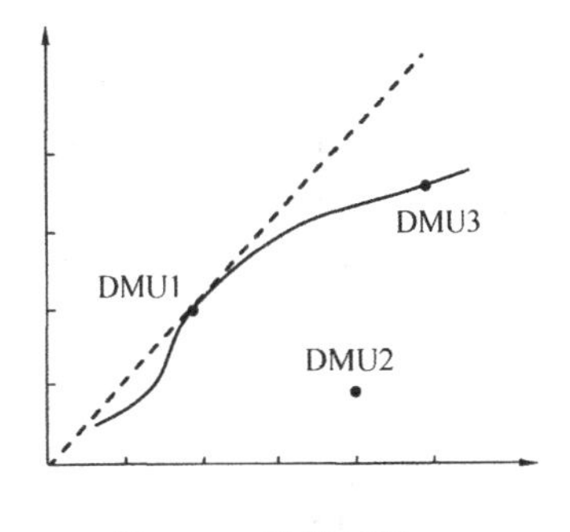

图 7-10　数值例子

可以看出 DMU-1 和 DMU-3 位于生产函数曲线上，如图 7-10 所示。

DMU-1 对应的规划问题为：

$$(P)\begin{cases} \max 2\mu_1 = V_1 \\ 2\omega_1 - 2\mu_1 \geqslant 0 \\ 4\omega_1 - \mu_1 \geqslant 0 \\ 5\omega_1 - 3.5\mu_1 \geqslant 0 \\ 2\omega_1 = 1 \\ \omega_1 \geqslant 0, \mu_1 \geqslant 0 \end{cases} \qquad (D)\begin{cases} \min\theta \\ 2\lambda_1 + 4\lambda_2 + 5\lambda_3 \leqslant 2\theta \\ 2\lambda_1 + \lambda_2 + 3.5\lambda_3 \geqslant 0 \\ \lambda_1 \geqslant 0, \lambda_2 \geqslant 0, \lambda_3 \geqslant 0 \end{cases}$$

（P）有最优解：$\omega_1^0 = \frac{1}{2} > 0$，$\mu_1^* = \frac{1}{2} > 0$ 且 $V_1 = 1$。(D) 有最有解 $\lambda^0 = (1,0,0)^{\mathrm{T}}$，$\theta^0 = 1$。可知 DMU_1为技术有效兼规模有效。

DMU_2对应的对偶规划问题 D（具体形式从略），其最优解为 $\lambda^0 = \left(\frac{1}{2}, 0, 0\right)^{\mathrm{T}}$，$\theta^0 = \frac{1}{4}$。可知 DMU_2 不是 DEA 有效的。由 $\sum_{j=1}^{3} \lambda_j^0/\theta^0 = 2 > 1$，知 DMU_2 的投入规模过大，DMU_2既不是规模有效，也不是技术有效。

DMU_3对应的对偶规划问题（D）的最优解 $\lambda^0 = \left(\frac{7}{4}, 0, 0\right)^{\mathrm{T}}$，$\theta^0 = 7/10$。可知 DMU_3 不为 DEA 有效。由 $\sum_{j=1}^{3} \lambda_j^0/\theta^0 = 10/4 > 1$，知 DMU_3的投入规模过大，所以不为规模有效。但因为其位于生产函数之上，故该 DMU 为“技术有效”。由该例子可直观看出，C^2R 模

型下，DEA 有效同时代表了技术有效性和规模有效性。

四、DEA 评价应用案例——建设方案的经济效益综合评价

1. 评价指标的选取

对建设方案进行经济效益综合评价，指标的选取除考虑现行可行性论证中规定的财务评价指标外，还应考虑工程安全可靠性和使用寿命等效益影响因素。设决策单元为 n 个建设方案，每一个建设方案记为 DMU$-j$ （$j=1, \cdots, n$）。

（1）输入指标的确定。建设项目投入指标主要考虑项目建设规模、投资和成本三个方面。总投资是项目资源投入的主要要素和反映投资效益的关键指标。对于建设规模的选取是基于大规模项目巨大的社会效益以及较低单位成本方面进行考虑的。为便于利用模型进行分析评价，选择单位能力投资（总投资/生产规模）、单位能力成本（总成本/生产规模）作为输入指标，由此体现出生产规模的扩大对项目生产成本和单位投资降低的有利影响。

（2）输出指标的确定。从项目经济效益和工程质量可靠与否角度分析，选取工程质量、工程使用寿命、财务内部收益率、投资利税率、年均贷款偿还率（1/贷款偿还期）作为产出指标。对于工程质量与使用寿命指标的选取是考虑工程质量事故的发生会影响项目经济效益，如当项目的安全使用寿命小于项目固定资产投资回收期时，投资就无法安全收回。只有工程有足够的可靠性，才能避免质量事故造成巨大的经济损失。其他产出指标选取的科学依据是投资利税率反映出评价项目对国家的贡献程度，财务内部收益率反映出分析项目的实际盈利能力，年均贷款偿还率则是考察项目固定资产的按期偿还能力。评价投资项目时，如果项目内部收益率满足财务评价要求，固定资产贷款偿还期不满足银行要求的偿还期，该项目在经济合理方面还是不可行的。

2. 评价过程

（1）数据的采集与处理。选择有关部门对不同规模炼油厂经济比较的基础数据，利用 C^2R 模型进行综合评价，确定最均衡方案。具体数据如表 7-23 所示。

利用 C^2R 模型综合评价的基础数据 **表 7-23**

指标＼方案		单位	方案 1	方案 2	方案 3	方案 4	方案 5
			100 万 t/年	150 万 t/年	250 万 t/年	400 万 t/年	500 万 t/年
投入指标	单位能力投资	元/t	832.51	786.13	551.29	496.03	430.99
	单位能力成本	元/t	631.71	624.51	595.32	586.6	580.6
产出指标	建筑工程质量	/	2.69	2.69	2.69	2.96	2.96
	工程使用寿命	年	28.1	30.2	34.4	40.7	45
	财务内部收益率	%	7.83	9.1	16.4	16.1	15.9
	投资利税率	%	4.72	6.9	15.92	20.33	23.11
	年均贷款偿还率	%	5	5.8	9.1	10.4	11.6

注：工程质量评价标准是工程主要构件达到目标使用期时的结构可靠度。

（2）C^2R 模型的相对有效性评价。利用线性规划模型进行分析计算，得出各方案规模、技术及综合相对有效性评价结果如表 7-24 所示。

DEA 相对有效性评价结果 **表 7-24**

方 案	综合相对效率	生产规模水平	技术与规模有效性
1	0.835	规模收益递增	DEA 无效
2	0.844	规模收益递增	DEA 无效

续表

方　案	综合相对效率	生产规模水平	技术与规模有效性
3	0.982	规模收益递增	DEA 无效
4	1.00	规模收益不变	DEA 有效
5	1.00	规模收益不变	DEA 有效

根据 DEA 有效性的判别定理和计算结果可知：①达到 DEA 有效决策单元为方案 4 和方案 5，但哪个更优需要进一步分析；②非 DEA 有效决策单元为方案 1、方案 2 和方案 3，如何改进需进一步评价。

尝试其他评价模型，进行 DEA 有效性的判断。通过不同 DEA 评价模型，计算 DEA $-j_0$ 的 DEA 有效前沿面是由哪些决策单元组成的，并计算不同决策单元构成有效前沿面的次数。那些出现次数较多的决策单元，则表明它们在这一类方案中有较强的优势。利用上例不同规模炼油厂评价结果，运用 DEA 有效单元的优选方法，优选有效方案 4 和方案 5，得出方案 4 构成有效前沿面总次数为 3，方案 5 为 5，因此可得出如下结论：对于建设规模为 500 万吨/年的建设方案 5，和其他方案相比，是最优且最有竞争力的建设方案。

3. 非 DEA 有效单元的改进

为使某一非有效单元转变为 DEA 有效，必须分析该无效单元与有效单元存在的差距，这种差距是可以用该单元在 DEA 有效前沿面上的投影来表示。设 $\lambda^*, \theta^*, s^{*+}, s^{*-}$ 为线性规划问题(D) 的最优解，令 $\hat{x}_0 = \theta_0 x_0 - s^-, \hat{y}_0 = y_0 + s^+$，则$(\hat{x}_0, \hat{y}_0)$ 为决策单元 DMU $-j_0$ 对应的(x_0, y_0) 在 DEA 相对有效面上的投影。根据以上原理，对多方案项目的非 DEA 有效的决策单元 DMU_j 进行投影分析，改进后各方案均满足 DEA 有效的条件。投影结果如表 7-25 所示。

非 DEA 有效单元投入量的改进 **表 7-25**

需改进的 DMU	投入指标	目前投入量	改进后投入量
DMU_1	单位能力投资（元/t）	832.51	391.46
	单位能力成本（元/t）	631.71	532.49
DMU_2	单位能力投资（元/t）	786.13	390.99
	单位能力成本（元/t）	624.51	527.1
DMU_3	单位能力投资（元/t）	551.29	534.1
	单位能力成本（元/t）	595.32	584.6

第五节　灰　色　评　价　法

一、模型描述

灰色评价法是运用灰色理论将评价专家的分散信息处理成一个描述不同灰类程度的权向量，在此基础上，再对其进行单值化处理，得到受评结果的综合评价值，进而进行项目间的排序选优。这提高了评价的科学性和精确性。

假设评价对象的序号为 $s(s=1,2,\cdots,q)$，$W^{(s)}$ 代表第 s 个被评价对象的优选评价值；U 代表一级评价指标 U_i 组成的集合，记为 $U=(U_1, U_2, \cdots U_m)$；$V_i(i=1,2,\cdots,m)$ 代表二级评价指标 V_{ij} 组成的集合，记为 $V_i=\{V_{i1}, V_{i2}, \cdots, V_{in_i}\}$，其层次结构如图 7-11 所示。

层次灰色评价法的具体步骤如下。

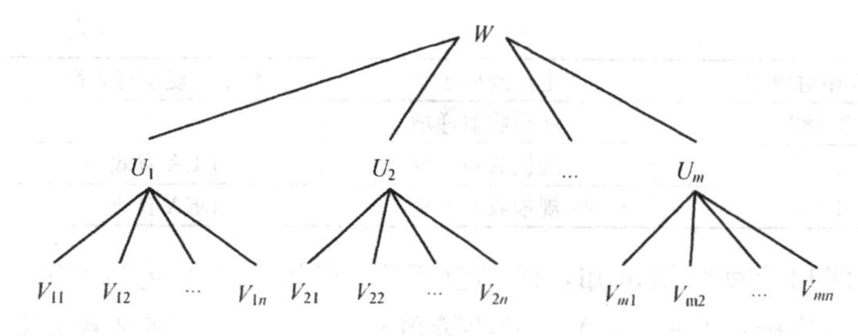

图 7-11　3 层评价指标体系

1. 制定评价指标 V_{ij} 的评分等级标准

评价指标 V_{ij} 是定性指标，将定性指标转化为定量指标，可通过制定评价指标评分等级标准来实现。考虑到思维最大可能分辨能力，将评价指标 V_{ij} 的优劣等级划分为 4 级，并分别赋值 4，3，2，1 分，指标等级介于相邻等级之间时，可用 3.5，2.5，1.5 分表示。

2. 确定评价指标 U_i 和 V_{ij} 的权重

按上述评价指标体系评价时，评价指标 U_i 和 V_{ij} 对目标 W 的重要程度是不同的，即有不同的权重。可通过 AHP 方法进行确定。

假设一级评价指标 $U_i(i=1,2,\cdots,m)$ 的权数分配为 a_i，各指标权重集 $A=(a_1,a_2,\cdots,a_m)$，且满足 $a_i\geqslant 0$，$\sum_{i=1}^{m} a_i=1$；二级评价指标 $V_{ij}(i=1,2,\cdots,m,j=1,2,\cdots,n_i)$ 的权数分配为 a_{ij}。各指标权重集 $A_i=(a_{i1},a_{i2},\cdots,a_{in_j})$，且满足 $a_{ij}\geqslant 0,\sum_{j=1}^{n_i} a_{ij}=1$。

3. 组织评价专家评分

设评价专家序号为 $k(k=1,2,\cdots,p)$，组织 p 个评价专家对第 s 个项目按照评价指标 V_{ij} 评分等级标准打分，并填写评价专家评分表。

4. 求评价样本矩阵

根据评价专家评分表，即根据第 k 个专家对第 s 个项目按评价指标 V_{ij} 给出的评分 $d_{ijk}^{(s)}$，求得第 s 个项目的评价样本矩阵 $D^{(s)}$。

5. 确定评价灰类

确定评价灰类就是确定评价灰类的等级数、灰类的灰数和灰数的白化权函数。通过上述评价指标 V_{ij} 的评分等级标准，决定设定 4 个评价灰类，灰类序号为 e，即 $e=1$，2，3，4。它们分别是“优”、“良”、“中”、“差”，其相应的灰数和白化权函数如下：

第 1 灰类“优”($e=1$)，灰数 $\otimes_1\in[4,\infty)$，白化权函数为 f_1（图 7-12）。

$$f_1(x)=\begin{cases}x/4, x\in[0,4]\\1, x\in[4,\infty)\\0, else\end{cases}$$

第 2 灰类“良”($e=2$)，灰数 $\otimes_2\in[0,3,6]$，白化权函数为 f_2（图 7-13）。

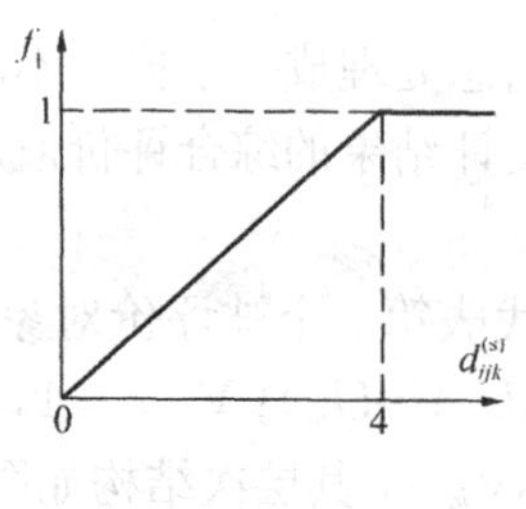

图 7-12　“优”示意图

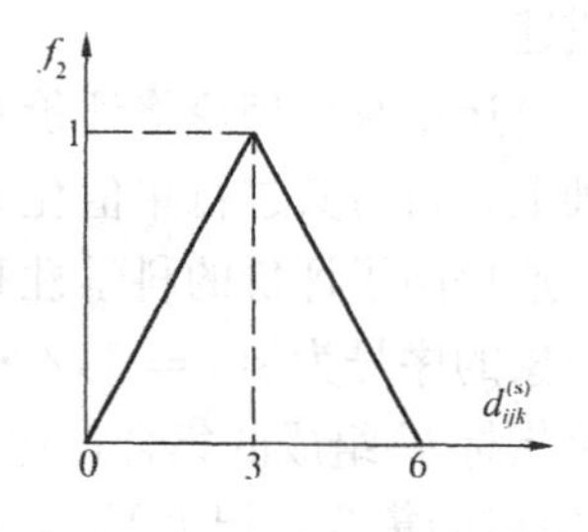

图 7-13　“良”示意图

$$f_2(x)=\begin{cases}x/3, x\in[0,3]\\(6-x)/3, x\in[3,6]\\0, else\end{cases}$$

第 3 灰类“中”（$e=3$），灰数$\otimes_3\in$［0，2，4］，其白化权函数 f_3的姿态和第二灰类类似，图形此处从略。

$$f_3(x)=\begin{cases}x/2, x\in[0,2]\\(4-x)/2, x\in[2,4]\\0, else\end{cases}$$

第 4 灰类“差”（$e=4$），灰数$\otimes_4\in$［0，1，2］，白化权函数为 f_4（图 7-14）。

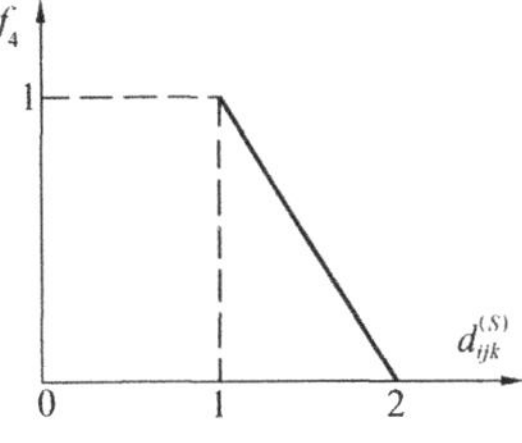

图 7-14 “差”示意图

$$f_4(x)=\begin{cases}1, x\in[0,1]\\(2-x), x\in[1,2]\\0, else\end{cases}$$

6. 计算灰色评价系数

对评价指标 V_{ij}，第 S 个项目属于第 e 个评价灰类的灰色评价系数记为 $x_{ijk}^{(S)}$，则有

$$x_{ijk}^{(S)}=\sum_{k=1}^{p}f_e(d_{ijk}^{(S)})$$

对评价指标 V_{ij}，第 S 个项目属于各个评价灰类的总灰色评价数记为 $x_{ij}^{(S)}$，则有

$$x_{ij}^{(S)}=\sum_{e=1}^{4}x_{ije}^{(S)}$$

7. 计算灰色评价权向量和权矩阵

所有评价专家就评价指标 V_{ij}，对第 S 个项目主张第 e 个灰类的灰色评价权记为 $r_{ije}^{(S)}$，则有

$$r_{ije}^{(S)}=\frac{x_{ije}^{(S)}}{x_{ij}^{(S)}}$$

考虑到灰类有 4 个，即 $e=1$，2，3，4，便有第 S 个项目的评价指标 V_{ij} 对于各灰类的灰色评价向量 $r_{ij}^{(S)}$：

$$r_{ij}^{(S)}=(r_{ij1}^{(S)}, r_{ij2}^{(S)}, r_{ij3}^{(S)}, r_{ij4}^{(S)})$$

从而得到第 S 个项目的 V_i 所属指标 V_{ij} 对于各评价灰类的灰色评价权矩阵 $R_i^{(S)}$：

$$R_i^{(S)}=\begin{bmatrix}r_{i1}^{(S)}\\r_{i2}^{(S)}\\\vdots\\r_{in_i}^{(S)}\end{bmatrix}=\begin{bmatrix}r_{i11}^{(S)} & r_{i12}^{(S)} & r_{i13}^{(S)} & r_{i14}^{(S)}\\r_{i21}^{(S)} & r_{i22}^{(S)} & r_{i23}^{(S)} & r_{i24}^{(S)}\\\vdots & \vdots & \vdots & \vdots\\r_{in_i1}^{(S)} & r_{in_i2}^{(S)} & r_{in_i3}^{(S)} & r_{in_i4}^{(S)}\end{bmatrix}$$

8. 对 V_i 做综合评价

对第 S 个评价项目的 V_i 做综合评价，其综合评价结果记为 $B_i^{(S)}$，则有

$$B_i^{(S)}=A_i\cdot R_i^{(S)}=(b_{i1}^{(S)}, b_{i2}^{(S)}, b_{i3}^{(S)}, b_{i4}^{(S)})$$

9. 对 U 做综合评价

由 V_i 的综合评价结果 $B_i^{(S)}$ 得第 S 个评价项目的 U 所属指标 U_i 对于各评价灰类的灰

色评价权矩阵$R^{(S)}$：

$$R^{(S)}=\begin{bmatrix}B_1^{(S)}\\B_2^{(S)}\\\vdots\\B_m^{(S)}\end{bmatrix}=\begin{bmatrix}b_{11}^{(S)}&b_{12}^{(S)}&b_{13}^{(S)}&b_{14}^{(S)}\\b_{21}^{(S)}&b_{22}^{(S)}&b_{23}^{(S)}&b_{24}^{(S)}\\\vdots&\vdots&\vdots&\vdots\\b_{m1}^{(S)}&b_{m2}^{(S)}&b_{m3}^{(S)}&b_{m4}^{(S)}\end{bmatrix}$$

于是，对第S个评价项目的U做综合评价。其综合评价结果记为$B^{(S)}$，则有

$$B^{(S)}=A\cdot R^{(S)}=\begin{bmatrix}A_1\cdot R_1^{(S)}\\A_2\cdot R_2^{(S)}\\\vdots\\A_m\cdot R_m^{(S)}\end{bmatrix}=(b_1^{(S)},b_2^{(S)},b_3^{(S)},b_4^{(S)})$$

10. 计算综合评价值并排序

设将各评价灰类等级按“灰水平”赋值，即第1灰类“优”取4，第2灰类“良”取3，第3灰类“中”取2，第4灰类“差”取1，则各评价灰类等级值化向量$C=(4,3,2,1)$。于是，第S个评价项目的综合评价值$W^{(S)}$按下式计算：

$$W^{(S)}=B^{(S)}\cdot C^{\mathrm{T}}$$

式中　C^{T}——各评价灰类等级值化向量的转置。

求出综合评价值$W^{(S)}$后，根据$W^{(S)}$大小对q个被评价对象进行排序。

二、评价实例

运用多层次灰色评价模型对项目组合管理中需要进行评价的3个投资项目进行优选评价。

(1) 建立项目优选的综合评价体系。经过分析建立的基于企业发展战略的项目投资组合管理评价体系如图7-15所示。

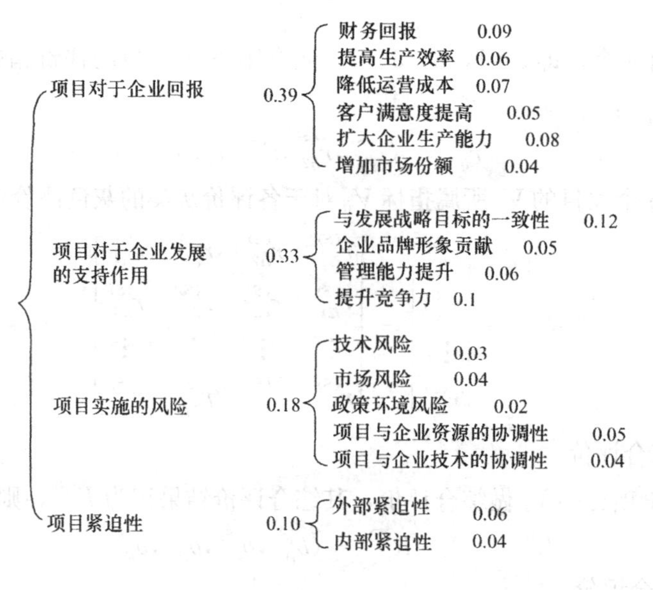

图7-15　项目投资组合管理评价体系

（2）确定二级评价指标 V_{ij} 的评分等级标准。本例将评价指标 V_{ij} 的优劣等级划分 4 级，并分别赋值（评分）4，3，2，1 分，如表 7-26 所示。指标等级介于两相邻等级之间时，相应评分为 3.5，2.5，1.5 分。

评分等级标准　　**表 7-26**

指标＼评分	4	3	2	1
财务回报	极高	高	一般	差
提高生产效率	效果非常明显	效果比较明显	效果一般	效果较差
降低运营成本	效果非常明显	效果比较明显	效果一般	效果较差
客户满意度提高	效果非常明显	效果比较明显	效果一般	效果较差
扩大企业生产能力	效果非常明显	效果比较明显	效果一般	效果较差
增加市场份额	效果非常明显	效果比较明显	效果一般	效果较差
企业品牌形象贡献	效果非常明显	效果比较明显	效果一般	效果较差
管理能力提升	非常有必要	有一定必要	有必要	不必要
提升竞争力	非常有必要	有一定必要	有必要	不必要
技术风险	基本无风险	风险较小	有一定风险	风险较大
市场风险	基本无风险	风险较小	有一定风险	风险较大
政策环境风险	基本无风险	风险较小	有一定风险	风险较大
项目与企业资源的协调性	协调性好	协调性较好	协调性一般	协调性差
项目与企业技术的协调性	协调性好	协调性较好	协调性一般	协调性差
外部紧迫性	非常紧急	紧急	一般	不紧急
内部紧迫性	非常紧急	紧急	一般	不紧急

（3）运用层次分析法确定一级评价指标 U_i 和二级评价指标 V_{ij} 的权重，计算结果标注在图 7-15 中。

（4）组织评价专家评分。组织 6 名评价专家分别对拟投资的 3 个项目按评价指标 V_{ij} 评分等级标准打分，并填写评价专家评分表。

（5）求评价样本矩阵。根据 6 位评价专家填写的评价专家评分表，求得评价样本矩阵 $D^{(1)}$，$D^{(2)}$ 和 $D^{(3)}$。$D^{(1)}$ 如下所示：

$$D^{(1)}=\begin{pmatrix}
2.5 & 3 & 2 & 2.5 & 4 & 3\\
3 & 3 & 3 & 3 & 3.5 & 3\\
2 & 3 & 3 & 3 & 3 & 2.5\\
3 & 3.5 & 2.5 & 3.5 & 2 & 3.5\\
2.5 & 2.5 & 2 & 3 & 3 & 2.5\\
3 & 2.5 & 3 & 3 & 3 & 3\\
2.5 & 3.5 & 3 & 3 & 3 & 2\\
2.5 & 3 & 3 & 3 & 3 & 2.5\\
3 & 3 & 2.5 & 3 & 3 & 3\\
2 & 3.5 & 3.5 & 2 & 3.5 & 3.5\\
2 & 3.5 & 2.5 & 2 & 3.5 & 2\\
3.5 & 3.5 & 2.5 & 3 & 2 & 3\\
2 & 3.5 & 3.5 & 2 & 3.5 & 2\\
3.5 & 2.5 & 2 & 3.5 & 3.5 & 2\\
3.5 & 3.5 & 2 & 3.5 & 2 & 3.5\\
2 & 4 & 3.5 & 3.5 & 2 & 3.5\\
2 & 2.5 & 2.5 & 3 & 2 & 3
\end{pmatrix}$$

(6) 确定评价灰类。根据评价指标 V_{ij} 的评分等级标准，设定 4 个评价灰类，灰类序号为 e，即 $e=1$，2，3，4。它们分别是“优”、“良”、“中”、“差”，其相应的灰数和白化权函数如本节前面所示。

(7) 计算灰色评价系数。对评价指标 V_{11}，项目 1 属于第 e 个评价灰类的灰色评价系数 $x_{11e}^{(1)}$ 为：

$$
\begin{aligned}
& e=1 \\
& x_{111}^{(1)}=\sum_{k=1}^{6} f_1(d_{11k}^{(1)}) \\
& \quad =f_1(d_{111}^{(1)})+f_1(d_{112}^{(1)})+f_1(d_{113}^{(1)})+f_1(d_{114}^{(1)})+f_1(d_{115}^{(1)})+f_1(d_{116}^{(1)}) \\
& \quad =f_1(2.5)+f_1(3)+f_1(2)+f_1(2.5)+f_1(4)+f_1(3) \\
& \quad =0.625+0.75+0.5+0.625+1+0.75=4.25 \\
& e=2 \\
& x_{112}^{(1)}=f_2(2.5)+f_2(3)+f_2(2)+f_2(2.5)+f_2(4)+f_2(3) \\
& \quad =0.8333+1+0.6667+0.8333+0.6667+1=5 \\
& e=3 \\
& x_{113}^{(1)}=f_3(2.5)+f_3(3)+f_3(2)+f_3(2.5)+f_3(4)+f_3(3) \\
& \quad =0.75+0.5+1+0.75+0+0.5=3.5 \\
& e=4 \\
& x_{114}^{(1)}=f_4(2.5)+f_4(3)+f_4(2)+f_4(2.5)+f_4(4)+f_4(3)=0
\end{aligned}
$$

对评价指标 V_{11}，项目 1 属于各个评价灰类的总灰色评价数 $x_{11}^{(1)}$ 为：

$$x_{11}^{(1)}=\sum_{e=1}^{4} x_{11e}^{(1)}=x_{111}^{(1)}+x_{112}^{(1)}+x_{113}^{(1)}+x_{114}^{(1)}=12.75$$

(8) 计算灰色评价权向量和权矩阵。所有评价专家就评价指标 V_{11}，对项目 1 主张第 e 个灰类的灰色评价权 $r_{11e}^{(1)}$ 为：

$$
\begin{aligned}
& e=1 \quad r_{111}^{(1)}=x_{111}^{(1)}\Big/x_{11}^{(1)}=0.333 \\
& e=2 \quad r_{112}^{(1)}=x_{112}^{(1)}\Big/x_{11}^{(1)}=0.392 \\
& e=3 \quad r_{113}^{(1)}=x_{113}^{(1)}\Big/x_{11}^{(1)}=0.275 \\
& e=4 \quad r_{114}^{(1)}=x_{114}^{(1)}\Big/x_{11}^{(1)}=0
\end{aligned}
$$

所以，项目 1 的评价指标 V_{11} 对于各灰类的灰色评价权向量 $r_{11}^{(1)}$ 为：

$$r_{11}^{(1)}=(r_{111}^{(1)},r_{112}^{(1)},r_{113}^{(1)},r_{114}^{(1)})=(0.333,0.392,0.275,0)$$

同理可计算其他指标对于各灰类的灰色评价权向量 $r_{ij}^{(1)}$，从而得出项目 1 的二级指标相对其一级指标 U_i 的对于各评价灰类的灰色评价权矩阵 $R_1^{(1)}$，$R_2^{(1)}$，$R_3^{(1)}$ 和 $R_4^{(1)}$：

$$R_1^{(1)}=\begin{pmatrix}r_{11}^{(1)}\\r_{12}^{(1)}\\r_{13}^{(1)}\\r_{14}^{(1)}\\r_{15}^{(1)}\\r_{16}^{(1)}\end{pmatrix}=\begin{pmatrix}0.333&0.392&0.275&0\\0.35&0.442&0.208&0\\0.308&0.411&0.281&0\\0.36&0.4&0.24&0\\0.292&0.389&0.319&0\\0.325&0.433&0.242&0\end{pmatrix}$$

$$R_2^{(1)}=\begin{pmatrix}r_{21}^{(1)}\\r_{22}^{(1)}\\r_{23}^{(1)}\\r_{24}^{(1)}\end{pmatrix}=\begin{pmatrix}0.325&0.392&0.267&0\\0.317&0.422&0.261&0\\0.325&0.433&0.242&0\\0.37&0.384&0.246&0\end{pmatrix}$$

$$R_3^{(1)}=\begin{pmatrix}r_{31}^{(1)}\\r_{32}^{(1)}\\r_{33}^{(1)}\\r_{34}^{(1)}\\r_{35}^{(1)}\end{pmatrix}=\begin{pmatrix}0.307&0.356&0.337&0\\0.301&0.429&0.27&0\\0.333&0.364&0.303&0\\0.342&0.376&0.282&0\\0.342&0.354&0.304&0\end{pmatrix}$$

$$R_4^{(1)}=\begin{pmatrix}r_{41}^{(1)}\\r_{42}^{(1)}\end{pmatrix}=\begin{pmatrix}0.389&0.379&0.232&0\\0.283&0.377&0.34&0\end{pmatrix}$$

(9) 对一级指标 U_i 进行综合评价。对项目 1 的 U_1，U_2，U_3 和 U_4 做综合评价，其综合评价结果 $B_1^{(1)}$，$B_2^{(1)}$，$B_3^{(1)}$ 和 $B_4^{(1)}$ 为：

$$B_1^{(1)}=A_1\cdot R_1^{(1)}=(0.3254,0.4114,0.2632,0)$$
$$B_2^{(1)}=A_2\cdot R_2^{(1)}=(0.3374,0.4074,0.2552,0)$$
$$B_3^{(1)}=A_3\cdot R_3^{(1)}=(0.3261,0.3782,0.2957,0)$$
$$B_4^{(1)}=A_4\cdot R_4^{(1)}=(0.3466,0.3782,0.2752,0)$$

(10) 对项目优先级进行综合评价。由 $B_1^{(1)}$，$B_2^{(1)}$，$B_3^{(1)}$ 和 $B_4^{(1)}$ 得项目 1 的总灰色评价权矩阵 $R^{(1)}$ 为：

$$R^{(1)}=\begin{pmatrix}B_1^{(1)}\\B_2^{(1)}\\B_3^{(1)}\\B_4^{(1)}\end{pmatrix}=\begin{pmatrix}0.3254&0.4114&0.2632&0\\0.3374&0.4074&0.2552&0\\0.3261&0.3782&0.2957&0\\0.3466&0.3782&0.2752&0\end{pmatrix}$$

于是，对项目 1 做综合评价。其综合评价结果 $B^{(1)}$ 为：

$$B^{(1)}=A\cdot R^{(1)}=(0.3316,0.4008,0.2676,0)$$

(11) 计算综合评价值并排序。项目 1 的综合评价值 $W^{(1)}$ 为：

$$W^{(1)}=B^{(1)}\cdot C^{\mathrm{T}}=(0.3316,0.4008,0.2676,0)\cdot(4,3,2,1)^{\mathrm{T}}=3.064$$

同理，可以计算项目 2、项目 3 的优选综合评价值 $W^{(2)}$ 和 $W^{(3)}$ 为：

$$W^{(2)} = 3.315$$

$$W^{(3)} = 3.137$$

因为 $W^{(2)} > W^{(3)} > W^{(1)}$，且当全体评价专家都认为项目 i 的每个指标 V_{ij} 评分都是 2 分（合格分）时，对应 $W^{(i)}$ 为 2.7693。所以，当项目优选评价值大于 2.7693 时，项目可被认为是合格，即可实施项目。

综上可知，项目的评价结果是，3 个项目均为目前可实施项目，其中项目 2 的优先级最高，项目 3 的次之，项目 1 的优先级最低。

将灰色评价法引入项目优选评价过程中，能够最大程度地利用所有基础数据，避免了信息丢失。同时，既可进行单指标评价排序，也可进行综合评价。

思考题与习题

1. 怎样理解系统的价值概念？系统一般具有怎样的价值结构？
2. 系统综合评价应当遵循哪些原则？
3. 系统综合评价时应考虑哪些方面的指标？
4. 在费用——效益分析方法中，有哪几种评价基准？
5. 某建筑企业为评价工程施工方案的优劣，提出了工期、质量、成本、施工难易、材料供应、机械利用等 6 项指标，试假定三种施工方案对各指标的贡献值，利用加法评分法进行方案的综合评价。
6. 在题 5 中，若 6 项评价指标的权重分别为 0.20，0.30，0.15，0.10，0.15，0.10，试利用加权评分法进行方案的综合评价。
7. 根据示例总结综合评判法的应用步骤。
8. 层次分析法中为什么要进行一致性检验？如何进行一致性检验？
9. 了解 DEA 评价的基本原理和步骤。
10. 了解灰色评价的基本原理和步骤。

第八章　BP 神经网络

第一节　BP 神经网络的概念与算法原理

一、智能算法概述

系统工程从某种意义上说，是系统的思想和优化技术的集成。因此，在系统工程的众多方法、模型中，优化算法是其重要组成部分。

传统优化算法是基于纯粹数学、计算数学等原理进行的。但对于非线性、复杂的问题，传统优化算法往往显得无能为力。为此，在传统优化理论发展的同时，又出现了模拟自然行为的算法，即智能算法。

智能计算也有人称之为“软计算”，是人们受自然（生物界）规律的启迪，根据其原理，模仿求解问题的算法。其实从生物界中借鉴“某些原理”用于其他学科，在科技发展过程中由来已久，但对于智能算法来说，这种成功的“借鉴”，与计算机技术的发展是分不开的。

目前比较流行的智能算法有：人工神经网络技术、遗传算法、模拟退火算法和群集智能技术等。

1. 人工神经网络

人工神经网络（Artificial Neural Networks，简称 ANN）是模拟人脑神经系统原理基础之上的一个神经系统模型。神经系统的基本构造是神经元（神经细胞），它是处理人体内各部分之间相互信息传递的基本单元。人工神经网络是由大量的神经元广泛互连而成的系统，它的这一结构特点决定着人工神经网络具有高速信息处理的能力。虽然每个神经元的运算功能十分简单，且信号传输速率也较低（大约 100 次/s），但由于各神经元之间的极度并行互连功能，最终使得一个普通人的大脑在约 1s 内就能完成现行计算机至少需要数 10 亿次处理步骤才能完成的任务。此外，人工神经网络的知识存储容量很大。在神经网络中，知识与信息的存储表现为神经元之间分布式的物理联系。它分散地表示和存储于整个网络内的各神经元及其连线上。每个神经元及其连线只表示一部分信息，而不是一个完整具体概念。只有通过各神经元的分布式综合效果才能表达出特定的概念和知识。

由于人工神经网络中神经元个数众多以及整个网络存储信息容量的巨大，使得它具有很强的不确定性信息处理能力。即使输入信息不完全、不准确或模糊不清，神经网络仍然能够联想思维存在于记忆中的事物的完整图像。只要输入的模式接近于训练样本，系统就能给出正确的推理结论。

正是因为人工神经网络的结构特点和其信息存储的分布式特点，使得它相对于其他的判断识别系统，如专家系统等，具有一些显著的优点：

（1）稳健性（Robustness）。生物神经网络不会因为个别神经元的损失而失去对原有模式的记忆。最有力的证明是，当一个人的大脑因意外事故受轻微损伤之后，并不会失去原有事物的全部记忆。

（2）非线性。人工神经网络是一种非线性的处理单元。只有当神经元对所有的输入信号的综合处理结果超过某一限值后才输出一个信号。因此神经网络是一种具有高度非线性的超大规模连续时间动力学系统。

（3）并行性。神经网络的神经元（构成神经网络的单元）同时进行有关数据、信息的处理。

2. 遗传算法

遗传算法（Genetic Algorithms）是基于生物进化理论的原理发展起来的一种广为应用的、高效的随机搜索与优化的方法。其主要特点是群体搜索策略和群体中个体之间的信息交换，与经典的搜索算法相比，这种搜索不依赖于梯度信息。遗传算法是20世纪70年代初期，由美国密歇根（Michigan）大学的霍兰（Holland）教授发展起来的。1975年霍兰教授发表了第一本比较系统论述遗传算法的专著《自然系统与人工系统中的适应性》（《Adaptation in Natural and Artificial Systems》）。遗传算法最初被研究的出发点不是为专门解决最优化问题而设计的，它与进化策略、进化规划共同构成了进化算法的主要框架，都是为当时人工智能的发展服务的。

近几年来，遗传算法主要在复杂优化问题求解和工业工程领域应用方面，取得了一些令人信服的结果，所以引起了很多人的关注。在发展过程中，进化策略、进化规划和遗传算法之间差异越来越小。遗传算法成功的应用包括：作业调度与排序、可靠性设计、车辆路径选择与调度、成组技术、设备布置与分配、交通问题等等。

3. 模拟退火算法

模拟退火算法来源于固体退火原理，将固体加温至充分高，再让其徐徐冷却，加温时，固体内部粒子随温升变为无序状，内能增大，而徐徐冷却时粒子渐趋有序，在每个温度都达到平衡态，最后在常温时达到基态，内能减为最小。这是基于蒙特卡罗迭代求解法的一种启发式随机搜索过程。

4. 群集（群体）智能

受社会性昆虫行为的启发，通过对具有社会性行为的自然界昆虫的模拟，逐渐出现了一系列新的智能算法，这些研究就是群集智能的研究。群集智能（Swarm Intelligence）中的群体（Swarm）指的是“一组相互之间可以进行直接通信或者间接通信（通过改变局部环境）的主体，这组主体能够合作进行分布问题求解”。而所谓群集智能指的是“无智能的主体通过合作表现出智能行为的特性”。群集智能在没有集中控制并且不提供全局模型的前提下，为寻找复杂的分布式问题的解决方案提供了基础。

在计算智能（Computational Intelligence）领域有两种基于群智能的算法，蚁群算法（Ant Colony Optimization）和粒子群算法（Particle Swarm Optimization），前者是对蚂蚁群落食物采集过程的模拟，已经成功运用在很多离散优化问题上。后者则是起源对简单社会系统的模拟，最初用于模拟鸟群觅食的过程，后来则被用于优化计算。

在上述四类智能算法中，人工神经网络技术在实际中应用得最为广泛。其中，BP网络又是人工神经网络模型中应用最为广泛的算法。因此，本章主要对BP网络进行较为详细的介绍，并对算法在计算机的实现，结合MATLAB的神经网络工具箱进行介绍。

二、神经网络模型的基本概念

1. 神经网络模型发展的历史回顾

20世纪40年代初，美国的Mc Culloch和Pitts从信息处理的角度，研究神经细胞行为的数学模型表达，提出了二值神经元模型——MP模型。MP模型的提出开始了对神经网络的研究进程。

1949年心理学家D. O. Hebb提出了著名的Hebb学习规则，即由神经元之间的结合强度的改变来实现神经学习的方法。该思想至今在神经网络的研究中仍发挥着重要作用。

20世纪50年代末期，Rosenblatt提出了感知机（Perceptron）模型，可用于简单问题的模式分类。但对非线性分类问题的处理，感知机模型无能为力。与此同时，计算机技术的飞速提高，传统智能技术也取得了迅猛发展。与这个现象相对的是，对大脑的计算原理、对神经网络计算的优点、缺点、可能性和局限性还很不清楚。神经网络的研究在这个阶段进入了低潮。

进入20世纪80年代，基于传统计算机和人工智能方法、专家系统等，在处理视觉、听觉、形象思维以及运动控制等方面，出现了难以解决的困难。采用串行逻辑和符号处理等传统方法解决复杂问题，会产生计算量的组合爆炸。因此，具有并行分布处理模式的神经网络理论又重新受到人们的重视。1982年，美国加州理工学院物理学家J. J. Hopfield提出了Hopfield网络，使得网络稳定性研究有了明确的判据。应用Hopfield网络，对传统优化算法难于解决的问题，如推销员问题（TSP），取得了很好的效果。从事并行分布处理研究的学者，于1985年对Hopfield模型引入随机机制，提出了Boltzmann机。1986年Rumelhart等人在多层神经网络模型的基础上，提出了多层神经网络模型的逆传播学习算法（BP算法），解决了多层前向神经网络的学习问题，证明了多层神经网络具有很强的学习能力，并具有广阔的处理实际问题的能力。

20世纪90年代开始，许多具备不同信息处理能力的神经网络已被提出并应用于许多信息处理领域，如模式识别、自动控制、信号处理、决策辅助、人工智能等方面。同时，相应的神经网络学术会议和学术刊物大量出现，表明神经网络的理论和应用处在蓬勃发展阶段。但需要指出的是，人类对自身大脑的研究，尤其是对其中智能信息处理机制的了解，还十分肤浅，还有很多问题需要今后进一步解决。

神经网络技术目前已被广泛用于航空、国防、电子、娱乐、金融、保险和制造业等几乎所有领域，并取得了很多成功的应用。

2. 标量输入的神经元模型

一个无偏的神经元（neuron），其结构如图8-1所示。

其中，p为神经元输入（一个标量），w是连接权，二者的乘积为$n=wp$，作为传递函数（transfer function）的输入，f为传递函数。a则是经过传递函数映射后得到的输出。

如果在传递函数中考虑增加一个偏（bias），则可以用图8-2来表示。

图8-2中，b为一个偏，传递函数f的输入为$n=wp+b$。偏也可以看成一个权重值，只不过其输入为常数1。

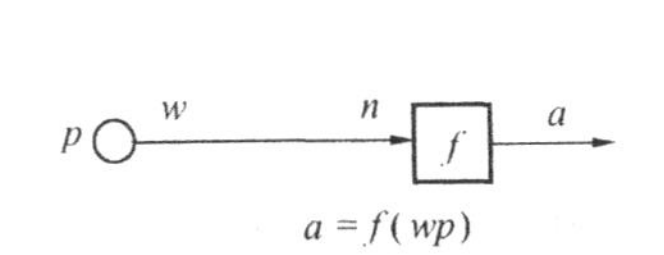

图8-1 无偏的标量输入神经元模型

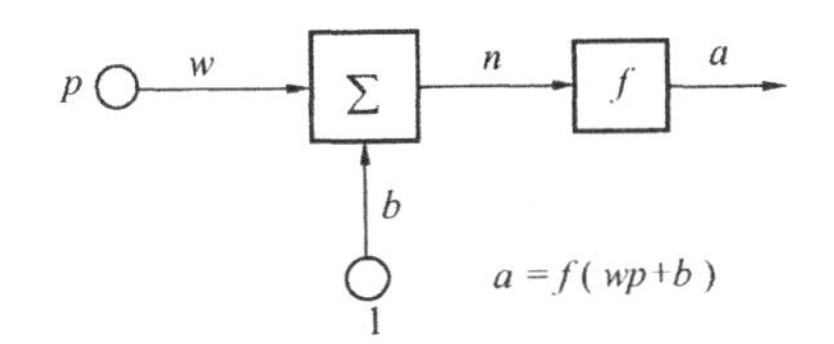

图8-2 有偏的标量输入神经元模型

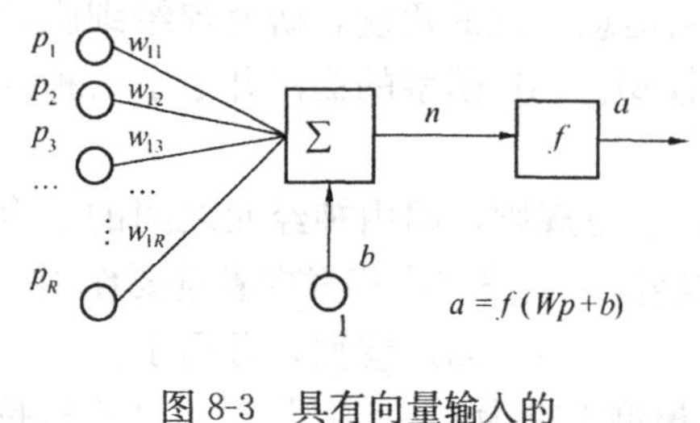

图 8-3　具有向量输入的神经元模型

3. 具有向量输入的神经元模型

如果一个神经元具有 R 个元素的输入向量，则其输入、输出关系如图 8-3 所示。

其中，神经元的输入为 p_1，p_2，$\cdots p_R$，相应连接权为 $w_{1,1}$，$w_{1,2}$，$\cdots$ $w_{1,R}$。W 是由连接权构成的行向量，而 p 则是输入列向量。

4. 传递函数

神经网络中的传递函数有很多种，主要用来描述神经元的输入、输出的映射关系。有三种传递函数是最为常用的，分别叙述如下。

(1) Hard-Limit 传递函数。Hard-Limit 传递函数如图 8-4 所示。该函数当输入值小于 0 时，取值为 0；当输入值大于或等于 0 时，取值为 1。用于表示神经元输入、输出的非线性响应关系。

(2) 线性传递函数（Linear Transfer Function)。线性传递函数如图 8-5 所示。即传递函数的输出值等于输入值。

(3) Log-Sigmoid 传递函数。该传递函数被广泛地用于反传播网络（Backpropagation Networks)，因为该传递函数是可微函数。其形状如图 8-6 所示。其函数表达式为：

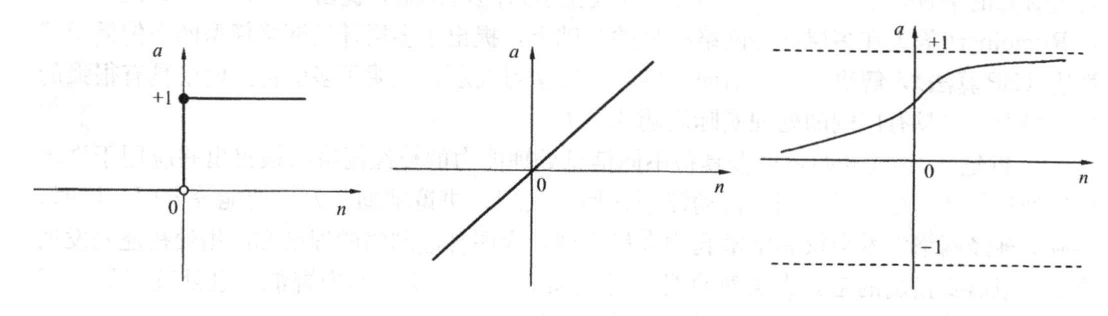

图 8-4　Hard-Limit 传递函数　　图 8-5　线性传递函数　　图 8-6　Log-Sigmoid 传递函数

$$\text{logsig}(n)=\frac{1}{1+\exp(-n)} \tag{8-1}$$

该函数的特点是：取值范围在（0，1）之间；且当$n\to\pm\infty$时，函数分别收敛于 0 和 1，一阶导数的值趋于 0；在 $n=0$，一阶导数达到最大值，且在 $n=0$ 附近函数的一阶导数较大，表明对在 0 附近的输入值，输出值的响应较为明显，这一点体现了传递函数的“非线性”特征。

另一个体现非线性特性的传递函数是 Tan-Sigmoid 函数。其表达式为：

$$\text{tansig}(n)=\frac{1}{1+\exp(-2n)}-1 \tag{8-2}$$

Tan-Sigmoid 函数和 Log-sigmoid 函数形态基本类似，只不过其值域范围为（-1，1)。其函数图像如图 8-7 所示。

5. 神经网络结构

单个神经元的功能往往很简单，为了表示相对复杂的关系，往往需要多个神经元按照某种方式进行连接，形成神经网络。连接方式有：

（1）前向神经网络。简单地说，前向神经网络（Feedforward Networks）由若干个依次相连的单层神经网络构成，每层神经元只接受来自前一层神经元的输入，后面的层对前面的层没有信号反馈，输出模式经过各层次的顺序传播，最后在输出层上得到输出。如图8-8所示。

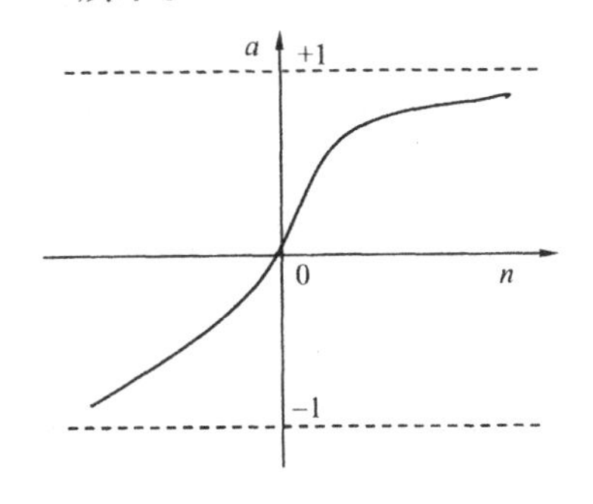

图8-7 Tan-Sigmoid函数图像

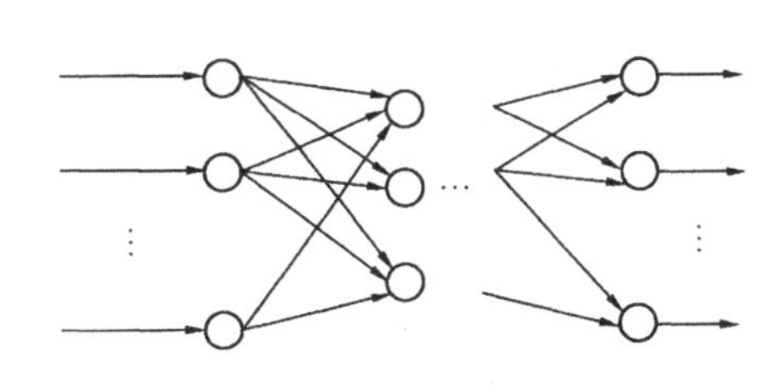

图8-8 前向神经网络结构示意图

最简单的前向神经网络结构是单层的，神经元彼此互不相连。单层网络由 S 个神经元构成，具有 R 个输入元素。如图8-9所示。

在该网络中，R 维输入向量 p 的每个元素与每个神经元通过连接权矩阵 W 相连。权重矩阵 W 是一个 S 行，R 列的一个矩阵，其中 (i, j) 位置处的元素为 $w_{i,j}$。第 i 个神经元的输入是输入向量各元素的加权和与相应“偏”的和，经过传递函数的映射，得到输出 $a_i = f(n(i))$。神经元层的输出，形成一个列向量 $a, a=f(Wp+b)$。

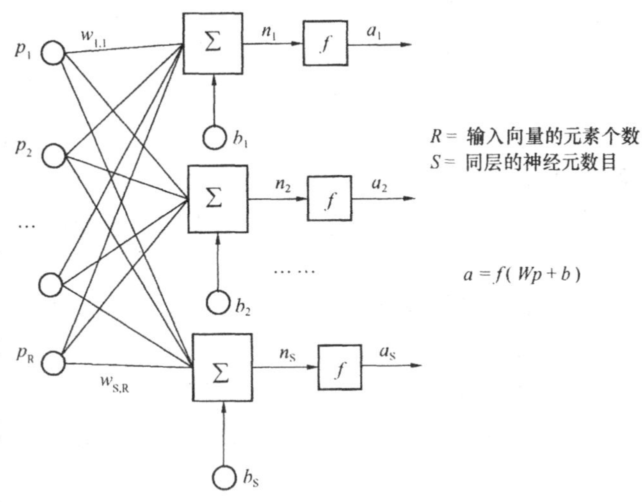

图8-9 单层前向神经网络

如果前向网络是多层的，可用上标表示不同层的相应参数。例如，如果神经网络由两层构成，第二层的输入为第一层的输出，第二层的输出为 a^2，则可表示为

$$a^1 = f^1(W^{1,1}p + b^1) \tag{8-3}$$

$$a^2 = f^2(W^{2,1}a^1 + b^2) \tag{8-4}$$

（2）有反馈的前向网络。有反馈的前向网络中，从输出层对输入层有信息反馈。这种网络可以用来存贮某种模式序列。

（3）层内有相互结合的前向网络。层内有相互结合的前向网络，通过层内神经元的相互结合，可实现同一层内神经元之间的横向抑制或兴奋机制。

（4）相互结合型网络（包括全互连和部分互连类型）。这种网络中，任意两个神经元之间都可能有连接。如著名的Hopfield网络和Boltzmann机均属于这种类型。在无反馈的前向网络中，信号一旦通过某个神经元，该神经元的处理过程就结束了。而在相互结合网络中，信号要在神经元之间反复传递，网络处于一种不断改变状态的动态之中。从某初始状态开始，经过若干次变化，才能达到某种平衡状态。

三、BP网络的算法原理

1. BP网络的结构

BP(Backpropagation) 网络是一个由输入层、中间层（又称为隐含层)、输出层而构成的一个前向神经网络结构。其中中间层可以包含多于一层的神经元。图8-10就是由一个有3维输入的输入层、一个包含2个神经元的隐含层，以及包含2个神经元的输出层构成的一个BP网络。

由于输入层本身并不是由神经元构成的，只是表述了网络系统输入向量包含的元素个数。故本书把图8-10的BP结构，称为一个2层的前向神经网络。

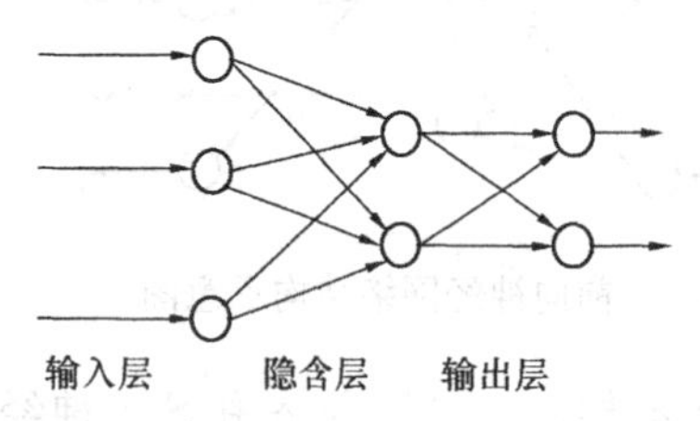

图8-10 3-2-2结构的BP网络

在BP神经网络中，需要表述隐含层和输出层中的神经元的传递函数，以及相应神经元的连接权重和偏。

一般来说，输出层神经元的传递函数采用线性传递函数，而隐含层神经元的传递函数采用Sigmoid（如Log-Sigmoid或Tan-Sigmoid）传递函数。

BP网络中输入向量和输出向量，可被用于对网络的训练，用以表述输入向量和输出向量的关系，称之为非线性回归；或者，把输入向量按照某种预先定义的尺度进行分类，称之为模式识别（Pattern Reorganization)。这样做的一个依据是：已经证明，具有“偏”、具有sigmoid传递函数的隐含层、具有线性传递函数的输出层的网络，神经元的数目足够多，且具有无限逼近一个具有有限不连续点的函数。因此，可将BP网络用作一个函数拟合问题的分析，尤其是输入、输出关系不甚清楚的问题。

BP网络的训练，是指对于一个定义好结构的前向神经网络，对于给定的一组输入、输出，通过调整网络连接权和偏值（偏可看成特殊的连接权，以后统称为连接权的调整)，以达到网络输出和实际输出能够较好地拟合的过程。而BP网络对连接权的这种调整过程，是由输出层开始，逐渐反推到隐含层这样的反向方向进行调整的，BP的含义由此而来。其权重调整的原理是无约束的非线性最优化问题。

2. 算法原理

对于给定的m个输入、输出向量（t_i，a_i)，$i=1,\cdots m$。其中，输出层的神经元数目与输出向量的元素个数相同，隐含层神经元的数目则应“适中”，具体如何“适中”，将在后面讨论。此外，还要确定隐含层和输出层神经元的传递函数。

一旦确定了BP网络结构，便可对网络进行“训练”，使得网络的输入、输出关系能够体现出给定的输入、输出向量之间的关系。为此，需要引入评价函数（Performance Function)，用来评价神经网络的拟合性能。

实际中最为常用的评价函数为误差平方均值（mean square error，mse）——网络输出和目标输出差值平方的平均值。对于第i个输入、输出样本（t_i，a_i)，如果网络输出为d_i，$d_i=(d_{i1},\cdots d_{is})^{\mathrm{T}}$，则均方根误差可表示为

$$mse=\frac{1}{ms}\sum_{i=1}^{m}\sum_{j=1}^{s}(a_{ij}-d_{ij})^2 \tag{8-5}$$

对于一个已经确定结构的BP网络，一旦确定了各层神经元之间的连接权、各神经元

的偏及传递函数，网络的输出也就得到了确定。而评价函数 E 可看成关于连接权 w 的多元函数，即 $E(w)$。基于梯度下降法的训练原理，可用式（8-6）来表示。

$$w_{k+1} = w_k - \alpha_k g_k \tag{8-6}$$

其中，w_k 是当前权重值，g_k 是当前评价函数的梯度向量。我们知道，负梯度方向是使函数值下降速度最快的方向。α_k 是学习率，表明沿着负梯度方向调整的幅度。学习率的设定，往往需要采用试探的方法。一般来说，学习率越大，调整的幅度就越大。但如果太大的话，算法会不稳定，如果太小，算法又需要很长时间才能收敛。

BP 网络训练的方式有两种：一种是渐增式（Incremental Mode），另一种是成批模式（Batch Mode）。在渐增模式中，每一次输入值进入到网络，则计算一次梯度，然后更新有关权重。成批模式，则是所有的输入都进入到网络后，再进行有关权重的更新。BP 网络主要使用成批训练模式。

式（8-6）的算法也称为最速下降算法。在实际问题中，可能会陷入最小极值陷阱，即算法被局部极小值所吸引，从而不管迭代多少次，评价函数的指标也不会改善。因此在梯度法之外，又出现了很多其他算法。这些算法将在第二、第三节中再作介绍。

第二节　BP 网络在 MATLAB 上的实现方法

可以说，如果没有计算机技术为基础，神经网络技术只能停留在理论研究阶段。关于神经网络计算的软件包很多，其中 MATLAB 的神经网络工具箱，就是一个功能强大且易用的一个软件。

MATLAB 是矩阵实验室（Matrix Laboratory）的缩写，由 MathWorks 公司于 1984 年首次商业开发成功。发展至今，MATLAB 处理问题能力已经远远不限于矩阵相关计算，它集成了计算、可视化及可编程三项功能，被广泛地用于数学教学、工程和自然科学领域。在产业领域，MATLAB 已被广泛地用于高技术产品研发和分析。

MATLAB 是一个以数组（array）为基本数据元素的交互性系统，事先不需要对数组的维数进行定义，这方便于用户解决很多技术计算问题，尤其是与矩阵和向量方程有关的问题。此外，它还不断地吸收新的计算技术，尤其开发了若干面向特定应用领域的软件包，被称为工具箱。神经网络工具箱（Neural Network Toolbox）就是其中之一。

本章有关内容以 MATLAB ver7.2，Neural Network Toolbox ver5.0 为蓝本进行介绍。

一、MATLAB 矩阵的建立及数据的存储和调用

1. 程序的启动

在 Windows 操作系统中打开 MATLAB 程序，一般来说会出现三个窗口：

命令窗口（Command Window），该窗口的一个重要提示符为≫，可直接在其后输入各种命令。用户和程序的很多交互操作，都是通过命令窗口来实现的。

当前目录（Current Directory）/工作区（Workspace）窗口，这两个项目的切换通过选项卡的点击来实现。MATLAB 默认的打开、存储有关数据文件的路径提示，程序使用过程中产生的变量等信息，可通过查看这些窗口来实现。

操作历史（Command History）窗口，该窗口是过去每次使用 MATLAB 程序的操作

记录。

由于 MATLAB 功能众多，这里只介绍与 BP 网络操作有关的命令。

2. 矩阵的录入

BP 神经网络的训练离不开输入、输出数据。因此，首先应该把输入、输出数据录入或读取到 MATLAB 程序中。记 m 个输入、输出数据为（t_i，a_i），$i=1$，$\cdots m$，输入向量为 r 维，输出向量为 s 维，则可用 $r\times m$ 矩阵表示输入数据，$s\times m$ 矩阵表述输出数据，作为网络训练的依据。

MATLAB 的变量，大小写是区分的，可用字母、数字及下划线表示一个变量，且变量的第一个符号必须是字母。在 MATLAB 的命令窗口上录入一个矩阵，这里介绍直接录入法。

首先键入方括号，然后在括号内依次输入矩阵的各行，同行的不同元素用空格分隔。输入完一行元素，键入分号，开始录入矩阵的下一行元素，直至所有元素录入完毕。

MATLAB 命令的执行，是通过在输入相应命令后，再键入"回车键"来实现。例如，要在 MATLAB 命令窗口上录入矩阵 $\begin{bmatrix} 2 & 1 \\ 3.2 & 4 \\ 3 & 2 \end{bmatrix}$，可按照如下格式，在 MATLAB 命令窗口中输入如下内容：

```
a = [2  1;3.2  4;3  2]
```

然后，键入回车键，矩阵就存入到变量 a 中。命令窗口立刻显示如下内容

```
a=
    2.0000    1.0000
    3.2000    4.0000
    3.0000    2.0000
```

3. 数据的存储和调用

如果想把当前窗口的所有变量存储到计算机中，可单击 MATLAB 的 File 菜单，然后单击 Save Workspace As…，则当前命令窗口的所有变量被存入到默认目录中，方便下次调用，调用命令为 load。

例如，想在 MATLAB 命令窗口上建立如下两个矩阵：

$$p=\begin{bmatrix} -1 & -1 & 2 & 2 \\ 0 & 5 & 0 & 5 \end{bmatrix},\ t=[-1 -1\ 1\ 1]$$

然后进行如下操作：①把所有工作区的变量存储到 example1.mat 中；②查看当前工作区的变量有哪些；③清除当前所有工作区的变量；④调用刚刚存储的那些变量。

在 MATLAB 命令窗口中，输入这两个矩阵，格式为：

```
p=[-1 -1 2 2;0 5 0 5];
t=[-1 -1 1 1];
```

然后单击回车键，两个矩阵就分别被存入到变量 p 和 t 中。在上面操作语句中，每行命令最后的分号，表示计算结果不在命令窗口上显示。

要把变量存贮到文件 example1.mat，按照提示操作即可，具体过程从略。

查看当前工作区的变量有哪些，通过命令"whos"来实现。在命令窗口中，键入 whos 然后按回车键，窗口显示如下内容。

```
Name      Size      Bytes  Class
  a       3x2          48  double array
  p       2x4          64  double array
  t       1x4          32  double array
```

可看到当前工作区有3个变量，分别为a，p，t。

清除当前工作区的所有变量，通过命令“clear”实现。此时，如果再执行“whos”命令，就会发现没有任何显示，表明所有变量都从内存区中清除完毕。

调用刚刚存贮的变量，可通过“load example1”实现。此时，如果再执行“whos”命令，就会发现变量a，p，t又回到工作区中。

二、BP网络的建立、模拟和训练

1. 建立一个前向网络

在MATLAB神经网络工具箱中，建立一个前向网络的命令为newff。如果需要在MATLAB神经网络工具箱中建立一个前向网络，且用变量net（也可以用其他合法的变量名称）表示该网络，其格式为：

net = newff (PR, [S1 S2…SN], {TF1 TF2…TFN}, BTF, BLF, PF);

newff的相关参数含义及表述格式如下：

PR 一个R×2矩阵，表示输入向量有R个元素，及每个元素的最小、最大值（取值范围）。

Si 第i层神经元的数目，总共有N层神经元。

TFi 第i层的传递函数（缺省值为'tansig'），用单引号括住传递函数名称。

BTF 逆传播网络训练函数（缺省值为'traingdx'）。

BLF 逆传播权重/偏的学习函数（缺省值为'learngdm'）。

PF 评价函数（缺省值为'mse'）。

表8-1列出了常用传递函数在MATLAB中的表示方法。

BP网络常用的传递函数名称表示方法 **表8-1**

传递函数名称	Hard-Limit	线性传递函数	Log-Sigmoid	Tan-Sigmoid
在MATLAB中的表示方法	hardlim	purelin	logsig	tansig

例如，建立一个两层神经网络，输入为一个2维向量，且向量两个元素的取值范围分别为[-1，2]，[0，5]。此外，隐含层的神经元个数为3，输出层神经元的个数为1。隐含层的传递函数为tan-sigmoid，输出层的传递函数为线性传递函数，训练函数为traingd。在MATLAB神经网络工具箱创建这样的BP网络，命令为：

net=newff([-1 2; 0 5],[3,1],{'tansig','purelin'},'traingd');

建立一个前向网络后，神经网络工具箱自动对连接权（包括偏值）进行初始化。如果在对该网络进行一系列的相关操作后，重新对网络进行初始化，则可采用如下的命令net=init(net);

2. 对网络的模拟

建立一个前向网络后，就可以对网络进行模拟了。模拟的命令为sim。

例如，如果输入为一个向量$[1\ 2]^T$，想知道刚刚建立的网络在这个输入下的输出值是什么，则可以在命令窗口上执行如下操作：

```
p=[1; 2];
a=sim (net,p)
```

输出结果为：

```
a =
    1.2684
```

需要说明的是，每次上述命令运行的结果可能会不同，因为网络有关参数的设置取决于在网络初始化过程中随机数发生器的不同赋值。

若想计算输入向量分别为 $[1\ 2]^T$，$[3\ 4]^T$，$[2\ 1]^T$ 下的网络输出值，可以运行如下命令：

```
p = [1  3  2; 2  4  1];
a = sim (net,p)
```

计算结果为

```
a =
    1.2684      1.2196      1.4568
```

3. 网络的训练

一旦网络的连接权和偏被初始化，网络就可以训练了。对于一个 BP 网络，经过训练后，可被用于函数逼近（非线性回归），模式关联或者模式识别。训练过程需要提供给网络一组网络输入向量 p 和目标输出 t，在训练过程中通过连接权和偏值的调整，使评价函数达到最小化。

最经典的 BP 网络训练函数为梯度下降法，该方法在 MATLAB 神经网络工具箱中的名称为 traingd (gradient descent)。和 traingd 关联的训练参数有 7 个，分别为：epochs，show，goal，time，min _ grad，max _ fail，lr。

学习率 p_r 是沿着负梯度调整“步幅”大小的指标，如果学习率太大，算法不稳定；如果学习率太小，算法收敛的时间会很长。

show，用来说明训练算法输出结果，每隔'show'次迭代，网络训练结果就显示一次。

其他的参数用来设定训练停止的条件。epochs，迭代的最大设定次数；如果评价函数值降到 goal 以下，如果梯度的模数值小于 mingrad，如果训练时间超过了 time，这几项条件只要有一项成立训练就会自行终止。max _ fail 的含义，将在第三节再作讨论。

例如，一组输入、输出数据，输入是一个 2 维向量，输出是一维标量，如表 8-2 所示。试建立一个 BP 网络，以描述这样的一组输入、输出关系。

输入、输出数据 **表 8-2**

输 入	-1 0	-1 5	2 0	2 5
对应输出	-1	-1	1	1

可按如下步骤进行。

第一步，把输入、输出数据录入到 MATLAB 中。

```
p=[-1  -1  2  2; 0  5  0  5];
t=[-1  -1  1  1];
```

如果上述数据已经以 *.mat 格式存入到电脑中，也可用 load 命令，把相应数据读入到工作区中。

第二步，建立一个前向网络，命令如下：

```
net = newff( minmax( p), [ 3, 1], {'tansig','purelin'}, 'traingd');
```

其中minmax表示对录入的输入矩阵p，计算每行的最小元素和最大元素，返回的是一个S×2阶矩阵。这是一个两层前向网络，第一层的神经元个数为3，第二层（输出层）神经元的个数为1（与输出向量的维数一致），对应第一、第二层神经元的训练函数分别选'tansig'和'purlin'，训练函数为最速下降法。

第三步，设定训练参数。如果希望训练参数为：每隔50次，输出一次训练结果，学习率为0.05，最大训练次数为300或者评价函数小于或等于10^{-5}时，训练结束，则可以在MATLAB命令窗口上输入如下内容：

```
net. trainParam. show = 50;
net. trainParam. lr = 0.05;
net. trainParam. epochs = 300;
net. trainParam. goal = 1e-5;
```

如果采用软件默认的参数设置，则不需要进行上述命令的设置。

第四步，开始训练。命令为

```
[ net, tr] = train (net, p, t);
```

该命令的含义是，根据刚刚建立的net网络，以及输入、输出数据p和t，进行网络训练。输出结果被存入到两个变量中，net，tr。前者存储网络的基本参数，如网络结构，训练后的连接权等数据，后者则存储训练的过程数据。

运行上述命令后，命令窗口输出内容为：

```
TRAINGD-calcgrad, Epoch 0/300, MSE 0.69466/1e-005, Gradient 2.29478/1e-010
TRAINGD-calcgrad, Epoch 50/300, MSE 4.17837e-005/1e-005, Gradient 0.00840093/1e-010
TRAINGD-calcgrad, Epoch 68/300, MSE 9.35073e-006/1e-005, Gradient 0.0038652/1e-010
TRAINGD, Performance goal met.
```

实际操作中，由于网络初始值的随机数设定会有所差异，具体输出结果可能与此处的不一致，以后不再做类似声明。

同时返回一个图像，用来描述训练的过程和最终结果，见图8-11。

从上述命令结果的输出，以及返回的图形来看，训练在68次的时候终止，没有达到预设的最大训练次数300次，但评价函数已经达到预先设定精度，训练结束。

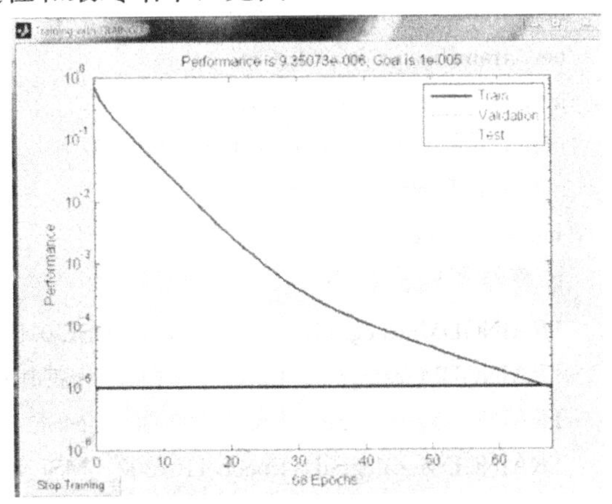

图8-11　BP网络的训练结果

我们来看看训练完成后网络相关参数，只需要在命令窗口上输入net，然后回车，即可。

训练好的网络，如果想知道对于给定的输入p，网络的输出是什么，可执行如下命令：

```
a=sim ( net, p)
```

计算结果为：

```
a =
   -1.0008    -0.9996    1.0053    0.9971。
```

三、BP网络训练的进一步讨论

前面对基于最速下降法（梯度算法）原理的BP训练函数，给出了理论说明和基于MATLAB工具箱的实现方法。但是，最速下降法容易被局部极值点所吸引，从而造成算法的失效。此外，最速下降法的收敛速度，有时候可能未必是快的。因此，需要更为有效的神经网络训练方法。

1. 带有动量项的梯度下降法（Gradient Descent With Momentum）

该方法在梯度下降法的基础上，增加了一个动量项（momentum）。这样处理的原因是，在网络的训练过程中，对连接权/偏值的调整，除了对评价函数的局部梯度进行响应，还对最近一次迭代中，误差平面的下降趋势响应，忽略那些改进不大的权值调解。

用式子表示，带有动量项的网络权重的调整原理为

$$\Delta w_{t+1} = -\alpha g_k + \beta \Delta w_t \tag{8-7}$$

其中β是常数，称之为动量项常数，取值介于0～1之间，式（8-7）的第二项为动量项，反映过去权重的变化对当前权重变化的影响。如果$\beta=0$，权重的调整只取决于梯度。

在MATLAB神经网络工具箱中，具有动量项的训练过程，需要提供给计算机动量项常数的大小，用mc表示。此外，还有一个动量项终止条件，即在某一次迭代中，如果评价函数值超过了max_perf_inc（如果不做说明，这个值设定为1.04），新的权重值和偏被舍弃。

在MATLAB神经网络工具箱中，具有动量项的梯度下降法的训练函数名称为traingdm。

例如，采用traingdm训练函数训练采用表8-2数据建立的BP网络。

先录入输入、输出数据：

```
p = [-1  -1  2  2; 0  5  0  5];
t = [-1  -1  1  1];
```

再建立一个网络，注意训练函数选用traingdm。

```
net = newff ( minmax (p), [3, 1], {'tansig','purelin'},'traingdm');
```

设定有关训练参数，并进行训练。

```
net.trainParam.show = 50;
net.trainParam.lr = 0.05;
net.trainParam.mc = 0.9;
net.trainParam.epochs = 300;
net.trainParam.goal = 1e-5;
[net,tr]= train(net,p,t);
```

计算结果输出如下

```
TRAINGDM-calcgrad, Epoch 0/300, MSE 0.69466/1e-005, Gradient 2.29478/1e-010
TRAINGDM-calcgrad, Epoch 50/300, MSE 0.000488413/1e-005, Gradient 0.0473187/1e-010
TRAINGDM-calcgrad, Epoch 100/300, MSE 2.40436e-005/1e-005, Gradient 0.0105894/1e-010
TRAINGDM-calcgrad, Epoch 110/300, MSE 8.73839e-006/1e-005, Gradient 0.00579405/1e-010
TRAINGDM, Performance goal met.
```

同时，返回训练过程图像，如图8-12所示。训练在110次的时候，计算结束，评价

函数的目标得到了实现。从图8-12可以看出，带有动态项的评价函数变化，往往存在一定的震荡性。

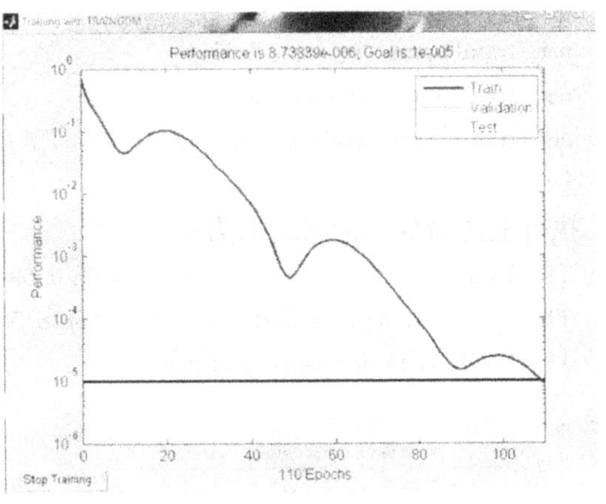

图8-12 训练函数为具有动量项的梯度下降法

梯度下降法和带有动量项的梯度下降法，对于实际问题往往速度很慢。因此在两种方法之外，又出现了很多其他高效网络训练算法。这些方法可分为两类：启发式技术，如动量项技术，可变学习率逆传播算法（Variable Learning Rate Backpropagation)，反弹逆传播算法（Resilient Backpropagation）等；数值优化技术，如共轭梯度（Conjugate Gradient）方法，拟牛顿（Quasi-Newton）方法，Levenberg-Marquardt方法等。

2. 启发式方法

(1) 可变学习率方法。普通的梯度下降方法，学习率在这个训练过程中始终保持不变。如果让学习率在训练过程中保持变化，即根据评价函数值的变化状况确定学习率的取值，即采用适应性学习率，算法的效率会得到很大的提高。采用可变学习率方法，开始的时候网络采用固定的学习率。

采用可变学习率方法，如采用的算法核心是普通的梯度下降法，在某次迭代过程中，当网络输出误差开始变大，超过了预设的比率（max_perf_inc，通常这个值为1.04），学习率下降一个固定倍数（lr_dec，通常设为0.7）。如果网络输出的误差开始减小，学习率则增大一个固定倍数（lr_inc，通常设为1.05)。

基于普通梯度下降法计算内核的可变学习率训练函数，在MATLAB的神经网络工具箱的名称为traingda。与普通梯度下降法的训练函数traingd相比，traingda还需要额外的三个训练参数max_perf_inc，lr_dec，lr_inc。这三个参数表示的含义是，在网络训练过程中，当评价函数开始增大，且增大倍数超过该值时，减少学习率到lr_dec倍，当评价函数开始减小时，则增大学习率到lr_inc倍。如果不做这些训练，则训练参数采用默认值。

如果算法核心是具有动量项的梯度下降法，在MATLAB神经网络工具箱中，训练函数名称为traingdx。算法的原理是，在某次迭代过程中，当网络输出误差开始变大，超过了预设的比率（max_perf_inc，通常这个值为1.04），新的连接权和偏的值被舍弃，然后学习率数值下降一个固定倍数（lr_dec，通常设为0.7）。否则，保留新的连接权和偏值。如果网络输出的误差开始减小，学习率则增大一个固定倍数（lr_inc，通常设为1.05）。

训练函数traingdx除了需要说明max_perf_inc，lr_dec，lr_inc这三个参数外，还需要提供动量项常数mc的值，格式与采用traingdm训练函数时输入mc的格式完全一致。

例如，采用可变学习率算法，重新训练采用表8-2数据建立的BP网络。

在MATLAB命令窗口中输入如下命令：

```
p = [-1 -1 2 2; 0 5 0 5];
t = [-1 -1 1 1];
net = newff( minmax(p), [3, 1], {'tansig', 'purelin'}, 'traingda');
```

```
net. trainParam. show =50;
net. trainParam. lr=0. 05;
net. trainParam. lr _ inc=1. 05;
net. trainParam. epochs=300;
net. trainParam. goal=1e-5;
[ net, tr] = train (net, p, t);
```

执行上述命令，输出结果为

```
TRAINGDA-calcgrad, Epoch 0/300, MSE 0. 69466/1e-005, Gradient 2. 29478/1e-006
TRAINGDA-calcgrad, Epoch 30/300, MSE 8. 57235e-006/1e-005, Gradient 0. 00369012/1e-006
TRAINGDA, Performance goal met.
```

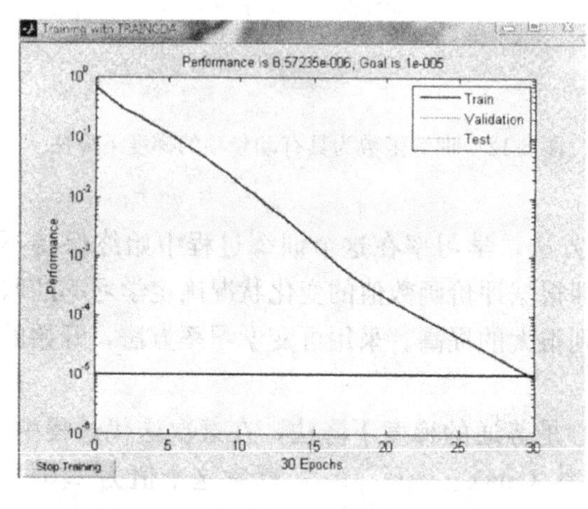

图 8-13 采用可变学习率的 BP 网络训练过程图

训练 30 次，算法就收敛了，而且达到了评价函数要求的预设精度。同时，返回的训练过程图像，如图 8-13 所示。

（2）反弹逆传播算法（Resilient Backpropagation，简称 Rprop）。多层神经网络的隐含层，往往采用 Sigmoid 传递函数，该函数的一个重要作用是把无限输入范围变换到一个有限区间。此外，当输入值变大时，Sigmoid 函数的导数与 0 接近，这样采用最速下降法进行网络训练时，虽然权系数和偏远离最优点，其梯度的调解幅度也会很小。

反弹逆传播算法就是为了消除上述效用而出现的算法。在确定网络权重值更新方向时，仅考虑导数的方向，而不考虑导数的幅度值（magnitude）。在这里，权重值的变化量由一个独立的更新量所决定。只要关于某权重（或偏）的偏导在相邻两次迭代中符号相同，则该权重的更新量增加一个 delt _ inc 单位；与前一次迭代相比，如果关于某权重的偏导数符号开始改变，则与该权重对应的更新量减少 delt _ dec 单位。如果偏导数等于 0，更新量保持不变。当权重开始出现震荡时，权重的变化幅度将减小。如果在连续的几次迭代中权重持续在一个方向上发生变化，则权重的变化幅度将增大。

在 MATLAB 神经网络工具箱中，采用 Rprop 训练函数的名称记为 trainrp。与该命令对应的训练参数有：最大训练次数 epochs，训练输出的间隔次数值 show，评价函数的精度目标临界值 goal，最大训练时间 time，最小梯度改变临界值 min _ grad，max _ fail（含义后面再作论述），以及刚刚说明的两个参数 delt _ inc，delt _ dec。此外，训练函数 trainrp 还需要再提供两个参数，delta0，deltamax，分别表示初始调整步幅和最大调整步幅。需要说明的是，Rprop 对于训练参数的设定不是很敏感，因此在实际应用中，可直接采用系统默认的设定值。

例如，采用 Rprop 算法训练采用表 8-2 数据建立的 BP 网络。

在命令窗口中输入如下命令：

```
p = [-1 -1 2 2; 0 5 0 5];
```

```
t = [-1 -1 1 1];
net=newff( minmax( p),[ 3,1],{'tansig','purelin'}, 'trainrp');
net.trainParam. show=10;
net.trainParam. epochs=300;
net.trainParam. goal=1e-5;
[ net, tr] = train( net, p, t);
```

输出结果为：

```
TRAINRP-calcgrad, Epoch 0/300, MSE 0.69466/1e-005, Gradient 2.29478/1e-006
TRAINRP-calcgrad, Epoch 10/300, MSE 0.000145247/1e-005, Gradient 0.0190864/1e-006
TRAINRP-calcgrad, Epoch 14/300, MSE 6.36243e-006/1e-005, Gradient 0.00579446/1e-006
TRAINRP, Performance goal met.
```

经过 14 次迭代，算法收敛。达到了评价函数预设的精度要求。同时，算法给出了训练过程图示，如图 8-14 所示。训练过程正如一个在坡面反弹的皮球一样。

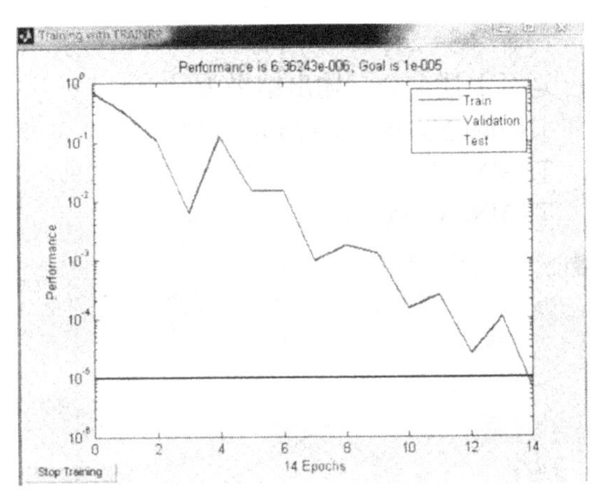

图 8-14 采用反弹逆传播算法的训练过程图

3. 基于非线性规划的 BP 网络训练方法

BP 神经网络的训练过程，实质上可看作是一个评价函数关于连接权、偏的最小化问题，因此可把非线性规划理论算法引入到 BP 网络训练中。这里不准备过多地介绍非线性规划内容，只给出基于非线性规划的 BP 网络训练算法，以及训练算法在 MATLAB 神经网络工具箱的表示方法。这些算法大致可分为 3 类，见表 8-3。

基于非线性规划的 BP 网络训练算法及其在 MATLAB 中的表示　　表 8-3

训练函数名称		在 MATLAB 中的表示方法
共轭梯度算法	Fletcher-Reeves 更新	traincgf
	Polak-Ribiére 更新	traincgp
	Powell-Beale Restart	traincgb
	标量共轭梯度（Scaled Conjugate Gradient）	trainscg
线搜索路径法 (LineSearch Routines)	黄金分割搜索（Golden Section Search）	srchgol
	Brent's Search	srchbre
	Hybrid Bisection-Cubic Search	srchhyb
	Charalambous'Search	srchcha
	逆追踪（Backtraking）	srchbac
拟牛顿法	BFGS 算法	trainbgf
	One Step Secant 算法	trainoss
Levenberg-Marquardt		trainlm

需要指出，BP 网络的不同训练函数，在 MATLAB 神经网络工具箱中还对应着相应

的训练参数。在实际应用中可对这些参数不作说明，MATLAB将自动调用软件默认的设定值。如果用户想要自行设定这些训练参数，可通过查询MATLAB程序自带的帮助文件获得具体格式，然后录入到命令窗口中即可。

例如，在MATLAB中采用trainlm方法训练采用表8-2数据建立的BP网络。

在MATLAB命令窗口中输入如下内容：

```
p = [-1  -1  2  2; 0  5  0  5];
t = [-1  -1  1  1];
net = newff( minmax( p), [3,1], {'tansig','purelin'},'trainlm');
net. trainParam. show = 10;
net. trainParam. epochs = 300;
net. trainParam. goal = 1e-5;
[net, tr]= train( net, p, t);
```

运行上述命令，输出结果为

```
TRAINLMv-calcjx, Epoch 0/300, MSE 0.300839/1e-005, Gradient 0.884133/1e-010
TRAINLM-calcjx, Epoch 3/300, MSE 7.99792e-009/1e-005, Gradient 0.000302301/1e-010
TRAINLM, Performance goal met.
```

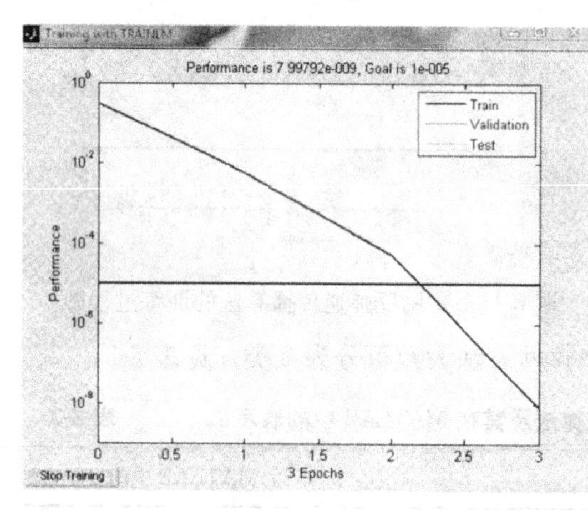

图8-15 采用Levenberg-Marquardt算法的训练过程图

仅仅训练了3次，评价函数就达到了精度要求。同时，返回训练过程图像，如图8-15所示。

上述不同的训练函数，究竟哪一个“最好”呢？经验研究表明，一般来说，对于函数逼近问题，如果神经网络包含几百个权重，Lewenberg-Marquardt（训练函数为trainlm）算法收敛速度是最快的，而且具有相对高的精度。当连接权数目增加时，其优势开始变差。而对于模式识别问题，trainlm的性能相对较差。

训练函数trainrp对于模式识别问题的算法最快，然而对于函数逼近问题表现则相对较差。

共轭梯度法，尤其是训练函数trainscg，对于很多问题表现出较强的适应性，尤其是具有大量权重数目的场合。

四、BP网络泛化能力的改进

神经网络训练出现的一个突出问题是过度拟合（overfitting）问题，即网络对于训练样本的输入具有精度很高的逼近能力，但当新数据提供给网络时，网络误差则很大。这说明网络对于训练样本具有很好的记忆能力，但没有获得较好的泛化（generalize）能力，当网络接受新输入的时候造成很大误差。

改进网络泛化能力的一个方法是，在能够提供足够的精度前提下，尽可能用简单的网络模型。一般说来，规模大的网络，往往对应复杂的函数，如果使用的是规模相对小的网络，过度拟合的现象就会降低。MATLAB神经网络工具箱提供了一个演示命令：

nndllgn，在命令窗口上运行该命令，将会生成一个GUI界面，通过调整图形可控的相关选项，就会对过度拟合现象和网络规模之间的关系，有个直观的感受。

但对于一个实际问题，事先确定“最佳规模”的神经网络是很困难的。为此，MATLAB神经网络工具箱提供了两种改进方法：规则化方法（Regularization）和早期停止技术（Early Stopping）。下面分别进行介绍。

1. 规则化方法

（1）修正评价函数法。对前向神经网络的训练，典型的评价函数采用的是误差平方均值（mse），修正评价函数法，则采用如下函数作为评价函数。

$$\text{msereg} = \gamma \text{mse} + (1-\gamma)\ \text{msw} \tag{8-8}$$

其中γ被称为性能比（Performance Ratio），msw则为所有权重值的平方均值。使用该评价函数，神经网络将得到绝对值相对较小的权重值和偏值，这将使得网络的输入、输出关系相对平滑，从而减少过度拟合现象。

还是以多次采用的表8-2的输入、输出数据为例，采用修正后的评价函数，训练函数选择'trainbfg'，命令语句为：

```
p = [-1  -1  2  2; 0  5  0  5];
t = [-1  -1  1  1];
net = newff ( minmax( p), [ 3,1], { 'tansig ', 'purelin '}, 'trainbfg ');
net. performFcn = 'msereg ';
net. performParam. ratio = 0. 5;
net. trainParam. show = 5;
net. trainParam. epochs = 300;
net. trainParam. goal = 1e-5;
[ net, tr]= train (net, p, t);
```

net. performFcn = ‘ msereg’，表示当前训练的评价函数为修正评价函数，net. performParam. ratio = 0.5，相当于对式（8-7）的γ赋值0.5。执行上述运算，输出结果为：

TRAINBFGC-srchbac-calcgrad, Epoch 0/300, MSEREG 3.01007/1e-005, Gradient 1.96063/1e-006

TRAINBFG-srchbac-calcgrad, Epoch 5/300, MSEREG 0.583705/1e-005, Gradient 0.763147/1e-006

TRAINBFG-srchbac-calcgrad, Epoch 10/300, MSEREG 0.0143225/1e-005, Gradient 0.210069/1e-006

TRAINBFG-srchbac-calcgrad, Epoch 15/300, MSEREG 0.000375975/1e-005, Gradient 0.004953/1e-006

TRAINBFG-srchbac-calcgrad, Epoch 20/300, MSEREG 5.03492e-006/1e-005, Gradient 0.000691412/1e-006

TRAINBFG, Performance goal met.

经过20次迭代算法停止，同时，返回训练过程图像(从略)。

（2）自动规则化(Automated Regularization)。该方法的思路是，把网络的连接权和偏看成服从某个分布的随机变量，而规则化的参数则是与这些分布相关的未知变量。贝叶斯规则化法(Bayesian Regularization)就是其中的一个有效方法，可通过训练函数trainbr来实现。该训练函数在MATLAB神经网络工具箱的实现方法及具体格式，有兴趣的读者可通过查询相关帮助文件获得。

2. 早期停止技术

早期停止技术的原理是，把要采用的输入、输出数据分成三个子集。第一个子集叫做训练集(training set)，用于计算梯度，以及更新网络的连接权和偏值。第二个子集叫做验证集(validation set)，在训练过程中，验证集的数据误差被计算出来，用于检测网络性能。在训练开始时，验证集上的误差通常会减少，但当网络开始出现过度拟合时，在验证集上的误差通常开始变大。当验证误差增长达到设定的迭代次数，训练结束，并返回在最小验证误差处的连接权和偏的值。第三个子集叫检验集(test set)，检验集的误差在训练过程中并不使用，而是用来比较不同模型。

早期停止技术可用于任何训练函数。首先，需要创建一个简单的检验问题。下面以一个问题进行说明。

输入、输出样本通过如下语句建立，为表述对应语句的含义，必要时对相应命令行进行注释。注释的符号为%(要采用西文半角的，否则会出现错误提示)，后面内容不运行，直到遇到第一个分号为止。

p = [-1: 0.05: 1]% 该命令得到一个列向量，第一个元素为-1，以后每隔 0.05 步长增加一个元素，直到最后一个元素刚好不超过 1；

t = sin (2 * pi * p) + 0.1 * randn (size (p));

% f(p)表示对向量 p 的每个元素都做函数影射 f，最后得到一个和 p 维数完全相同的向量；

% pi 在 MATLAB 中是一个常数，为圆周率；

% randn 为正态分布随机数生成命令；size (N) 表示获得矩阵 N 的规模参数；

%该命令表示在 [-1, 1] 区间上每隔 0.05 单位取样，计算相应的三角函数值，再加上正态分布随机扰动，作为目标输出；

运行上述命令，得到输入、输出样本，共 41 个，作为网络训练集样本。

下面创建一个验证集样本，为简便计，通过如下命令进行

val.P =[-0.975:.05: 0.975];

val.T = sin(2 * pi * val. P) + 0.1 * randn(size (val. P)); % val. * 建立的变量，为接下来网络训练提供验证集信息的一个输入参数；

建立一个 1 -20 -1 结构的神经网络，并训练之。这里训练函数选用 traingdx。

```
net = newff ( [-1,1], [20, 1], {'tansig','purelin'},'traingdx');
net. trainParam. show=25;
net. trainParam. epochs = 300;
net = init ( net);
```

[net, tr] = train(net, p, t,[],[], val); % train 命令的完整输入格式为 6 个，第 1 至第 3 个输入表示网络变量名称、要训练的输入及输出样本，第 4、第 5 个输入参数采用默认格式，最后一个输入参数确定训练集；

执行上述命令，运算结果为

```
TRAINGDX-calcgrad, Epoch 0/300, MSE 2.57712/0, Gradient 4.42717/1e-006
TRAINGDX-calcgrad, Epoch 25/300, MSE 0.776863/0, Gradient 1.38327/1e-006
```

TRAINGDX-calcgrad, Epoch 50/300, MSE 0.141098/0, Gradient 0.331261/1e-006

TRAINGDX-calcgrad, Epoch 75/300, MSE 0.0364297/0, Gradient 0.0844325/1e-006

TRAINGDX-calcgrad, Epoch 100/300, MSE 0.0125951/0, Gradient 0.0241871/1e-006

TRAINGDX-calcgrad, Epoch 125/300, MSE 0.00804275/0, Gradient 0.113393/1e-006

TRAINGDX-calcgrad, Epoch 141/300, MSE 0.0077226/0, Gradient 0.0648244/1e-006

TRAINGDX, Validation stop.

训练在验证集误差达到最小值的时候中止，同时输出一个图形，如图8-16所示，表明了训练过程中训练集和验证集对应的评价函数状况。

经过BP网络训练，对于给定的输入向量p，网络输出可通过如下命令实现：

T = sim (net, p);

样本输入、输出和网络输入、输出的对比图像，见图8-17。其中标有"+"的代表训练样本，可以看出网络没有出现过度拟合现象，虽然拟合精度不是很高。

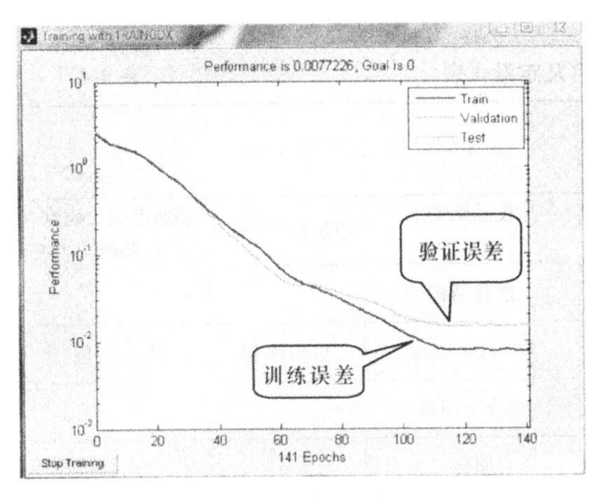

图8-16 具有验证集的早期停止技术训练过程图

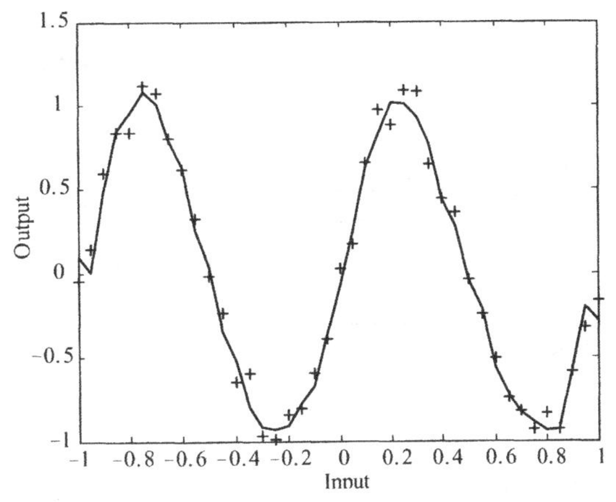

图8-17 训练样本和网络输入、输出的对比图像

对于早期停止技术，尽量不要使用收敛速度太快的算法（如trainlm），可考虑选用训练函数trainscg或者trainrp。同时，验证集的确定也很重要，尽可能对训练集的数据有足够的代表性。

第三节 BP网络应用举例

一、建设工程快速报价问题

1. 问题描述

快速估算建筑工程造价是建筑承包商参与工程投标竞争的需要。众所周知，建设地点的地质条件和使用功能相近的工程，其建筑结构特征具有相似性，在建筑时消耗的物化劳动与活劳动的量相近。当价格水平稳定时，建筑结构特征相似的工程造价相近。因此，可以从众多已建的工程中选取与新建工程建筑结构特征相近者的造价资料作为新建工程的造价资料的近似估计。这个过程的实质和核心是模式识别问题。因此，可把已建工程特征的量化数据作为输入，对应的造价资料作为输出，对神经网络进行训练，最终用训练好的神经网络实现建筑工程造价资料的快速估算。

（1）建筑工程样本的模式描述。一般民用建筑工程是由基础、墙柱、楼层、屋顶、门窗等基本构件所组成。其造价取决于每部分的实物工程量的大小、类别及价格水平，而实物工程量的大小是由工程设计的建筑结构参数决定的。通过对已建典型工程的造价组成及建筑结构参数变化对造价的影响进行分析，我们确定基础、结构、层数、门窗、装饰、墙体、平面组合为决定工程造价的主要因素，称其为工程特征。从工程造价估算的角度出发，用建筑工程特征描述建筑工程样本，即：建筑工程 =（基础，结构，层数，门窗，外装修，平面组合）。

（2）建筑工程样本模式描述的定量化。建筑工程的工程特征有不同的类型。从结构上说，可以是砖混结构、框架结构等，从基础上看，可以是砖条基、钢筋混凝土条基等，这些特征可称为特征类目。列举工程特征的不同类目，依据定额水平及工程特征对造价影响的相关性导致平方米造价的改变，从小到大排序，并主观给定相应的量化数据，结果见表8-4。

建筑工程特征类目及定量化表 **表8-4**

特征类目 量化值	1	2	3	4	5	6
基础	砖条基	钢筋混凝土条基	粉喷桩加固地基钢筋混凝土条基	片筏基础钢筋混凝土带基	钢筋混凝土桩基	钢筋混凝土满堂基础
结构	砖混	框架预制板	全现浇框架	框剪结构		
层数	6层	5，7层	8～10层	11，12，13层	14～16层	17～19层
门窗	木门窗	木门塑窗	木门铝合金窗	铝合金门窗		
装饰	清水墙	干粘石	水刷石	面砖		
墙体	空心砖	标准砖	砌块	钢筋混凝土隔板		
平面组合	一室一厅	二室一厅	二室二厅 三室一厅	三室二厅 四室一厅	四室二厅	

根据表8-4，可给出任意一个建筑工程模式的定量化描述。以 $T_i=(t_{i1}, t_{i2}, \cdots t_{ij})$ 表示一个工程模式，t_{ij} 表示第 i 个工程的第 j 个特征的量化值。如某工程是钢筋混凝土条基，砖混结构，7层，木门铝合金窗，外墙干粘石，标准砖，三室一厅，则其定量化描述为（2，1，2，3，2，2，4）。

如果某特征由几种类目混合构成，可按比例计算其加权平均值作为该特征的量化结果。

2. 模型建立

（1）输入、输出样本的确定。参考申金山、杜晓文、李岚撰写的“基于BP神经网络的建筑工程造价快速估算方法”（刊载于河南科学．2003，vol. 21（4）：479-482）一文，选用20个已建典型工程，其工程特征的量化值 t_{ij}（$i=1, \cdots 18$；$j=1, \cdots 7$）及企业内部的造价资料 y_{is}。其中造价资料涉及的指标可以是每平方米造价，每百平方米钢材、木材、水泥或其他感兴趣因素。这里选择了20个样本，其中训练样本18个，测试样本2个。具体数据见表8-5。

典型样本特征类目量化数据及预算资料表　　表 8-5

序号	输入项							输出项			
	1	2	3	4	5	6	7	1	2	3	4
1	1	1	2	1	1	2	2	498.23	16.10	0.0069	143.1
2	3	1	2	3	3	2	4	525.14	18.45	0.0046	178.3
3	2	1	1	1	2	2	2.5	493.45	17.18	0.0072	159.3
4	1	1	1	1	1	1	2	487.43	15.92	0.0059	132.4
5	1	1	1	3	2	2	3	506.57	15.68	0.0051	138.6
6	2	1	2	3	3	2	4	538.60	16.47	0.0043	149.2
7	3	1	1	1	2	2	4	542.91	17.92	0.0043	168.9
8	4	1	2	3	3	2	5	562.47	19.23	0.0046	172.4
9	2	2	4	3	3	3	4	897.25	26.01	0.0042	208.9
10	3	2	5	3	3	3	3.5	989.73	29.42	0.0038	221.4
11	4	2	6	3	3	3	4	1045.21	27.97	0.0041	223.2
12	5	2	4	2	4	3	4.5	1029.67	33.23	0.0067	236.2
13	5	4	6	3.3	4	2	4	1106.92	35.27	0.0039	239.8
14	5	2	4	3	3	3	4	1015，69	28.90	0.0042	216.4
15	6	2	3	3	3	3	4	1065.72	30.42	0.0052	211.3
16	6	3	4	3	3	3	3.5	1108.50	36.06	0.0039	242.4
17	6	2	4	3	4	3	4	1045.39	32.01	0.0047	232.6
18	6	4	6	3	4	2	3.5	1138.28	38.47	0.0035	247.9
19	2	1	1	3	2	2	2.5	489.63	16.39	0.0046	147.95
20	5	4	7	3	3	3	4.1	1142.75	35.86	0.0037	251.74

（2）神经网络模型的建立。在实际中可考虑采用一个 m-L-n 结构的神经网络模型，其中 m 为特征类目数，n 为输出层神经元数目。响应函数的确定是：隐含层的传递函数为'tansig'，输出层的传递函数为'purelin'。隐含层神经元数目的确定，可考虑用经验公式

$$L=\frac{3}{2}\sqrt{mn} \tag{8-9}$$

来确定。根据题设，选取隐含层神经元数目为 8 的整数来确定合适的网络结构。

（3）网络的训练。这是一个非线性函数的拟合问题。选择训练函数'rainlm'，以达到较快和较高精度的训练效果。评价函数的误差水平为 0.01，网络训练结果达到了预设精度。

（4）训练好的网络应用。以第 19、20 项数据（分别记为 t_{19}，t_{20}）为样本，对训练好的神经网络进行检验。已知这两个样本的造价指数分别为 0.98、0.96。这两项工程的平面组合数据是这样量化的，项目 t_{19} 中，二室一厅占 50%，三室一厅 5 占 50%；t_{20}，二室二厅 20%，三室三厅 50%，四室二厅 30%。计算各自的加权平均，即得出相应分值。

把 t_{19}，t_{20} 分别输入训练好的神经网络，其输出结果分别为：

$v_{19}=$（481.76，16.46，0.0048，145.87）

$v_{20}=$（1185.84，37.18，0.0035，247.09）

预测相对误差分别为

$\sigma_{19}=$（1.60%，4.66%，4.17%，1.41%）

$\sigma_{20}=$（3.77%，3.68%，5.71%，1.85%）

上述实证分析表明，神经网络用于建筑工程造价的快速估算，具有精度高，速度快，

稳健性等特征，表明用神经网络估算建筑工程造价是有效可行的。

与建设工程的快速报价应用类似，BP网络还可用于建筑物成新度评估、土地和房地产估价、大型建设工程项目满意度评价等问题。

二、房地产工程项目投资风险评价

1. 问题描述

风险评价是工程项目投资风险管理的关键步骤，是对工程项目整体风险水平作出合理评价的过程。风险数值综合评价模型适用于项目各阶段决策前期，因为这个时期往往缺乏具体的数据资料，主要依据的是专家经验和决策者的意向，得出的结论也是一种大致的程度值，它作为一种分析参考的基础，为决策者提供重要信息，具有很高的价值。在评价过程中，权重的确定是非常关键的。

常见的风险数值评价方法主要有调查和专家打分法、模糊数学法、层次分析法等。这些方法的一个共有的缺点是在评价过程中，人的主观因素的成分很大，各种因素的权重设置主要靠人为设定，导致决策的准确性低。

为解决这一问题，考虑一种将人工神经网络应用于风险数值综合评价模型中的评价方法。人工神经网络方法用于解决上述问题可以起到很好的作用，它可以根据已学会的知识和处理问题的经验对复杂问题作出合理的判断决策，给出较满意的解答，或对未来过程作出有效的预测和估计。同时，不需要人为设定权重，并且通过训练好的神经网络模型可以很方便地进行各风险因素的敏感性分析。

工程项目投资风险评价的人工神经网络模型，是通过神经网络的学习与训练，利用一系列评价指标，对工程项目的风险进行评价，力求摆脱人为主观因素，充分利用专家的知识和经验，为有关决策者提供支持。

工程项目投资风险因素指标体系的建立也非常重要。指标体系涵盖的信息量既要全面，又不能重复，指标的选取要遵循全面性、可比性、可操作性原则。选择若干个房地产工程项目的相关数据，作为训练样本和检测样本。为避免无意义的情形，训练样本应该具有一定的数量，以避免类似方程约束不足问题。具体数据从略。

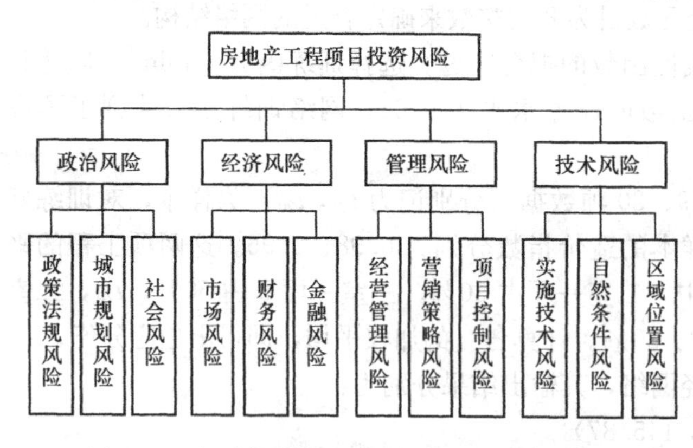

图8-18 房地产工程项目投资风险因素指标体系

房地产投资是一项综合性、专业性、技术性极强的活动，它作为当今主要的投资热点之一，由于物业本身所具备的特点，如位置固定性、政策限定性等，使其在提供给投资者较高收益的同时，也蕴含了相当大的风险，是一个高投入、高回报和高风险的事业。考虑到我国的实际情况，根据科学性、可比性、可操作性等指标设计原则，通过对项目投资风险成因的分析，并运用Delphi法向多位有丰富实践经验的专家进行调查咨询，参考大量以往有关研究资料，可建立如图8-18的房地产项目投资风险评价指标体系。

2. 模型建立

神经网络经验表明，合理确定网络层数与各层神经元数，是成功应用 BP 网络模型的关键之一。一般来说两层神经网络（仅含有一个隐含层）对多数应用已经足够。

（1）输入维数的确定。根据图 8-18 建立的风险评价指标体系，将最低层的 12 个风险因素作为网络输入。由于模型是应用于项目决策前期，这些因素均为定性因素，在进行输入节点输入时，先将指标定量化，以便于网络模型应用。

（2）隐含层神经元数目的确定。关于隐含层神经元的选择，目前尚未有一个明确的答案。可参考如下两个公式确定：

$$n_1 = \sqrt{m+n+a} \tag{8-10}$$

$$n_1 = \log 2m \tag{8-11}$$

其中，m 为输入元素个数，n 为输出神经元数目，a 为 1～10 之间的常数。

实际应用中可在上述数据确定范围进行尝试。经过测试，模型隐含层节点选取为 9。

（3）输出层神经元的确定。输出层对应于评价结果，由于最终的结果是一个评价值，即综合评价分数，因此选择 1 个神经元。

综上所述，神经网络模型为 12-9-1 型。

3. 模型的训练和检测

选择若干个房地产工程项目的相关数据，作为训练样本和检测样本。为避免无意义情形，学习样本应该具有一定数量，以避免类似方程约束不足问题。具体数据从略。

思　考　题

1. 与传统算法相比，智能算法的几个特点是什么？
2. 常见的 BP 算法采用的传递函数是什么？
3. 什么叫学习率？什么叫局部极值陷阱？
4. 什么叫“过度拟合”问题？
5. 体会一下 BP 算法中采用不同训练函数对训练结果的影响。
6. 选择一个非线形函数，把它离散化，再采用 BP 网络进行训练。
7. 体会一下在 MATLAB 神经网络工具箱中的若干模拟演示。

第九章　系统工程应用案例

——三峡水利枢纽工程项目风险模拟分析

第一节　系　统　分　析

一、三峡工程概况

长江三峡水利枢纽工程(简称三峡工程)，因位于长江干流三峡河段而得名，是中国、也是世界上最大的水利枢纽工程，是治理和开发长江的关键性骨干工程。1992 年 4 月 3 日，全国人大七届五次会议通过了《关于兴建长江三峡工程决议》。1993 年初开始了施工准备和一期导流工程施工。1994 年 12 月 14 日三峡工程正式开工。图 9-1 给出了三峡工程的全景图。

图 9-1　三峡工程全景图

1. 工程方案

三峡工程方案是：水库正常蓄水位 175m（相对吴淞基面，以下均同)，初期蓄水位 156m。大坝坝顶高程 185m，“一级开发，一次建成，分期蓄水，连续移民”。“一级开发”系指从三峡坝址到重庆之间的长江干流上只修建三峡工程一级枢纽”。“一次建成”指工程按合理工期一次连续建成，不采用有些大型工程初期先按较小规模建设以后扩建的方式；“分期蓄水”指枢纽建成后水库运行水位分期抬高，以缓和水库移民的难度，并可通过初期蓄水运用时水库泥沙淤积的实际观测资料、验证泥沙试验研究的成果；“连续移民”则指移民分批不分期，连续搬迁。该工程分为枢纽工程、移民工程和输变电工程三大部分。工程建成后可产生巨大的防洪、发电和航运方面的效益与一定的水产、旅游、灌概等方面的效益。

2. 工程组成

三峡工程由大坝、水电站厂房、通航建筑物等主要建筑物组成。选定的枢纽布置方案是：泄流坝段位于河床中部，即原主河槽部位，两侧为电站坝段及非泄流坝段；水电站厂房位于电站坝段坝后，另在右岸留有将来扩机的地下厂房位置；通航建筑物均位于左岸。

大坝为混凝土重力坝，最大坝高 175m，大坝轴线总长 2309.47m。泄流坝段总长 483m，设 23 个 7m×9m（宽×高）的深孔和 22 个宽 8m 的表孔，深、表孔底高程分别为 90m 及 158m。左厂房安装 14 台水轮发电机组，右厂房安装 12 台。永久船闸为双线 5 级连续梯级船闸，闸室有效尺寸为 280m×34m×5m（长×宽×闸坎上水深），可通过万吨级船队；升船机为单线 1 级垂直升船机，承船厢有效尺寸为 120m×18m×3.5m，可通过 1 条 3000t 级的客货轮；另设施工期临时通航船闸 1 座，闸室有效尺寸为 240m×24m×4m。

3. 工程施工

三峡工程施工分三期进行。一期工程主要在一期围堰范围内修建导流明渠和混凝土纵向围堰，同时进行左岸临时船闸和垂直升船机以及其他水上部分基础开挖的施工，工期 3 年；二期工程主要是主河槽截流，填筑围主河槽的二期围堰，修建溢流坝及左岸大坝和厂房，同时进行永久船闸和升船机的施工，工期 6 年；三期工程封堵导流明渠，并使三期围堰蓄水位至 135m，二期工程中已建成的电厂即开始发电，升船机及永久船闸也开始通航，同时修建三期围堰内的右岸工程和进行左、右厂房的机组安装，工期 6 年。在一期工程之前还有准备工期 3 年，故工程总工期为 18 年，第一批机组开始发电工期为 12 年。

4. 建设资金

三峡工程总投资（按水电项目投资估算惯例，包括枢纽工程投资及水库移民投资两部分，不包括电网输变电投资，该项投资列入电网投资内），按 1986 年不变价格计算，共 324.2 亿元。其中，枢纽工程投资 187.67 亿元，水库淹没补偿及移民安置费 136.53 亿元。如计入电网输变电投资 62.82 亿元，则该工程项目的总投资为 387.02 亿元。淹没区的人口为 72.55 万人，耕地 35.69 万亩，柑桔地 7.44 万亩。

三峡工程资金来源，主要有国家注入的资本金和银行贷款两部分。国家资金包括全国电网征收的三峡工程建设基金、葛洲坝电厂的利润和三峡电站施工期发电收入；工程贷款主要来自国家开发银行。不足部分通过发行国内债券，以及利用进口设备的出口信贷向国外筹集。

二、三峡工程目标分析

三峡工程的目标集中体现在防洪、发电和航运三个方面。

1. 防洪

兴建三峡工程的首要目标是防洪。三峡水利枢纽是长江中下游防洪体系中的关键性骨干工程。其地理位置优越，可有效地控制长江上游洪水。经三峡水库调蓄，可使荆江河段防洪标准由过去的约 10 年一遇提高到 100 年一遇。遇千年一遇或类似于 1870 年曾发生过的特大洪水，可配合荆江分洪等分蓄洪工程的运用，防止荆江河段两岸发生干堤溃决的毁灭性灾害，减轻中下游洪灾损失和对武汉市的洪水威胁，并可为洞庭湖区的治理创造条件，参见图 9-2。

2. 发电

三峡电站装机容量 1820 万 kW，年平均发电量 846.8 亿 kWh，预期的发电效益如图 9-3 所示。

3. 航运

三峡水库将显著改善宜昌至重庆 660km 的长江航道，万吨级船队可直达重庆港。航道单向年通过能力可由现在的约 1000 万 t 提高到 5000 万 t，运输成本可降低 35%～37%。经水库调节，宜昌下游枯水季最小流量，可从现在的 3000m^3/s 提高到 5000m^3/s 以上，使长江中下游枯水季航运条件也有较大的改善。

图 9-2 三峡工程的防洪功能

图 9-3 三峡工程预期的发电效益

三、三峡工程的项目管理

1. 三峡工程的管理体制

三峡工程的建设管理实行项目法人责任制为中心的招标承包制、合同管理制和建设监理制。

三峡工程最高层次的决策机构是国务院三峡工程建设委员会（简称三建委）。三建委下设办公室和移民开发局。办公室负责三建委的日常工作和需要由中央协调的各有关方面的关系。移民开发局负责制定水库移民安置的方针政策，审批移民规划并监督计划的实施。由国务院批准建立的中国长江三峡工程开发总公司（简称三峡总公司）是工程建设项目的法人，负责三峡工程的建设和建成后的运行管理，负责建设资金（包括枢纽工程费和移民费）的筹集和偿还。

三峡工程的施工采用招标承包方式，优选施工承包单位，中国三峡总公司按照“公开招标、公平竞争、公正评标”的原则，通过市场竞争机制，优选国内的建筑承包商和国内外的设备制造商参与三峡工程的建设；为避免决策失误，委托中介机构代理招标，聘请专家组进行独立评标，并根据专家组评标推荐意见，通过集体讨论确定中标单位。

三峡工程参照国内外成功惯例，通过招标聘请有资质的监理单位负责工程建设和设备制造的全过程监理。监理工程师是项目法人在施工现场和加工车间的代表，全面负责施工和制造过程中的质量、进度、造价、安全等的监督和管理。

项目法人依照国家法律规定，以合同的方式将建设管理目标与责任关系分解并延伸到施工承包商、工程监理、设计单位，形成了设计、施工、监理等对项目法人负责、项目法人对国家负责的工程建设管理机制。

2. 三峡工程建设的控制

(1) 投资控制。中国三峡总公司对工程投资实行“静态控制、动态管理”的管理模式。静态控制即在工程建设过程中，以执行概算作为基本计划，采用总量控制、合理调整的原则，严格控制工程投资水平，以不突破经国家批准的以1993年5月末价格水平为基准的静态总投资为总目标。由于三峡工程规模巨大，建设工期长，不可避免地会发生投资价差和融资费用，这就需要通过动态管理，合理确定动态投资，控制投资的总规模。工程实施过程中，作为项目法人，三峡总公司的投资控制主要包括以下三个方面的内容：一是建立执行概算、合同价两个价格控制体系；二是建立合同项目实施控制价；三是对合同价的价差进行管理。而作为项目法人的代表，项目管理部门则会同监理对具体合同项目的造价进行严格控制，保证单一项目不超过执行概算。

(2) 质量控制。三峡工程建设中质量控制的主要内容如图9-4所示。

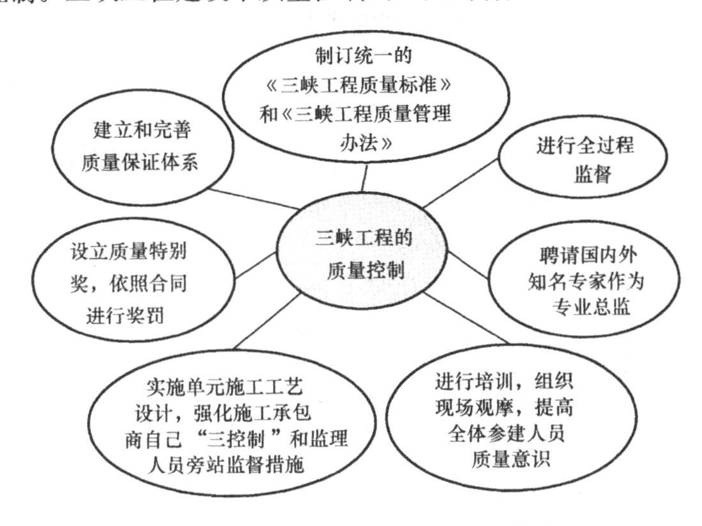

图9-4 三峡工程质量控制的主要内容

(3) 进度控制。三峡工程建设中进度控制的主要内容如图9-5所示。

四、三峡项目风险模拟分析问题的提出

在工程建设各阶段，预期的技术经济效果与客观实际情况之间常产生偏差，这种偏差来源于外部环境的变化和人们对事物认识的局限性。

经济风险指的是投资项目预期的投入和产出发生的偏差及其可能性。经济风险分析通过考察不确定性因素的统计特点，定量地确定出现风险后果的可能程度。风险研究的目的在于提高决策者对于风险后果的事前认识。对于投资大、工期长、不确定因素多的大型复杂工程，风险分析是经济评价中的一项不可少的重要内容，对于正确决策有着重要意义。

经济系统风险因素多样、产生机制各异，事件发生的概率没有先验的统计规律可循。当某个风险因素以随机变量的形式出现在经济系统内时，特别是多种风险因素各自具有各

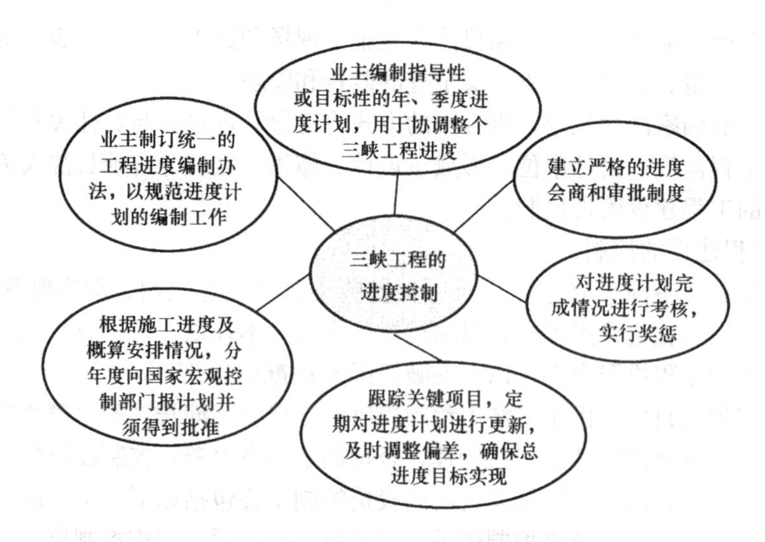

图 9-5 三峡工程进度控制的主要内容

种概率分布形式的随机变量同时发生在系统内时，这时所产生的经济效果的统计规律，是人们希望得到而难以得到的重要结果。

经济风险分析是对多种风险因素同时存在的情况下产生的经济后果的集合统计检验。分析的结果是给出费用的概率分布和数值特征；效益的概率分布及数值特征；以及统计意义下的各项经济评价指标。可按图 9-6 所示的内容进行。

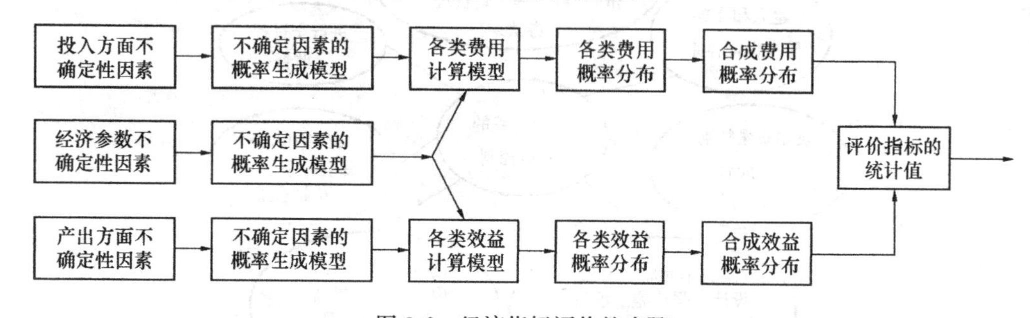

图 9-6 经济指标评价的步骤

解决这类问题通常可采用随机模拟法。在风险辨识和风险估计的基础上，通过构造风险因素的概率生成模型，按图 9-6 所示的内容，在计算机上进行模拟；通过大量实验结果的统计，获得各类费用的概率分布、各类效益的概率分布和各种评价指标的概率分布，以及它们的数值特征；最终完成经济系统的统计分析工作。本案例将说明经济风险分析的实施过程，案例的内容，节选自于九如之编的《投资项目风险分析》一书。

第二节 影响工程的风险因素识别

对该工程风险进行辨识时，首先应区分为投入与产出即费用与效益两部分，然后分别进行。采用的方法是按照“分级分类”法进行。即把总费用和总效益分解成几个主要分项，再把各个分项分解为更小的分项，继续下去，然后对各个最小的分项进行风险辨识，以找出主要的风险因素。

一、费用的风险辨识

1. 枢纽工程建设费用的风险辨识

枢纽工程建设费用支出主要用于以下 11 个项目：①资源费用；②现场准备工程和杂项费用；③第一期导流工程；④临时船闸工程；⑤第二期导流工程；⑥左岸电厂坝段和泄洪坝段；⑦左岸电厂施工；⑧第三期导流工程；⑨右岸电厂坝段和泄洪坝段；⑩永久梯级船闸；⑪工程、管理和建设单位的费用，每个项目都具有各自不同的风险因素，而每个风险因素又都有其各自不同的作用机理。

（1）资源费用。资源费用是枢纽工程建设投资中的第一大项，也是其投资风险的主要来源。资源是工程的骨架，一般在开工之前必须有计划地订购好，否则将影响工程进度。资源费用投资风险的一个特点，就是它是由社会、经济、政策等宏观现象引起的，是必然存在而不可避免的。引起资源费用投资风险的风险因素主要包括：劳动力；建设设备；水轮机和发电机；钢材；木材、水泥、石砂等建筑材料；材料供应不足；汇率。

（2）现场准备工程和杂项费用。在枢纽工程中，现场施工准备具有很大的不确定性。主要有以下几种：临时住宿基地；运输系统；服务系统；对外交通系统；对外通信系统；永久性基础设施。

（3）工程施工的一般风险因素。工程施工过程中可能出现的风险因素有很大相似之处，但每个工程又都有其自身的特点。这里先给出工程施工的一般风险因素，然后再分别论述每项工程的独特风险因素。工程施工的一般风险因素主要包括：基础清理和开挖；地基处理；材料开采；材料运输；材料加工；混凝土浇筑；劳动生产率；洪水；气候；地震；设备供应；设备损坏；施工质量控制；意外事故；施工管理工作；材料供应。

（4）第一期导流的特殊风险。①导流明渠。导流明渠的开挖可能出现意外的难度，如基岩过硬开挖进展过慢，或基岩破碎，需增加处理费用。②纵向导流围墙。导流围墙施工的难度很大。因为河流的流量很大，如果控制不好，填料可能一次次地被冲走，而且水上作业施工很不方便，施工进度很难预计准确。

（5）临时船闸工程。由于该工程航运流通量很大，所以施工时必须增设很多通航设备，如船闸、交通灯等。由于流量大而急，闸门很难控制，容易出现故障，影响通航，如果施工中出现超标准洪水，则甚至有可能冲毁船闸。

（6）第二期导流工程。第二期导流工程主要是建筑土石围堰。由于围堰是水中作业，施工的进度和精度就成了决定围堰成功与否的关键，特别是江水流量大而急，如果控制不好，填料可能一次次地被冲走，不仅增加了投资，而且影响了整个工程的进度。围堰的防渗和防冲是保证围堰起作用的关键。土石围堰的防渗和防冲能力较弱，如果施工质量控制不好，会造成失事。溃堰风险除与洪水有关外，还与其他一些关键因素有关，如渗透、围堰合龙时流量的选择。如果合龙失败，或错过了合龙的好时机，可能导致工期延误。

（7）第三期导流工程。第三期导流工程的风险与第二期基本相同。但是，第三期导流工程存在一个更大的风险源——截流工程风险。截流工程如果不能按时完成，就会延误整个河床部分建筑物的开工日期。如果截流失败，失去了以水文年计算的良好截流时机，则可能拖延工期一年。可是，由于水下地质勘测的模糊性，往往不能充分掌握河流的水文特性和河床的地形、地质条件，截流过程中水流的变化规律也不好把握，因此很容易造成截流多次失败的情景。

（8）其他。对于左岸电厂坝段和泄洪坝段、右岸电厂、右岸电厂坝段和泄洪坝段、永久梯级船闸等工程，除了工程施工的一般风险因素之外，还有由于地基开挖加深而导致的设计风险。此时应按新的地基高程重新设计。

2. 移民迁建费用的风险辨识

这一项是费用组成中的第二大项，约占总费用的三分之一。移民计划的规模和范围变化，在数量上以及在费用上都存在着许许多多的不确定性。其费用支出主要用于六个项目：①迁移人口费用；②土地淹没补偿费用；③住房补偿费用；④基础设施补偿费用；⑤工厂重建费用；⑥其他费用。以上每个项目都存在着不确定性因素。

（1）迁移人口费用。由于大部分移民迁建费用是以受影响的人口数字为根据的，所以，从未注册登记户口的人口数字、自然增长率和迁徙率等方面的不确定性所引起的变化很显著。

（2）土地淹没补偿费用。土地的淹没面积和本身的经济价值都具有不确定性。淹没地区虽然土地贫瘠，经济落后，但是仍然能够使这块土地上的人们赖以生存。因此，土地淹没补偿费用是一项巨款，且与迁移人口有关。而迁移人口本身就具有很大的不确定性。所以，土地淹没补偿费用是不确定的。

（3）住房补偿费用。补偿多少住房和住房本身的价值都具有不确定性。

（4）基础设施补偿费用。基础设施的数量和价值都具有不确定性。

（5）工厂重建费用。工厂重建费用所占比重很大。工厂的数量和价值不确定，而且由于物价上涨，建筑材料的价格在上升，上升幅度也不确定。

（6）其他费用。如果库尾淤积引起回水位抬高，则可能大幅度地增加迁移人口费用。另外，如果管理不善，移民人数、住房等都可能增加，也会增加移民费用。总之，移民机构的健全完善程度，在很大程度上影响着整个移民费用的多寡。

3. 输变电费用的风险辨识

（1）材料、设备和劳力费用估算中的不确定性。材料、设备和劳力在建设过程中的需要数量具有不确定性。材料可能由于浪费或事故而损失，设备因损坏要求更新，若劳力的素质低，可能需要增加劳力的培训投资。

（2）材料、设备和劳力价格的不确定性。材料和设备的价格可能由于将来可能出现的通货膨胀、物价上涨和物资短缺等情况而上涨。劳力价格的上涨主要是由于劳动市场竞争，特别是技术劳力比较少，竞争将更加激烈。

4. 其他费用风险辨识

（1）运行和维护费用。运行后，巨大的泄洪能量冲刷下游坝基，应加强下游消能、防冲和维护措施。另外，下游河道长期受到冲刷，容易产生大的变形，发生河岸滑坡、河道移动等。因此，河道保护费用是必要的。水库蓄水后，因河道含沙量在不断增加故泥沙处理费用也具有不确定性。

（2）环保费用。水库蓄水后，对引起的水文、气候、泥沙、水层、水生和陆生生物等影响都应采取适当的措施加以改善。另外，诱发地震的发生也具有不确定性，一旦发生，后果不堪设想，应有一定的预防措施。

（3）库尾航道疏浚费用。由于库区流速减慢，泥沙淤积可能影响航道，应考虑加以处理。

5. 枢纽工程费用中风险因素的相关性分析

枢纽工程费用的风险因素中，已辨识了临时船闸工程、左岸电厂坝段和泄洪坝段费用、右岸泄洪坝段和电厂坝段费用、永久梯级船闸建设费用等因素。这些工程中分别存在着基础开挖和混凝土浇筑的相关性、厂房施工与水轮和发电机安装、调试的相关性。现分析如下：

（1）基础开挖是水利水电枢纽工程施工中比较艰巨的项目，经常会影响施工进度。由于施工进度拖延所造成的追加工程费用是较大的。临时船闸混凝土浇筑需视地基开挖与处理情况而定，一般多安排在开挖完成了大部分工程量之后即开始浇筑。如果出现基础地质不好，则将影响混凝土浇筑，所以地基开挖及处理与混凝土浇筑这两个风险因素是相关联的。基础开挖是主要的、独立的风险因素，而混凝土浇筑是受基础开挖影响的相依的风险因素。

（2）厂房施工与水轮机安装、调试的相关性。厂房施工属地下建筑物，主要在地面下进行，由于受水文、地质和施工条件等影响，比地面上建筑困难，工作面狭窄，干扰性较大，且有有害气体和地下水等，这些都影响到厂房施工，进而影响到水轮机和发电机的安装与调试。由于厂房施工的拖延，造成水轮机和发电机安装、调试的拖延，最终都会反映到各自工程费用的增加。所以厂房施工是主要的、独立的风险因素，而水轮机安装与调试是受其影响的相依的风险因素。

二、工程效益风险辨识

该工程具有多方面的效益，如防洪、发电、航运、灌溉、旅游等等。这里仅以防洪、发电、航运进行辨识。不同的受益部门由于各自的影响因素不同，其经济效益具有很大的随机性。

1. 防洪效益的风险辨识

影响防洪效益的风险因素主要是防洪出现的随机性。在工程的防御能力之内，所遇洪水越大，则防洪效益越大；而大的效益也随大的洪水稀遇而较少实现。因此，防洪效益的计算结果应能比较准确地反映其大小及其实现的可能性。

防洪效益的计算，一般是求出工程兴建前后在洪灾损失曲线上相对应频率相减得到工程所减免的洪灾损失。在防洪效益计算中，主要考虑了四种风险因素：①农田淹没损失值的不确定性；②城镇淹没综合损失值的不确定性；③财产损失年增长率的不确定性；④特大洪水发生时间的不确定性。

2. 发电效益的风险辨识

发电效益的计算考虑两个方面，即容量效益和电量效益。容量效益可以认为是一确定值，为了满足负荷要求，电力系统应该有相应的工作容量和备用容量，达不到这一要求，电力系统的正常工作就会遭受破坏。如果没有拟建的水电站，则它在系统中所担任的那部分负荷，就必然要由其他火电站等来承担。按照替代方案的概念，建造相同有效容量的替代电站所需花费的投资和运行费用，就是拟建水电站的容量效益；而将发出相同电量时火电站所需的燃料费用，作为拟建工程的电量效益。本案例在发电效益中考虑了发电量的不确定性和电价的不确定性。

3. 航运效益的风险辨识

综合利用水利工程的航运效益，表现为工程使得河道提高航运的能力。航运经济效益与运量有直接的关系。当航运能力大于航运量需求时，航运量将会随着地区经济的发展而不断增加，因此，航运效益有伴随国民经济发展而稳步增长的趋势。但是，航运是一种复杂的社会生产形式，受许多不确定因素的影响，如航运系统内部因素的影响，区内经济发展和区外供求的影响，国家政策的影响，水利工程的影响等。这些因素有些是具有一定趋势，可以预测的，但大多是事先无法知晓的不确定性因素。因此，航运量是具有不确定趋势的随机变量序列。

航运效益作为经济随机变量不可能是独立的。因为航运的实现受航运设施的限制，运量在年际间不可能大幅度增加或跌落，年际间的货运完成量是相互关联的，亦即航运各子效益之间是有相互关系的，这种相关性可以通过运量资料建立时间序列模型。

航运效益计算中考虑了七个不确定性因素：航道整治费用、港口建设费用、船舶费用、航道维护费用、船舶运营费用、2000 万 t 运量节省费用、3000 万 t 新增效益。通过这七个风险因素对航运的效益进行风险分析。

4. 防洪、发电和航运效益之间的关系

（1）防洪效益与发电效益。防洪和发电效益都与天然径流有关，但其所依据的频率并不相同。防洪效益产生于减免的洪水灾害损失，并非决定于年径流量而是决定于洪峰流量、洪水量与洪水历时。发电效益直接表现为发电量的大小，只有当年径流量大且分布均匀时，发电量才可能比较大；而当洪水量很大但年径流量并不大时，则可能造成发电量较小。由于天然径流具有时空分布的不均匀性，使得河川径流的洪水频率与年径流频率并不相同，也没有确定的函数关系，所以防洪效益与洪水因素变化一致，而发电效益与年径流量关系密切。

（2）航运效益与防洪、发电效益之间的关系。航运效益的变化所依赖的主要因素是航运量的变化，还有包括径流在内的许多不确定因素的影响。其中径流对航运的影响是复杂的，如果洪水峰高量大，会使航道内的水位变化幅度过大，影响正常航运；而枯水则会使航道水深变浅，浅滩暗礁影响航运。但由于水库抬高了水位，又可使情况得到一定改善。总之，航运效益并不随径流或洪水变化而有明显的变化（尤其建成工程以后），因此可以认为航运效益与防洪效益、发电效益是相互独立的。

5. 发电工期的不确定性

风险分析也要考察建设项目的进度计划的不确定性，即在第 13 年或 13 年以后开始发电，而不是计划的第 12 年。项目的种种施工活动都必须按进度计划完成，否则就要追加额外的费用。由于水利施工受季节性洪水的影响比较严重，以至某一项活动如果不能按计划完成，就可能造成几个月的拖延。这种拖延增加了额外费用，并直接影响工程将来的各项效益。第一期、第二期、第三期围堰施工，都需要在非常短的时间里填筑巨大数量的材料，万一围堰不能按时完成，基坑排水就要拖延到洪水通过以后，由于这一拖延，左岸厂房坝段和泄洪坝段的施工就要拖延，以至造成第一批机组发电推迟，进而又使水库可用于调洪时间拖后，终将影响到防洪效益。工期拖延也将导致减少货运及长时间断航，因而对航运效益产生负作用。所以，工期拖延将影响工程的许多施工活动。

三、工程外部存在的风险因素

工程外部存在的风险因素主要包括汇率、经济增长与价格的不确定性。

1. 汇率对工程的影响

研究汇率风险的目的，是为使其损失降到最小，以减轻其给项目投资上带来不应有的损失。人民币不属于自由兑换的货币，因此汇率风险要全部转嫁到我国承担，再加上我国外汇体制以美元作为标准值，外汇额度以美元计算，但实际支付时（国家间计算）可能是日元、马克等，在美元疲软的趋势下，美元贬值会使进口蒙受损失，所以人民币对美元的贬值，美元对其他货币的贬值，使得进口时承担双重贬值的汇价损失。由于汇率的变化，使得投资额增大，而该工程所需大量的物资中，有些设备还需进口，这样必然受汇率的影响，所以我们要考虑汇率对枢纽工程以及输变电工程费用的影响。

2. 经济增长的影响

我国经济的快速发展使工程建设地区的经济将大幅度增长，由此引起运输量的增长，航运量必然也随经济而增长，最终会影响到航运效率。在防洪效益中，随着经济增长，洪灾损失的资产价值也要增长，这使防洪效益的意义更大。我国目前电力十分紧张，经济增长也会显示电力开发的重要性。

3. 价格的不确定性

纵观我国物价水平，从物价总指数所反映的价格总水平变化趋势来看，价格总水平的发展趋势是上升的，社会供给小于社会需求，国民收入超生产额分配及人民币超经济发行造成的通货膨胀导致价格总水平上升。

物价上涨对该工程的影响分别反映到材料、设备费用和劳动力的费用上。该工程材料、设备费用占总费用的81%，其材料、设备价格的增长对该工程的总费用将产生极大的影响。

此外，全社会的工资水平也是上升的。随着社会的发展进步，人们赖以生存的基本生活水平大大提高，使人们对物质资料的需求无论在数量和质量上都大大提高，科学技术水平的高速度发展，使工人就业前后的教育培训费用大大增加，这在客观上都要求人们的工资水平不断上升；另外，受社会心理因素的影响，人们的工资水平只能不断上升。该工程劳动力费用占总数的9%，劳动力价格的上涨也必然增大工程的费用，所以物价波动将是工程造价增加的主要因素。

第三节　风险因素相互独立时的模拟分析

一、风险变量的估计

本案例以现金流动为基础进行分析与模拟，因此该工程的效益和费用由各个时期的现金流来反映，因而对该工程投入和产出过程中辨识出来的各种风险因素直接作用于各个时期的现金流，其作用后果是使项目在各个时期的现金流发生变化。当实际现金流与预测值发生偏差时，最终将导致投资净收益值的偏差。所以，风险估计的主要任务就是将现金流看作随机变量，在综合考虑各主要风险因素影响的基础上，对随机现金流的概率分布进行估计。

考虑到的风险因素包括枢纽工程费用、输变电费用、移民费用、发电量、电价、经营成本、流动资金。在此假设各风险因素均服从β分布，按β分布要求综合考虑该工程投入、产出过程中辨识出的风险，对各项费用和效益的组成部分分别估计出最低、最高和最可能值，进而计算出各项费用和效益的均值和标准差。

1. 工程总投资的估计

设T_i、TM_i、TC_i分别表示第i年的总投资、枢纽工程投资和移民投资，则第i年的工程总投资T_i应为枢纽工程投资TM_i与移民投资TC_i的和。

根据辨识出的影响枢纽工程投资 TM 的风险因素，分别估出分年度枢纽工程投资的最低值 a_1、最高值 b_1；分年度移民投资的最低值 a_2、最高值 b_2，如表 9-1 所示（注：最可能值 m_1 和 m_2 分别为有关部门提供的 TM、TC 修订后的影子价格，以下同）。

影响枢纽工程投资风险因素 **表 9-1**

序号	年度	总投资		枢纽工程投资					移民投资				
		均值	标准差	a_1	m_1	b_1	均值	标准差	a_2	m_2	b_2	均值	标准差
1	1996	4.728	0.181	4.344	4.648	5.430	4.728	0.181	0.000	0.000	0.000	0.000	0.000
2	1997	6.306	0.256	4.344	4.572	5.430	4.677	0.181	1.086	1.629	2.172	1.629	0.181
3	1998	7.902	0.326	5.430	6.288	7.059	6.273	0.272	1.086	1.629	2.172	1.629	0.181
4	1999	12.337	0.256	9.231	9.546	10.317	9.622	0.181	2.172	2.715	3.258	2.715	0.181
5	2000	13.532	0.256	9.231	9.709	10.317	9.731	0.181	3.258	3.801	4.344	3.801	0.181
6	2001	16.095	0.256	11.946	12.087	13.032	12.221	0.181	3.258	3.910	4.344	3.873	0.181
7	2002	14.071	0.326	9.774	9.893	10.860	10.035	0.181	3.258	4.018	4.887	4.036	0.272
8	2003	15.251	0.326	10.860	11.338	11.946	11.360	0.181	3.258	3.801	4.887	3.891	0.272
9	2004	16.080	0.384	11.946	12.554	13.575	12.623	0.271	3.041	3.258	4.670	3.457	0.272
10	2005	16.221	0.326	12.489	13.010	14.118	13.108	0.271	2.715	3.041	3.801	3.113	0.181
11	2006	15.819	0.256	12.489	12.543	13.575	12.706	0.181	2.715	3.041	3.801	3.113	0.181
12	2007	16.399	0.256	13.032	13.141	14.118	13.285	0.181	2.715	3.041	3.801	3.113	0.181
13	2008	11.946	0.362	10.860	11.946	13.032	11.946	0.362	0.000	0.000	0.000	0.000	0.000
14	2009	11.946	0.362	10.860	11.946	13.032	11.946	0.362	0.000	0.000	0.000	0.000	0.000
15	2010	22.209	0.326	16.290	16.833	17.919	16.924	0.271	4.887	5.213	5.973	5.285	0.181
16	2011	22.129	0.244	16.616	16.174	17.593	16.844	0.163	4.887	5.213	5.973	5.285	0.181
17	2012	20.963	0.244	15.421	15.562	16.399	15.678	0.163	4.887	5.213	5.973	5.285	0.181
18	2013	17.521	0.256	11.946	12.109	13.032	12.236	0.181	4.887	5.213	5.973	5.285	0.181
19	2014	16.058	0.256	10.317	10.621	11.403	10.701	0.181	4.877	5.321	5.973	5.358	0.181
20	2015	15.070	0.326	9.231	9.546	10.860	9.712	0.271	4.887	5.321	5.973	5.358	0.181
21	2016	4.742	0.181	0.000	0.000	0.000	0.000	0.000	4.344	4.670	5.430	4.742	0.181
22	2017	4.742	0.181	0.000	0.000	0.000	0.000	0.000	4.344	4.670	5.430	4.742	0.181
23	2018	4.742	0.181	0.000	0.000	0.000	0.000	0.000	4.344	4.670	5.430	4.742	0.181
24	2019	4.742	0.181	0.000	0.000	0.000	0.000	0.000	4.344	4.670	5.430	4.742	0.181
25	2020	4.742	0.181	0.000	0.000	0.000	0.000	0.000	4.344	4.670	5.430	4.742	0.181
26	2021	4.742	0.181	0.000	0.000	0.000	0.000	0.000	4.344	4.670	5.430	4.742	0.181
27	2022	5.140	0.181	0.000	0.000	0.000	0.000	0.000	4.887	4.996	5.973	5.140	0.181
28	2023	5.140	0.181	0.000	0.000	0.000	0.000	0.000	4.887	4.996	5.973	5.140	0.181
29	2024	0.000	0.000	0.000	0.000	0.000	0.000	0.000	0.000	0.000	0.000	0.000	0.000
30	2025	0.000	0.000	0.000	0.000	0.000	0.000	0.000	0.000	0.000	0.000	0.000	0.000
31	2026	0.000	0.000	0.000	0.000	0.000	0.000	0.000	0.000	0.000	0.000	0.000	0.000
32	2027	0.000	0.000	0.000	0.000	0.000	0.000	0.000	0.000	0.000	0.000	0.000	0.000
33	2028	0.000	0.000	0.000	0.000	0.000	0.000	0.000	0.000	0.000	0.000	0.000	0.000
34	2029	0.000	0.000	0.000	0.000	0.000	0.000	0.000	0.000	0.000	0.000	0.000	0.000
35	2030	0.000	0.000	0.000	0.000	0.000	0.000	0.000	0.000	0.000	0.000	0.000	0.000
36	2031	0.000	0.000	0.000	0.000	0.000	0.000	0.000	0.000	0.000	0.000	0.000	0.000
37	2032	0.000	0.000	0.000	0.000	0.000	0.000	0.000	0.000	0.000	0.000	0.000	0.000
38	2033	0.000	0.000	0.000	0.000	0.000	0.000	0.000	0.000	0.000	0.000	0.000	0.000
39	2034	0.000	0.000	0.000	0.000	0.000	0.000	0.000	0.000	0.000	0.000	0.000	0.000
40	2035	0.000	0.000	0.000	0.000	0.000	0.000	0.000	0.000	0.000	0.000	0.000	0.000
41	2036	0.000	0.000	0.000	0.000	0.000	0.000	0.000	0.000	0.000	0.000	0.000	0.000
42	2037	0.000	0.000	0.000	0.000	0.000	0.000	0.000	0.000	0.000	0.000	0.000	0.000
43	2038	0.000	0.000	0.000	0.000	0.000	0.000	0.000	0.000	0.000	0.000	0.000	0.000

由 β 分布均值与方差的计算公式得，第 i 年枢纽工程投资的均值 $E(TM_i)$ 与方差 $V(TM_i)$ 为：$E(TM_i)=(a_1+4m_1+b_1)/6$，$V(TM_i)=\left(\frac{b_1-a_1}{6}\right)^2$；第 i 年移民投资的均值 $E(TC_i)$ 与方差 $V(TC_i)$ 为：$E(TC_i)=(a_2+4m_2+b_2)/6$，$V(TC_i)=\left(\frac{b_2-a_2}{6}\right)^2$。

在得到枢纽工程投资和移民工程投资的均值和方差之后，可按下式计算出第 i 年工程总投资的均值 $E(T_i)$ 与方差 $V(T_i)$：

$$E(T_i)=E(TM_i)+E(TC_i)$$
$$V(T_i)=V(TM_i)+V(TC_i)$$

2. 售电收入的估计

售电收入 Z 为售电量与单位电价的乘积。设售电量 S 的最低估计值、最可能值、最高估计值为 a_3、m_3、b_3，均值为 u_3，方差为 v_3，单位电价 P 的最低估计值、最可能值、最高估计值为 a_4、m_4、b_4，均值为 u_4，方差为 v_4，根据辨识出的影响工程发电效益的风险因素估计出 a_3，b_3 和 a_4，b_4，由此计算出单位电价和售电量的均值 u_3，u_4 和方差 v_3，v_4。

$$u_3=(a_3+4m_3+b_3)/6$$
$$u_4=(a_4+4m_4+b_4)/6$$
$$v_3=\left(\frac{b_3-a_3}{6}\right)^2$$
$$v_4=\left(\frac{b_4-a_4}{6}\right)^2$$

售电收入的均值 $E(Z)$ 与方差 $V(Z)$ 为

$$E(z)=E(SP)=E(S)E(P)=u_3u_4$$
$$V(z)=V(SP)=V(S)V(P)=u_3^2v_4+u_4^2v_3+v_3v_4$$

估算结果如表 9-2 所示。

售 电 收 入 **表 9-2**

序号	年度	售电收入		售电量					单位电价				
		均值	标准差	a_3	m_3	b_3	均值	标准差	a_4	m_4	b_4	均值	标准差
1	1996	0.000	0.000	0.000	0.000	0.000	0.000	0.000	0.000	0.000	0.000	0.000	0.000
2	1997	0.000	0.000	0.000	0.000	0.000	0.000	0.000	0.000	0.000	0.000	0.000	0.000
3	1998	0.000	0.000	0.000	0.000	0.000	0.000	0.000	0.000	0.000	0.000	0.000	0.000
4	1999	0.000	0.000	0.000	0.000	0.000	0.000	0.000	0.000	0.000	0.000	0.000	0.000
5	2000	0.000	0.000	0.000	0.000	0.000	0.000	0.000	0.000	0.000	0.000	0.000	0.000
6	2001	0.000	0.000	0.000	0.000	0.000	0.000	0.000	0.000	0.000	0.000	0.000	0.000
7	2002	0.000	0.000	0.000	0.000	0.000	0.000	0.000	0.000	0.000	0.000	0.000	0.000
8	2003	0.000	0.000	0.000	0.000	0.000	0.000	0.000	0.000	0.000	0.000	0.000	0.000
9	2004	0.000	0.000	0.000	0.000	0.000	0.000	0.000	0.000	0.000	0.000	0.000	0.000
10	2005	0.000	0.000	0.000	0.000	0.000	0.000	0.000	0.000	0.000	0.000	0.000	0.000
11	2006	0.000	0.000	0.000	0.000	0.000	0.000	0.000	0.000	0.000	0.000	0.000	0.000
12	2007	52.920	4.546	0.049	0.054	0.076	0.057	0.005	868.800	912.240	248.000	928.168	30.408
13	2008	52.920	4.546	0.049	0.054	0.076	0.057	0.005	868.800	912.240	248.000	928.168	30.408
14	2009	52.920	4.546	0.049	0.054	0.076	0.057	0.005	868.800	912.240	248.000	928.168	30.408

续表

序号	年度	售电收入		售电量					单位电价				
		均值	标准差	a_3	m_3	b_3	均值	标准差	a_4	m_4	b_4	均值	标准差
15	2010	52.920	4.546	0.049	0.054	0.076	0.057	0.005	868.800	912.240	248.000	928.168	30.408
16	2011	52.920	4.546	0.049	0.054	0.076	0.057	0.005	868.800	912.240	248.000	928.168	30.408
17	2012	52.920	4.546	0.049	0.054	0.076	0.057	0.005	868.800	912.240	248.000	928.168	30.408
18	2013	52.920	4.546	0.049	0.054	0.076	0.057	0.005	868.800	912.240	248.000	928.168	30.408
19	2014	52.920	4.546	0.049	0.054	0.076	0.057	0.005	868.800	912.240	248.000	928.168	30.408
20	2015	52.920	4.546	0.049	0.054	0.076	0.057	0.005	868.800	912.240	248.000	928.168	30.408
21	2016	52.920	4.546	0.049	0.054	0.076	0.057	0.005	868.800	912.240	248.000	928.168	30.408
22	2017	52.920	4.546	0.049	0.054	0.076	0.057	0.005	868.800	912.240	248.000	928.168	30.408
23	2018	52.920	4.546	0.049	0.054	0.076	0.057	0.005	868.800	912.240	248.000	928.168	30.408
24	2019	52.920	4.546	0.049	0.054	0.076	0.057	0.005	868.800	912.240	248.000	928.168	30.408
25	2020	52.920	4.546	0.049	0.054	0.076	0.057	0.005	868.800	912.240	248.000	928.168	30.408
26	2021	52.920	4.546	0.049	0.054	0.076	0.057	0.005	868.800	912.240	248.000	928.168	30.408
27	2022	52.920	4.546	0.049	0.054	0.076	0.057	0.005	868.800	912.240	248.000	928.168	30.408
28	2023	52.920	4.546	0.049	0.054	0.076	0.057	0.005	868.800	912.240	248.000	928.168	30.408
29	2024	52.920	4.546	0.049	0.054	0.076	0.057	0.005	868.800	912.240	248.000	928.168	30.408
30	2025	52.920	4.546	0.049	0.054	0.076	0.057	0.005	868.800	912.240	248.000	928.168	30.408
31	2026	52.920	4.546	0.049	0.054	0.076	0.057	0.005	868.800	912.240	248.000	928.168	30.408
32	2027	52.920	4.546	0.049	0.054	0.076	0.057	0.005	868.800	912.240	248.000	928.168	30.408
33	2028	52.920	4.546	0.049	0.054	0.076	0.057	0.005	868.800	912.240	248.000	928.168	30.408
34	2029	52.920	4.546	0.049	0.054	0.076	0.057	0.005	868.800	912.240	248.000	928.168	30.408
35	2030	52.920	4.546	0.049	0.054	0.076	0.057	0.005	868.800	912.240	248.000	928.168	30.408
36	2031	52.920	4.546	0.049	0.054	0.076	0.057	0.005	868.800	912.240	248.000	928.168	30.408
37	2032	52.920	4.546	0.049	0.054	0.076	0.057	0.005	868.800	912.240	248.000	928.168	30.408
38	2033	52.920	4.546	0.049	0.054	0.076	0.057	0.005	868.800	912.240	248.000	928.168	30.408
39	2034	52.920	4.546	0.049	0.054	0.076	0.057	0.005	868.800	912.240	248.000	928.168	30.408
40	2035	52.920	4.546	0.049	0.054	0.076	0.057	0.005	868.800	912.240	248.000	928.168	30.408
41	2036	52.920	4.546	0.049	0.054	0.076	0.057	0.005	868.800	912.240	248.000	928.168	30.408
42	2037	52.920	4.546	0.049	0.054	0.076	0.057	0.005	868.800	912.240	248.000	928.168	30.408
43	2038	52.920	4.546	0.049	0.054	0.076	0.057	0.005	868.800	912.240	248.000	928.168	30.408

3. 经营成本和流动资金的估计

经营成本 C 和流动资金 F 是该工程国民经济评价中属于现金流方面的两项重要项目，需对其进行估计。经营成本与电站的供电量和运行效率有关。已知供电量的最大、最小和最可能值，即可算出经营成本的最大、最小和最可能值。设供电量为 I，综合费用为 K，则经营成本 $C=KI$，其均值 $E(C)$ 与方差 $V(C)$ 为：

$$E(C)=E(KI)=KE(I)$$

$$V(C)=V(KI)=K^2V(I)$$

流动资金 F 是由投资额按一定的比例投入的，它的最大、最小和最可能值也可以仿照前面的分析估算出来。估算结果如表 9-3 所示。

经营成本和流动资金的估计 **表 9-3**

序号	年度	经营成本					流动资金				
		a_5	m_5	b_5	均值	标准差	a_6	m_6	b_6	均值	标准差
1	1996	0.000	0.000	0.000	0.000	0.000	0.000	0.000	0.000	0.000	0.000
2	1997	0.000	0.000	0.000	0.000	0.000	0.000	0.000	0.000	0.000	0.000
3	1998	0.000	0.000	0.000	0.000	0.000	0.000	0.000	0.000	0.000	0.000
4	1999	0.000	0.000	0.000	0.000	0.000	0.000	0.000	0.000	0.000	0.000
5	2000	0.000	0.000	0.000	0.000	0.000	0.000	0.000	0.000	0.000	0.000
6	2001	0.000	0.000	0.000	0.000	0.000	0.000	0.000	0.000	0.000	0.000
7	2002	0.000	0.000	0.000	0.000	0.000	0.000	0.000	0.000	0.000	0.000
8	2003	0.000	0.000	0.000	0.000	0.000	0.000	0.000	0.000	0.000	0.000
9	2004	0.000	0.000	0.000	0.000	0.000	0.000	0.000	0.000	0.000	0.000
10	2005	0.000	0.000	0.000	0.000	0.000	0.000	0.000	0.000	0.000	0.000
11	2006	0.000	0.000	0.000	0.000	0.000	0.000	0.000	0.000	0.000	0.000
12	2007	5.593	5.636	5.778	5.653	0.031	0.065	0.076	0.087	0.076	0.004
13	2008	5.593	5.636	5.778	5.653	0.031	0.109	0.152	0.217	0.156	0.018
14	2009	5.593	5.636	5.778	5.653	0.031	0.109	0.152	0.217	0.156	0.018
15	2010	5.593	5.636	5.778	5.653	0.031	0.109	0.152	0.217	0.156	0.018
16	2011	5.593	5.636	5.778	5.653	0.031	0.109	0.152	0.217	0.156	0.018
17	2012	5.593	5.636	5.778	5.653	0.031	0.109	0.152	0.217	0.156	0.018
18	2013	5.593	5.636	5.778	5.653	0.031	0.109	0.152	0.217	0.156	0.018
19	2014	5.593	5.636	5.778	5.653	0.031	0.000	0.000	0.000	0.000	0.000
20	2015	5.593	5.636	5.778	5.653	0.031	0.000	0.000	0.000	0.000	0.000
21	2016	5.593	5.636	5.778	5.653	0.031	0.000	0.000	0.000	0.000	0.000
22	2017	5.593	5.636	5.778	5.653	0.031	0.000	0.000	0.000	0.000	0.000
23	2018	5.593	5.636	5.778	5.653	0.031	0.000	0.000	0.000	0.000	0.000
24	2019	5.593	5.636	5.778	5.653	0.031	0.000	0.000	0.000	0.000	0.000
25	2020	5.593	5.636	5.778	5.653	0.031	0.000	0.000	0.000	0.000	0.000
26	2021	5.593	5.636	5.778	5.653	0.031	0.000	0.000	0.000	0.000	0.000
27	2022	5.593	5.636	5.778	5.653	0.031	0.000	0.000	0.000	0.000	0.000
28	2023	5.593	5.636	5.778	5.653	0.031	0.000	0.000	0.000	0.000	0.000
29	2024	5.593	5.636	5.778	5.653	0.031	0.000	0.000	0.000	0.000	0.000
30	2025	5.593	5.636	5.778	5.653	0.031	0.000	0.000	0.000	0.000	0.000
31	2026	5.593	5.636	5.778	5.653	0.031	0.000	0.000	0.000	0.000	0.000
32	2027	5.593	5.636	5.778	5.653	0.031	0.000	0.000	0.000	0.000	0.000
33	2028	5.593	5.636	5.778	5.653	0.031	0.000	0.000	0.000	0.000	0.000
34	2029	5.593	5.636	5.778	5.653	0.031	0.000	0.000	0.000	0.000	0.000
35	2030	5.593	5.636	5.778	5.653	0.031	0.000	0.000	0.000	0.000	0.000
36	2031	5.593	5.636	5.778	5.653	0.031	0.000	0.000	0.000	0.000	0.000
37	2032	5.593	5.636	5.778	5.653	0.031	0.000	0.000	0.000	0.000	0.000
38	2033	5.593	5.636	5.778	5.653	0.031	0.000	0.000	0.000	0.000	0.000
39	2034	5.593	5.636	5.778	5.653	0.031	0.000	0.000	0.000	0.000	0.000
40	2035	5.593	5.636	5.778	5.653	0.031	0.000	0.000	0.000	0.000	0.000
41	2036	5.593	5.636	5.778	5.653	0.031	0.000	0.000	0.000	0.000	0.000
42	2037	5.593	5.636	5.778	5.653	0.031	0.000	0.000	0.000	0.000	0.000
43	2038	5.593	5.636	5.778	5.653	0.031	0.000	0.000	0.000	0.000	0.000

二、风险评价

1. 按解析方法计算净现值的均值及方差

假定第 t 时期的现金流 Y_t 来自于 m 个现金流源 Y_{t1}，Y_{t2}，…，Y_{tm}，Y_{ti} 的均值为 u_{ti}，方差为 σ_{ti}^2，各个现金流源之间相互独立，则第 t 时期的净现金流 Y_t、期望值和方差分别为：

$$Y_t = Y_{t1} + Y_{t2} + \cdots Y_{tm}$$

$$E(Y_t) = \sum_{i=1}^{m} u_{ti}$$

$$V(Y_t) = \sum_{i=1}^{m} \sigma_{ti}^2$$

当项目寿命期为 n 年时，项目的净现值为：

$$P_n(k) = \sum_{i=0}^{n} \left(\frac{Y_t}{(1+k)^t} \right)$$

净现值的均值为：

$$E(P_n(k)) = \sum_{i=0}^{n} \frac{E(Y_t)}{(1+k)^t}$$

净现值的方差为：

$$V(P_n(k)) = \sum_{i=0}^{n} \frac{V(Y_t)}{(1+k)^{2t}}$$

由此可知，第 t 时期净现金流 Y_t 有五个流源：售电收入、枢纽工程投资、移民投资、经营成本和流动资金。Y_t 为：

$$Y_t = Z_t - TM_t - TC_t - C_t - F_t$$

计算期 $n=43$ 年，取社会折现率 $k=10\%$，按上述净现值均值与方差的计算公式，计算得出：净现值均值为 80.8084 亿元，标准差为 3.4982 亿元。

2. 按模拟法计算净现值的均值与方差

蒙特卡罗法模拟法的主要思想是在计算机上模拟实际概率过程，然后加以统计处理。具体分析框架如图 9-7 所示。

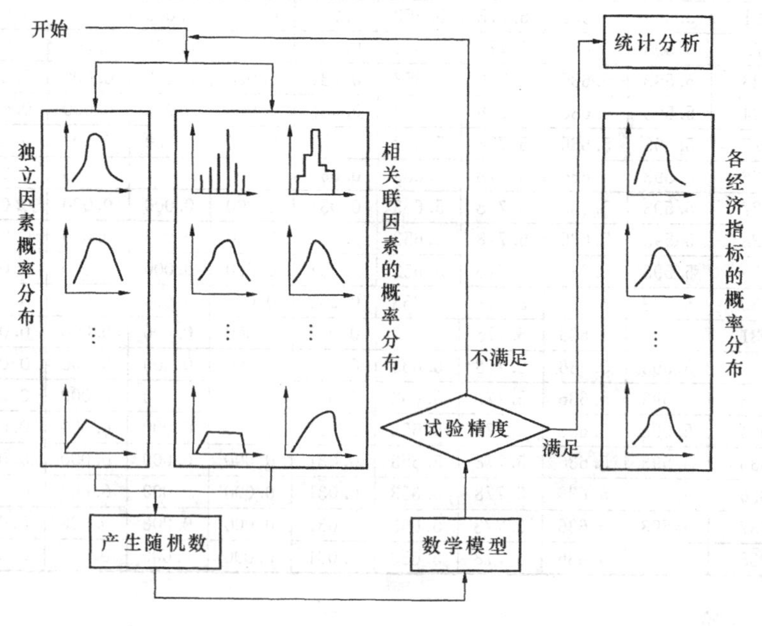

图 9-7　风险模拟框架

在以上分析中，对影响项目效益和费用的风险因素进行了辨识，并进行了主观概率估计，将引起现金流变化的现金流源均假设服从β分布，这就为应用蒙特卡罗方法进行风险模拟奠定了基础。具体分析过程如下：

(1) 将影响因素枢纽工程投资、移民投资、售电量、单位电价、经营成本、流动资金作为输入变量（前已述及，对这些输入变量已进行了主观概率估计，并假设它们均服从β分布）。

(2) 在计算机上实现从已知概率分布β分布中的抽样。对于各个输入变量，每模拟一次，在计算机上就产生一个随机数作为该变量的取值，并由这些输入变量的取值计算得出一个经济评价指标值，如净现值；通过多次反复，得到该评价指标的一个样本，样本的大小随估计所需要的精度而定，根据上面的公式，即可计算出净现值的均值和标准差。

(3) 模拟得出评价指标的概率分布，并在计算机上直接绘出频率分布图。

具体模拟方法如下：

将每个风险因素均假设服从β分布，利用β分布随机数取得的方法，对每个风险因素在以年为单位进行抽样模拟。如枢纽工程投资T_{mi}，在第i年抽样n次，则它的样本为$T_{mi}^{(1)}$，$T_{mi}^{(2)}$，…，$T_{mi}^{(n)}$。根据均值和方差的公式，计算出它的均值$E(T_{mi})$和方差$V(T_{mi})$。对建设期43年内的每一年模拟n次，依次分别计算它们的均值$E(T_{m1})$，$E(T_{m2})$，…，$E(T_{mn})$和方差$V(T_{m1})$，$V(T_{m2})$，…，$V(T_{mn})$，实际上对每一年的模拟计算是一矩阵（纵向是建设期，横向是第i年的枢纽工程模拟值）。矩阵如下：

$$
\text{建设期}\begin{matrix}1\\2\\\vdots\\43\end{matrix}\begin{vmatrix}T_{m1}^{(1)} & T_{m1}^{(2)} & \cdots & T_{m1}^{(n)}\\ T_{m2}^{(1)} & T_{m2}^{(2)} & \cdots & T_{m2}^{(n)}\\ \vdots & \vdots & \ddots & \vdots\\ T_{m43}^{(1)} & T_{m43}^{(2)} & \cdots & T_{m43}^{(n)}\end{vmatrix}
$$

对以上矩阵的每一行（每一年模拟值）求出均值和方差，即求出在建设期的每一年的枢纽工程的均值和方差。

用以上方法模拟在移民年间的每一年的移民费用的均值$E(TC_i)$和方差$V(TC_i)$($i=1$，2，…，43)。

同理，模拟求出经营成本的均值$E(C_i)$和方差$V(C_i)$($i=1$，2，…，43)，流动资金的均值$E(F_i)$和方差$V(F_i)$($i=1$，2，…，43)。

对售电收入的模拟方法是：分别以售电量S和电价P进行在发电期间内的模拟抽样，计算售电量均值$E(S_i)$和方差$V(S_i)$($i=1$，2，…，43)；计算电价的均值$E(P_i)$和方差$V(P_i)$($i=1$，2，…，43)；然后利用售电收入的均值和方差的计算公式计算出：

$$E(SP)=E(S)E(P)$$

$$V(SP)=[E(S)]^2V(P)+[E(P)]^2V(S)+V(S)V(P)$$

得售电收入各年的均值$E(S_1P_1)$，$E(S_2P_2)$，…，$E(S_nP_n)$和方差$V(S_1P_1)$，$V(S_2P_2)$，…，$V(S_nP_n)$。

当枢纽工程、移民费用、经营成本、流动资金、发电收入均已模拟完成以后，利用净现值NPV计算公式

$$(NPV)_i=S_iP_i-TM_i-TC_i-C_i-F_i(i=1,2,\cdots\cdots,43)$$

均值和方差的计算公式

$$E(NPV_i)=E(S_iP_i)-E(TM_i)-E(TC_i)-E(C_i)-E(F_i)\ (i=1,2,\cdots\cdots,43)$$

$$V(NPV_i)=V(S_iP_i)-V(TM_i)-V(TC_i)-V(C_i)-V(F_i)\ (i=1,2,\cdots\cdots,43)$$

将枢纽工程费用、移民费用、经营成本、流动资金、售电收入的均值和方差代入，得出各年净现值的均值和方差；将43年的结果加总，即得该工程的净现值均值与方差。

这样完成了次数 $n=1000$ 的模拟。进一步整理所得到的模拟结果，可得净现值的频数分布图等。净现值均值与方差各模拟结果与整理结果列于表9-4与表9-5。

工程净现值均值和标准差 表9-4

年序	利率	均值	标准差	年序	利率	均值	标准差
1996	0.1000	−4.8202	0.020630	2018	0.1000	6.5479	0.320910
1997	0.1000	−5.8370	0.019790	2019	0.1000	5.8139	0.103458
1998	0.1000	−6.6065	0.020863	2020	0.1000	5.3277	0.118051
1999	0.1000	−9.5092	0.013832	2021	0.1000	4.6013	0.180444
2000	0.1000	−9.3726	0.010954	2022	0.1000	4.1979	0.196748
2001	0.1000	−10.2866	0.020495	2023	0.1000	3.9701	0.101009
2002	0.1000	−8.2437	0.014965	2024	0.1000	4.0649	0.036179
2003	0.1000	−8.1185	0.004203	2025	0.1000	3.6325	0.054300
2004	0.1000	−8.0107	0.013807	2026	0.1000	3.3477	0.036835
2005	0.1000	−7.3376	0.007100	2027	0.1000	3.1903	0.010016
2006	0.1000	−6.5280	0.006204	2028	0.1000	3.0037	0.031552
2007	0.1000	12.2755	2.997603	2029	0.1000	2.5647	0.033139
2008	0.1000	13.4528	0.849931	2030	0.1000	2.2973	0.017797
2009	0.1000	12.1426	1.119599	2031	0.1000	2.1726	0.007272
2010	0.1000	8.3885	0.206242	2032	0.1000	1.9945	0.013338
2011	0.1000	7.1640	1.089959	2033	0.1000	1.8678	0.005976
2012	0.1000	7.0009	1.116948	2034	0.1000	1.6902	0.009092
2013	0.1000	7.2930	0.297004	2035	0.1000	1.5073	0.016160
2014	0.1000	7.0907	0.532072	2036	0.1000	1.4056	0.005458
2015	0.1000	6.6499	0.356686	2037	0.1000	1.2846	0.006802
2016	0.1000	7.7414	0.382416	2038	0.1000	3.5800	0.003012
2017	0.1000	7.0971	0.330837				
（均值）$=NPV=79.68846$				标准差：3.277147			

工程收益模拟结果 表9-5

净现值区间	频数	频率	累积频数	累积频率	净现值区间	频数	频率	累积频数	累积频率
71～72	5	0.50	5	0.50	80～81	136	13.61	521	52.15
72～73	2	0.20	7	0.70	81～82	125	12.51	646	64.66
73～74	4	0.40	11	1.10	82～83	116	11.61	762	76.28
74～75	10	1.00	21	2.10	83～84	116	11.61	878	87.89
75～76	25	2.50	46	4.60	84～85	54	5.41	932	93.29
76～77	38	3.80	84	8.41	85～86	30	3.00	962	96.30
77～78	79	7.91	163	16.32	86～87	16	1.60	978	97.90
78～79	88	8.81	251	25.13	87～88	17	1.70	995	99.60
79～80	134	13.41	385	38.54	88～89	4	0.40	999	100.00

3. 工程风险评价分析

在规定的风险调整贴现率10%下对净现值进行了概率分析，并给出了频率分布图

（概率分布图），如图 9-8 所示。模拟的净现值均值为 79.6885 亿元，标准差为 3.2771 亿元。由频率分布看出，净现值近似于正态分布，净现值小于零的概率为零。

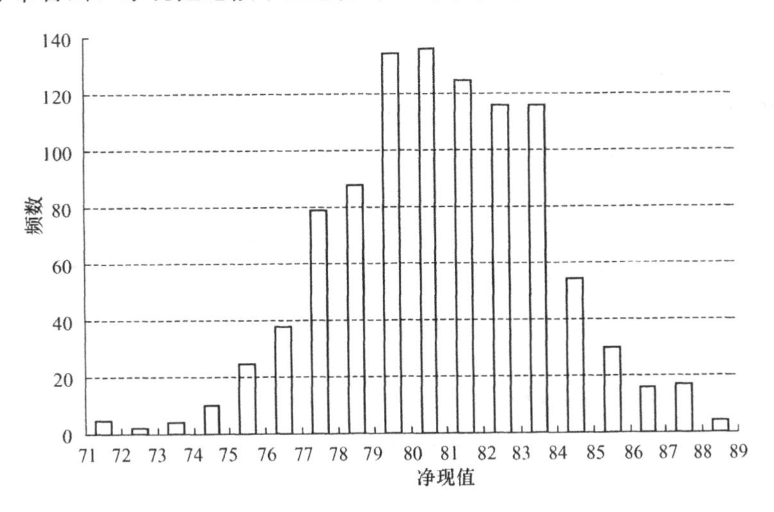

图 9-8　工程净现值频率分布图

以上解析方法与模拟方法都是从预期收益的角度研究该工程的投资风险，并用净现值的均值与标准差和净现值小于零的概率大小，进行风险评价的。但是，在具体方法上，二者还有很大的不同。解析方法要求对影响现金流的各个现金流源进行概率估计；而蒙特卡罗模拟方法则要求在已知各个现金流源的概率分布情况下实现随机抽样。本案例分别采用了这两种方法，对该工程国民经济评价中的投资风险进行了分析。表 9-6 给出了两种方法计算结果的比较。

两种分析方法结果的比较（亿元）　　**表 9-6**

社会折现率 10%	解析方法	模拟方法
净现值均值	80.8084	79.6885
净现值标准差	3.4982	3.2771

从计算结果看，两种方法所得的结果基本上是一致的，从而互相验证了两种方法的可行性与有效性。

但是，还应考虑到以上两种方法都存在一些问题：一是在对影响现金流的各流源进行概率估计时，曾用到三点估计，而这三点估计中的最大值估计与最小值估计是依靠主观经验确定的。如何确定才更加客观、合理，尚需深入探讨。二是对影响现金流的各因素均假定彼此相互独立，若有些因素之间存在一定的相关性时，则在风险分析的理论方法方面，尚需做进一步的研究。

第四节　风险因素部分相关时的模拟分析

在部分风险因素相互独立、部分风险因素相关情况下，用蒙特卡罗模拟方法进行风险模拟。

一、风险因素

结合该工程具体情况，考虑以下各方面风险因素：

1. 费用方面的风险因素

（1）枢纽工程风险因素。包括：①资源费用；②施工准备费用；③第一期导流费用：基础开挖、临时船闸、混凝土浇筑；④临时船闸费用；⑤第二期导流费用；⑥左岸引水坝段和溢洪道费用；⑦左岸电厂施工费用：厂房施工、水轮机和发电机安装与调试；⑧第三期导流费用；⑨右岸泄洪坝段与电厂建设费用：右岸土建工程费用、水轮机和发电机安装；⑩永久梯级船闸建设费用：基础开挖、闸门和启闭机安装；⑪其他费用。

（2）移民工程费用风险因素。包括：①农村移民安置费用；②城市迁建费用；③集镇迁建费用；④工厂迁建费用；⑤预备费用；⑥其他费用。

2. 效益方面的风险因素

（1）发电效益。包括：①多年平均上网电量；②电价格。

（2）防洪效益。包括：①农田淹没损失值；②城填淹没综合损失值；③财产年增长率。

（3）航运效益。包括：①运量；②运输费用；③运输成本降低率；④航道费用节省值。

3. 其他方面的风险因素

（1）工期的不确定性。

（2）汇率对枢纽工程的影响。

4. 相关联的风险因素

（1）在临时船闸费用中，基础开挖与临时船闸混凝土浇筑的相关联影响。

（2）在左岸电厂施工费用中，厂房施工与水轮机和发电机安装与调试的相关联影响。

（3）在右岸泄洪坝段与电厂建设费用中，右岸土建工程费用与水轮机和发电机安装的相关联影响。

（4）在永久梯级船闸建设费用中，基础开挖与闸门启闭机安装的相关联影响。

以上各风险因素相互作用的动态过程如图 9-9 所示。

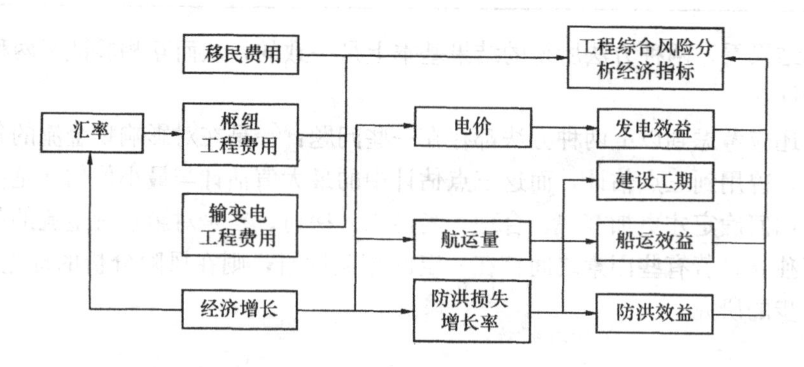

图 9-9　风险因素关联图

二、风险因素的量化与估计

该工程风险因素的量化与估计，是在风险因素辨识的基础上，设计了“大型水利工程投资风险调查表”进行的。在调查表中，对各风险因素的风险大小确定了量化标准，然后采用德尔菲专家调查法，向有关专家和工程技术人员进行调查咨询，请他们填写调查表。通过整理被调查者填写的调查表结果，从而对各风险因素的概率分布进行了估计。

现以该工程枢纽工程建设费用（各风险因素视为相互独立）和右岸泄洪坝段与电厂建设费用（右岸土建工程和右岸厂房机电设备安装与调试视为相关）为例，列出相互独立风险因素的概率分布和相关因素的二元概率分布估计结果，如表9-7和表9-8所示。

工程枢纽工程建设费用（1）　　**表**9-7

风险因素（C_i）	权重 K_i	风险值				
		A（5%）	B（15%）	C（25%）	D（35%）	E（50%）
资源费用（C_1）	$K_1=0.39$	0.4	0.4	0.2		
施工准备费用（C_2）	$K_2=0.064$	0.47	0.38	0.15		
第一期导流费用（C_3）	$K_3=0.016$	0.44	0.35	0.14	0.07	
临时船闸费用（C_4）	$K_4=0.012$					
第二期导流费用（C_5）	$K_5=0.015$	0.32	0.44	0.18	0.06	
左岸引水坝段和溢洪道费用（C_6）	$K_6=0.047$	0.36	0.57	0.07		
左岸电厂施工费用（C_7）	$K_7=0.084$					
第三期导流费用（C_8）	$K_8=0.03$	0.38	0.31	0.23	0.08	
右岸泄洪坝段与电厂建设费用（C_9）	$K_9=0.084$					
永久梯级船闸建设费用（C_{10}）	$K_{10}=0.095$					
其他费用（C_{11}）	$K_{11}=0.163$	0.4	0.1	0.3	0.2	

工程枢纽工程建设费用（2）　　**表**9-8

右岸机电设备安装与调试费用 Y / 右岸土建工程费用 X		在 X 取值条件下风险因素 Y 的风险值				
		A（0.05）	B（0.15）	C（0.25）	D（0.35）	E（0.50）
风险因素 X 的风险值	A（0.05）	1/6				
	B（0.15）			1/6		
	C（0.25）				2/6	
	D（0.35）			1/6	1/6	1/6
	E（0.50）					

该工程其他风险因素的量化和估计与此相同，不再一一列出。

三、工程经济风险分析

该工程经济风险分析，主要研究工程项目中以上众多不确定因素的综合影响。在分别对主要工程费用与效益的不确定性进行模拟时，取社会折现率为10%，以1986年不变价格计算。现将模拟结果分析如下：

1. 工程费用的不确定性

工程费用的不确定性主要考察枢纽、移民、输变电工程的不确定性。

（1）枢纽工程费用的不确定性。枢纽工程的风险分析是从费用组成方面评价枢纽工程费用的不确定性。枢纽工程费用共有 11 项不确定因素组成，其中考虑了汇率对枢纽工程费用的影响和某些风险因素的相关性影响，在这些不确定性因素基础上所构成的枢纽工程费用，其模拟结果如表 9-9 所示。

枢纽工程费用模拟结果　　　　**表 9-9**

费用因素间关系	期望值	标准差	基本估算值	期望值与基本估计值比较的变化
独立	131.74	8.77	84.68	+56%
部分独立	129.82	8.18	84.68	+53%

在风险因素相互独立情况下，枢纽工程费用风险模拟的概率分布图与累积概率分布图如图 9-10 所示。

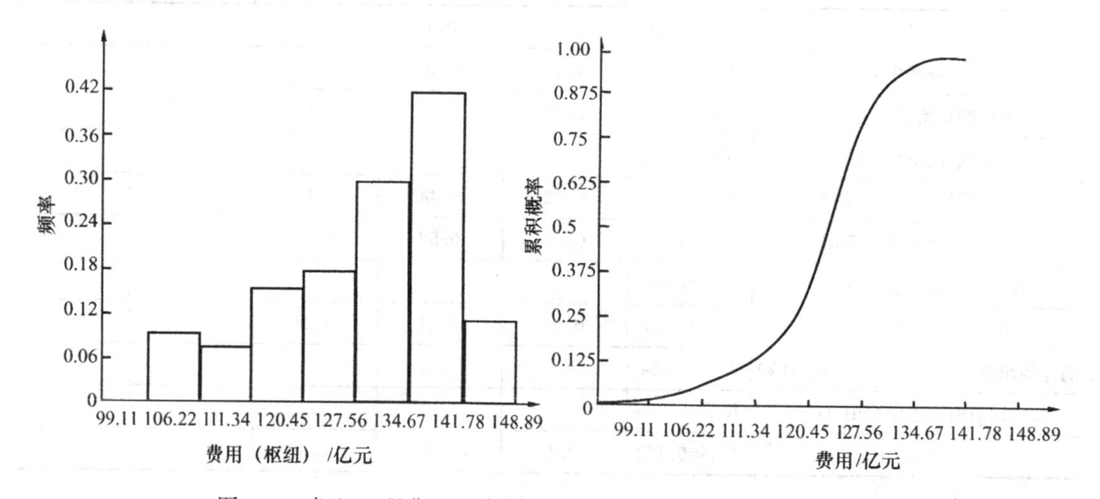

图 9-10　枢纽工程费用风险模拟的概率分布图和累积概率分布图

根据上面的结果，可得出该工程枢纽工程的期望值大于基本估计值。模拟结果的最小值比基本估算值大，说明该工程的枢纽工程费用风险是巨大的，超出基本估算值的 56% 或 53%。

从独立和相关的不同结果看，在考虑了风险相关性时，期望值和标准差比独立时要小，说明分析误差减少，结果更加精确，枢纽工程费用出现膨胀的最可能值为 120.61～126.88 亿元，相应的可能性为 0.35。

(2) 移民费用的不确定性。移民费用有很大的不确定性。由于移民的范围和规模较大，存在着与费用相关的许多不确定性因素。共考虑 6 项不确定性因素。风险模拟结果如表 9-10 所示（移民费用及下面的输变电费用的概率分布图画法与图 9-10 类似，故略）。

移民费用模拟结果分析　　　　**表 9-10**

期望值	标准差	基本估算值	期望值与基本估算比较的变化
63.52	2.75	48.47	+31%

移民费用的均值大于基本估算值，最小值比基本估算值要大，在考虑风险的情况下，移民费用的最可能膨胀值为 61.54～63.18 亿元，其可能性为 0.28。

(3) 输变电工程费用的不确定性。输变电工程费用的不确定性主要受汇率的不确定性影响。风险模拟结果如表 9-11 所示。

输变电工程费用模拟结果分析　　　　**表 9-11**

期望值	标准差	基本估算值	期望值与基本估算比较的变化
26.37	2.73	18.53	+42%

输变电工程费用的最可能膨胀值为 26.65～28.98 亿元，其可能性为 0.51。

(4) 工程总投资的不确定性。工程总投资将前面三部分费用的概率分布利用风险组合方法得工程总费用的风险分析。模拟结果如表 9-12 所示。

工程总投资模拟结果分析　　　　**表 9-12**

期望值	标准差	基本估算值	期望值与基本估算比较的变化
221.63	9.37	151.68	+46%

工程总投资风险模拟的概率分布图与累积概率分布图如图 9-11 所示。

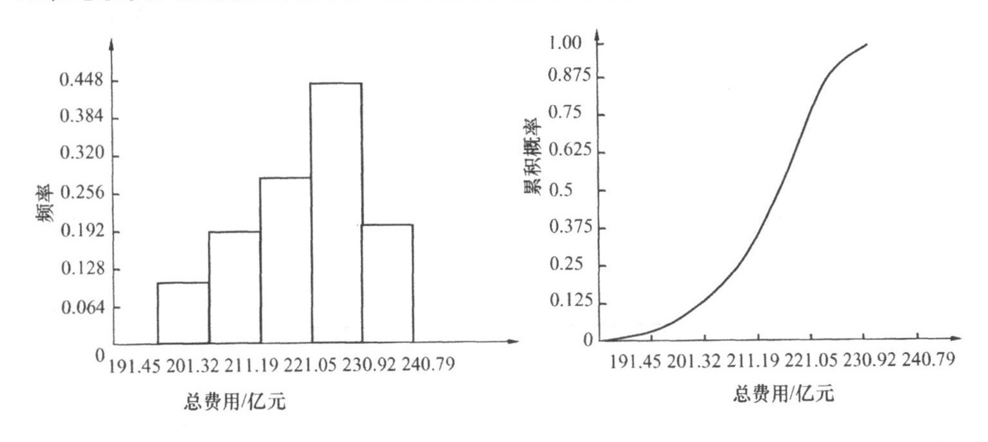

图 9-11　工程总投资风险模拟的概率分布图和累积概率分布图

该工程总投资膨胀值为 191.45～240.79 亿元，最可能膨胀值为 221.05～230.92 亿元，其可能性为 0.448。

2. 工程效益的不确定性

该工程效益的不确定性包括三部分：防洪效益、发电效益、航运效益。

(1) 防洪效益的不确定性。该工程将通过减少洪水泛滥的频率而提高中游的防洪标准。减少洪水泛滥的频率相当于减少洪水期望损失，这种减少的洪水损失定为该工程的防洪效益。防洪效益风险分析模拟结果如表 9-13 所示。

防洪效益风险模拟结果（亿元）　　　　**表 9-13**

期望值	标准差	基本估算值	期望值与基本估算值的比较
84.74	51.46	45.80	+84%

防洪效益包括两种：一是平均年防洪效益；二是发生特大洪水的防洪效益。防洪效益的风险分析最小值为 39.74 亿元，最可能的防洪效益值为 200.23～240.35 亿元，其可能性为 0.72。

(2) 发电效益的不确定性。该工程的建成，将提供年 840 亿 kW・h 的发电量，进而改善工程所在区域电力紧张状况，其效益主要与发电量、电价有关。算出分析期内每年的发电量和电价，计算其发电效益。发电效益的风险分析模拟结果如表 9-14 所示。

发电效益的风险分析模拟结果 **表 9-14**

期望值	标准差	基本估算值	期望值与基本估算值的比较
253.82	43.99	145.79	+74%

发电效益的风险分析最小值为 146.75 亿元，最大值为 391.94 亿元，最可能的发电效益值为 216.81～251.83 亿元，其可能性为 0.385。

(3) 航运效益的不确定性。该工程会改善所处地域河道的航运条件，使航运费用降低，通航能力增加。长期的航运效益与航运量增长有关。航运效益风险分析结果如表 9-15 所示。

航运效益风险分析结果 **表 9-15**

期望值	标准差	基本估算值	期望值与基本估算值的比较
1.64	1.27	1.64	+0%

航运效益小于等于零的概率为 0.10，其最小值为－1.43 亿元，最大值为 4.73 亿元，最可能值为 1.21～2.09 亿元，其可能性为 0.28，说明防洪效益风险较大。

(4) 工程总效益的不确定性。该工程的总效益将三种效益经风险组合得工程的总效益风险情况，其结果如表 9-16 所示。

总 效 益 分 析 **表 9-16**

期望值	标准差	基本估算值	期望值与基本估算值的比较
339.80	73.97	193.29	+76%

工程的总效益风险模拟的概率分布图与累积概率分布图如图 9-12 所示。

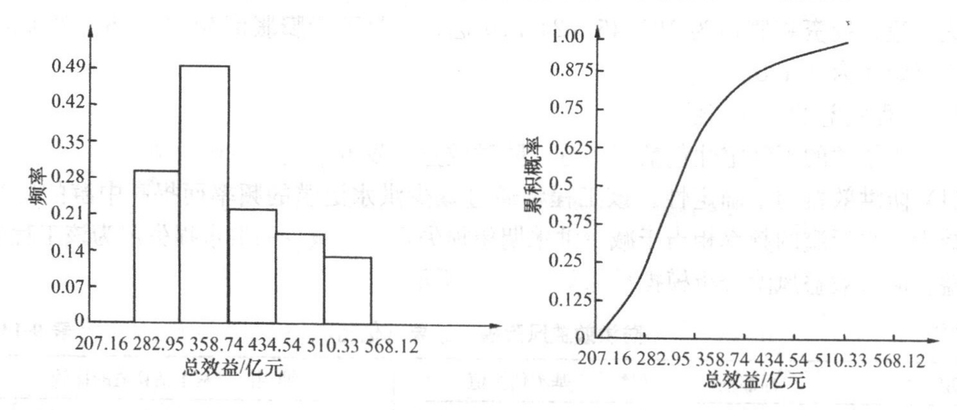

图 9-12 工程的总效益风险模拟的概率分布图和累积概率分布图

该工程总效益为 207.16～586.12 亿元，最小值比基本估算值要大 13.93 亿元，期望值高于基本估算值 146.57 亿元，其中发电效益最大，防洪效益次之，航运效益最小。总效益的最可能值为 282.95～358.74 亿元，可能性为 0.49。

(5) 经济指标的不确定性及其结论。结合国民经济评价的要求，该工程风险分析仅对经济指标净现值进行了模拟计算，经济指标的风险分析是获得费用风险分析和效益风险分析之后经风险组合方法所获得的。模拟结果其净现值的概率分布图与累积概率分布图如图9-13所示。

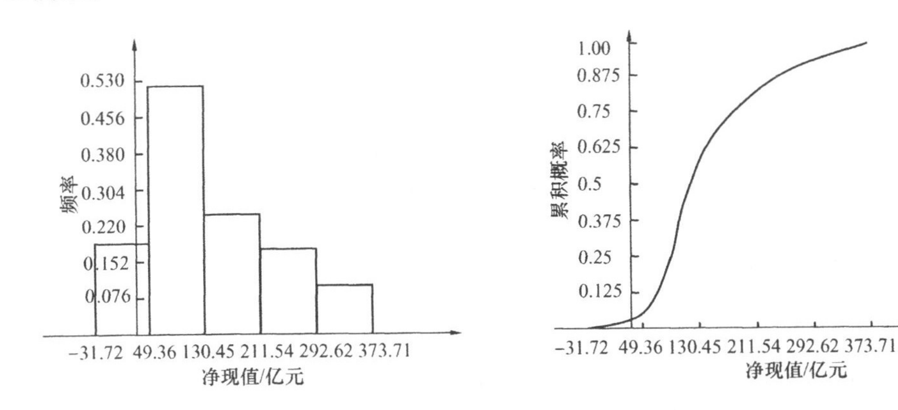

图 9-13 净现值的概率分布图与累积概率分布图

由上述净现值概率分布可知，净现值小于等于零的可能性为 0.012，净现值从 －31.72 亿元到 373.7 亿元的变化。期望值为 120.56 亿元，与基本估算值比较其变化为 ＋189.8％，说明该工程具有稳定的经济效益，虽然工程费用风险很大，但效益的风险分析表明效益基本估算值潜藏有保守部分，所以工程的效益应比估算乐观。

进行风险分析的目的，就是要找出风险源，以便作出相应的对策，将风险限制在最小范围之内。

该工程最大的风险就在于枢纽工程投资中，应控制这部分投资风险，尽量使施工按期完成或提前完成，使其尽早发挥效益以减少国家投资负担；对移民费用，尤其应注意人口的自然增长率对费用的影响，如果人口增长过快，对移民费用的风险就不同于以上所分析的结果；移民的社会影响也应适当注意，解决好移民安置问题。

参 考 文 献

[1] 汪应洛主编. 系统工程理论、方法与应用. 北京：高等教育出版社，1998.

[2] 王众托编著. 系统工程引论(第3版). 北京：电子工业出版社，2006.

[3] 姚德民，李汉铃编. 系统工程实用教程. 哈尔滨：哈尔滨工业大学出版社，1984.

[4] 陈宏民主编. 系统工程导论. 北京：高等教育出版社，2006.

[5] 孙东川，林福永编著. 系统工程引论. 北京：清华大学出版社，2004.

[6] 周德群主编. 系统工程概论. 北京：科学出版社，2005.

[7] 赵杰主编. 管理系统工程. 北京：科学出版社，2006.

[8] 高志亮，李忠良编著. 系统工程方法论. 西安：西北工业大学出版社，2004.

[9] 韩慧君编. 系统仿真. 北京：国防工业出版社，1985.

[10] 谢行皓编著. 建筑工程系统仿真. 北京：科学出版社，2001.

[11] 王维平等编著. 离散事件系统建模与仿真(第二版). 北京：科学出版社，2007.

[12] 李一智，林羲和编著. 系统动态学. 长沙：中南工业大学出版社，1987.

[13] [美]M·R·古德曼著. 系统动态学学习指南. 王洪斌，张军，王建华译. 北京：能源出版社，1989.

[14] 于九如主编. 投资项目风险分析. 北京：机械工业出版社，1999.